KB077838

이 책은 토질역학의 기초적인 안내서로서 건설분야에 종사하고자 하는 사람이 토질역학의 개념과 이론을 쉽게 이해할 수 있도록 하는 데 역점을 두었다.

제2판

토질역학
기초 및 적용

김규문, 양태선, 전성곤, 정진교 저

SOIL MECHANICS

씨
아이
알

머리말

　이 책은 토질역학의 기초적인 안내서로서 건설분야에 종사하고자 하는 사람이 토질역학의 개념과 이론을 쉽게 이해할 수 있도록 하는 데 역점을 두었다. 특히 대학의 짧은 수업년한을 고려하여 실무에 관련된 내용을 중심으로 요약하여 기술하였으며, 적용 범위와 예제를 충분히 수록하여 이해와 활용성을 높일 수 있도록 하였다. 토질역학은 과목의 성격상 토질시험을 병행하여 교육하는 것이 교육효과를 더욱 높일 수 있을 것으로 생각한다. 이와 같은 점을 고려하여 이 책에서는 실험방법을 언급하였고, 그 결과를 그림으로 나타내어 실제 적용에 도움이 되도록 하였다. 집필자의 능력 부족과 시간적인 제약으로 시도하였던 목적을 이루었다고 생각하기에는 부족한 점이 많을 것으로 생각하나, 토질역학을 이해하고자 하는 학도에게 조금이나마 도움이 되었으면 그 이상의 보람이 없겠다.

　앞으로 기회가 있을 때마다 보완하여 더 나은 교재를 만들어 나갈 계획이다.

　끝으로 이 책이 완성되기까지 많은 수고와 자문을 해주신 여러 교수님께 깊은 감사를 드리며, 이 책이 출판될 수 있도록 협력해주신 도서출판 씨아이알 여러분의 노고에 감사를 표하는 바이다.

2014. 2

저자 일동

목차

01

·

흙과 암석

SOIL MECHANICS

흙과 암석

1.1 흙의 정의와 특성

흙 입자는 지구의 표면부분에 있는 암석이 분해된 것으로 입자 그 자체는 고체이지만 강철과 같은 결정체와는 달리 강하게 부착되어 있지 않다. 따라서 흙 입자는 쉽게 분리될 수 있으며 외력을 받았을 때에는 입자 상호 간에 변위가 쉽게 일어나는 불연속체이다.

이러한 관점에서 보면 흙과 암반은 결합력의 강약에 따라 구별할 수 있다. 그러나 풍화과정에 있는 암반은 광물분자의 결합력이 약화되어 있는 경우도 있으며, 어떤 흙은 암반에 비견할 수 있을 정도로 고결되어 있기도 하여 결합력의 강약만으로 구별하기에는 명확하지 않다.

흙이 불연속체라는 사실은 흙 입자 사이에 공기와 물 등이 병존할 수 있다는 것을 의미하며, 이들을 종합한 명칭을 흙(soil)이라고 정의할 수 있다. 이와 같이 흙은 균질한 물질로 이루어져 있지 않고 토립자, 물, 공기를 포함한 **삼상**(三相)으로 되어 있기 때문에 외력이 가해지면 힘의 전달이나 변위가 단순하지 않다.

토질역학은 이와 같이 복잡한 흙의 거동을 규명하는 학문이며, 원리들을 실무에 적용하는 것이 **토질공학**(Soil Engineering)이다. 토질공학은 지구표면 가까이에서 찾아볼 수 있는 자연재료를 취급하는 건설공학의 한 분야로서 과학에 기초를 둔 실질적인 학문이다.

1.2 암석의 풍화와 흙의 생성

지표면에서 약 60km 범위의 지구 외곽부는 암석권(岩石圈)이라고 한다. 암석 중 95%는 화성암(火成岩)이고, 나머지가 수성암(水成岩)이다. 암석을 구성하고 있는 광물은 주로 석영, 장석, 감람석, 휘석 및 운모 등으로 되어 있다.

암석이 공기, 물 또는 생물에 의해서 변화하는 현상을 **풍화작용**(風化作用)이라 하고 이러한 작용에 의해서 흙이 생성된다.

풍화작용에는 **물리적 풍화작용, 화학적 풍화작용, 용해작용, 생물적 풍화작용**이 있다. 물리적 풍화작용은 암석이 모암으로부터 작은 조각으로 파쇄되거나 심한 온도변화로 암반이 팽창 또는 수축하거나, 흐르는 물에 의하여 운반되는 과정에서 마모되기 때문에 일어난다. 화학적 풍화작용은 모암과는 전혀 다른 새로운 광물을 생성하는 것을 의미하며 암석광물의 성질이 화학적으로 바뀌는 것이다. 이러한 작용이 일어나는 것은 물이나 공기 중의 산소 또는 이산화탄소, 썩은 식물에서 생기는 유기물, 물 속에 있는 염분 등이 광물과 반응하기 때문이다. 용해작용은 암반으로부터 가용성 광물을 녹이고 불용성 광물은 잔유물로 남겨두는 것을 말한다. 식물은 뿌리의 성장에 따라 물리적인 풍화작용을 발생하게 하기도 하며 뿌리에서 나온 산이나 부식에 따라 생기는 유기산에 의해서 풍화작용이 진행된다. 이러한 작용은 각각 다른 속도로 동시에 일어나지만 기후, 지형, 모암의 성분 등에 따라 풍화 정도를 달리한다. 일반적으로 따뜻하고 습기가 많은 평탄한 지방에서는 화학적 풍화작용이 우세하고 험한 지세에서는 물리적 풍화작용이 많이 발생된다.

흙은 물이나 바람에 의해 운반되는 경우가 많으며 운반과정에서 본래의 성질과는 다른 성질의 흙으로 변화된다.

흙이 생성되어 풍화작용을 받지 않은 경우는 **정적토**(定積土)라 하며 바람이 하수, 해수 등에 의하여 운반되어 쌓인 것을 **퇴적토**(堆積土) 또는 **운적토**(運積土)라 한다. 정적토에는 암석이 풍화하여 이루어진 **잔적토**(殘積土)와 식물의 고사(枯死) 퇴적물인 **식적토**(植積土)가 있다. 식적토의 일종인 **이탄**(泥炭, Peat)은 비교적 한랭하고 습윤한 지역에서 발생한다.

운적토를 운반과 퇴적의 형태에 따라 분류하면 다음과 같다.

빙적토(氷積土) : 빙하에 의해 운반, 퇴적되어 형성된 흙

충적토(沖積土) : 흐르는 물에 의해 운반되어 강 주위에 퇴적된 흙

호성토(湖成土) : 호수에 퇴적되어 형성된 흙

해성토(海成土) : 바다에서 퇴적되어 형성된 흙

풍적토(風積土) : 바람에 의하여 운반, 퇴적되어 형성된 흙

붕적토(崩積土) : 산사태 등과 같이 중력에 의한 이동으로 형성된 흙

1.3 흙 입자의 형태와 구조

모래나 자갈과 같은 입상체는 입자가 서로 고결되지 않고 퇴적되므로 사과나 귤을 쌓았을 때와 같이 **단립구조**(單立構造)를 이룬다. 보통 모래나 자갈은 입자의 형태가 모가 나거나 둥근 모양을 띠고 있으며 토립자끼리 맞물려서 토립자 구조를 이룬다. 모가 난 입자는 맞물리기 쉬우므로 간극이 큰 구조를 형성하고 있으나 둥근 입자는 상대적으로 간극이 작다.

일반적으로 입자의 가로와 세로의 치수는 차이가 있기 때문에 퇴적 시에는 그림 1-1(a)에 나타난 것처럼 장축이 수평이 되도록 퇴적된다. 이 때문에 퇴적된 모래지반은 수평방향과 수직방향의 성질이 다른 **이방성**(異方性)을 가진다. 조립토에 점토 등의 세립분이 혼입되면 그림 1-1(b)에 나타난 바와 같이 조립토를 상호 결합시키는 역할을 한다.

(a) 단립구조

(b) 봉소구조

(c) 면모구조

(d) 분산구조

[**그림 1-1**] 흙 입자의 구조 및 형태

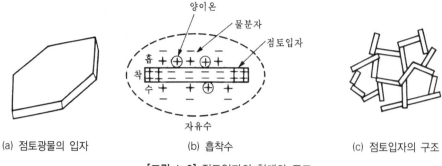

양이온
물분자
점토입자

흡
착
수

자유수

(a) 점토광물의 입자　　　　　(b) 흡착수　　　　　(c) 점토입자의 구조

[그림 1-2] 점토입자의 형태와 구조

　세립(細粒)의 점토광물은 그림 1-2(a)에 있는 것처럼 박편상(薄片狀)이 많다. 이와 같은 점토입자가 물 속에 들어가면 그림 1-2(b)의 단면도에 표시한 것과 같이 평탄한 표면은 음(−)의 전하를 띠고 있으며 양쪽 끝부분이 양(+)의 전하를 띤다. 따라서 점토광물의 표면에는 수소나 나트륨, 칼륨 등의 양이온이 흡착되고 물은 쌍극성이 있으므로 토립자의 표면에 흡착된다. 이와 같은 흡착력은 거리에 반비례하여 작아지므로 입자표면에서 멀어지면 구속이 약해져서 자유롭게 움직이는 상태가 된다. 입자표면에 흡착되어 거의 움직이지 않는 물을 **흡착수**(吸着水)라 하며 입자표면에서 떨어져 자유로 움직이는 물을 **자유수**(自由水)라 한다.

　흡착수막이 두꺼우면 입자 간의 반발력이 크고 얇은 경우에는 흡착력이 커지므로 해수(海水)와 같이 양이온이 많은 수중에 퇴적되면 입자끼리 결합되기 쉬우며 그림 1-2(c)에 나타나 있는 것처럼 간극이 큰 **면모구조**(綿毛構造)를 형성한다.

　점토입자가 담수 중에 퇴적하면 입자 간의 반발력이 크기 때문에 흙입자는 분산된 상태로 퇴적된 **이산구조**(離散構造)를 이루어 비교적 간극이 작은 지반이 형성된다. 해수 중에서 퇴적된 간극이 큰 입자가 육지화 되어 담수로 씻겨지면 토립자 구조가 바뀌는 리칭(leaching)이 일어난다.

　이와 같은 상태는 본래 담수 중에서 퇴적된 구조와는 달리 간극이 불안정한 상태이므로 구조가 파괴되면 액상화되는 경우도 있다.

　점토는 모암과 같은 광물로 되어 있지만 모암이 분해하여 미립자로 된 후에 압축, 가열, 산화 등의 화학작용을 받으면서 재결정된 것이며 광물의 구성에 따라 Kaolin군, Illite군, Montmorillonite군으로 분류하고 있다.

02

흙의 기본적 성질

SOIL MECHANICS

제2장

/토/질/역/학/

흙의 기본적 성질

흙은 고체인 흙입자(土粒子)와 간극(間隙, void)으로 이루어져 있으며 간극은 액체인 물과 기체인 공기로 채워져 있다. 즉, 흙은 흙입자와 물, 공기로 이루어진 3상(三相)구조이다. 흙의 성질은 이들 상호간의 중량이나 용적에 따라 현저한 변화를 나타내므로 이 장에서는 흙의 기본적 성질에 대하여 알아보고자 한다.

흙을 흙입자, 물, 공기의 세 가지 성분으로 분리하여 표현하면 그림 2-1과 같다.

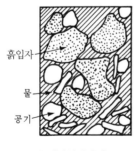

(a) 자연상태의 흙

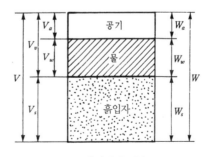

(b) 흙덩이의 성분

[그림 2-1] 3상으로 나타낸 흙의 구성

그림 2-1에 나타난 바와 같이 흙덩어리 한 요소의 체적을 V, 중량을 W라 하면 흙을 구성하고 있는 요소는 다음과 같은 관계에 있다.

$$V = V_s + V_v = V_s + V_w + V_a \tag{2.1}$$

여기에서, V_s : 흙입자의 체적

   V_v : 간극의 체적

   V_w : 간극 내 물의 체적

   V_a : 간극 내 공기의 체적

공기의 무게는 무시할 수 있으므로 흙의 중량은

$$W = W_s + W_w \tag{2.2}$$

여기에서, W_s : 흙입자의 중량

   W_w : 물의 중량

2.1 간극비(void ratio)와 간극률(porosity)

간극비(e)는 흙입자의 체적에 대한 간극의 체적비이다.

$$e = \frac{V_v}{V_s} \tag{2.3}$$

간극률(n)은 흙 전체에 대한 간극의 체적비를 백분율로 표시한 것이다.

$$n = \frac{V_v}{V} \times 100 \tag{2.4}$$

간극비(e)와 간극률(n) 사이에는 다음과 같은 관계가 있다.

$$e = \frac{V_v}{V_s} = \frac{V_v}{V - V_v} = \frac{V_v/V}{1 - V_v/V} = \frac{n/100}{1 - n/100}$$

$$n(\%) = \frac{e}{1 + e} \times 100 \tag{2.5}$$

간극비는 일반적으로 점토(粘土)가 사질토(砂質土)보다 크고 점토는 0.8~3의 값을 나타내며 사질토는 0.4~1.0 정도의 값을 보인다.

2.2 포화도(degree of saturation)

포화도(S)는 간극의 체적에 대한 간극 속에 함유된 물의 체적비를 백분율로 나타낸 것이다.

$$S(\%) = \frac{V_w}{V_v} \times 100 \tag{2.6}$$

포화상태($S = 100$)는 물이 간극 속을 완전히 채웠을 때이며 이런 상태 하에 있는 흙은 완전히 포화되었다고 한다. 그러므로 지하수위 아래에 침수된 흙은 포화토가 된다. 습윤상태는 포화도가 0~100일 때이며 간극 속에 공기를 내포한 상태이다. 완전 건조상태(S=0%)는 간극속에 물이 없고 공기로만 채워져 있는 상태이다. 포화도와 간극비, 함수비, 흙입자 비중(G_s)의 관계는 다음과 같다. 이 경우 좌변, 우변의 단위가 일치해야 한다.

$$S\,e = G_s\,w \tag{2.7}$$

2.3 함수비(moisture content)

함수비(w)는 흙입자 중량에 대한 물 중량의 비를 백분율로 나타낸 것이며, 흙 속에 함유된 수분의 정도를 알고자 할 때 이용된다.

$$\omega\,(\%) = \frac{W_w}{W_s} \times 100 \tag{2.8}$$

흙 속에 함유된 수분의 정도는 일반적으로 함수비로 나타내지만 때로는 함수율(含水率)로 사용하기도 한다. 함수율(ω')은 흙 전체중량에 대한 물 중량의 비를 백분율로 표시한 것이다.

$$\omega'\,(\%) = \frac{W_w}{W} \times 100 \tag{2.9}$$

함수비(ω)와 함수율(ω') 사이에는 다음과 같은 관계가 있다.

$$\omega\,(\%) = \frac{W_w}{W_s} \times 100 = \frac{W_w}{W - W_w} \times 100 = \frac{W_w/W}{1 - W_w/W} \times 100 = \frac{100\,\omega'}{100 - \omega'}$$

$$\omega'\,(\%) = \frac{100\,\omega}{100 + \omega} \tag{2.10}$$

함수비 시험

① 용기(can)의 무게를 측정한다. (W_c)
② (습윤토＋용기)의 무게를 측정한다. (W_t)
③ 110°±5°C의 항온건조로에서 24시간 건조한다.
④ 데시게이터에서 실온이 되도록 식힌다.
⑤ (건조토＋용기)의 무게를 측정한다. (W_d)
⑥ 결과의 계산

$$\omega = \frac{W_w}{W_s} \times 100 = \frac{W_t - W_d}{W_d - W_c} \times 100 \tag{2.11}$$

$\therefore$ W_c : 용기무게(gf),　W_t : 습윤토＋용기무게(gf),　W_d : 건조토＋용기무게(gf)

2.4 단위중량(unit weight)

흙의 단위중량은 흙덩어리의 중량을 이에 대응하는 체적으로 나눈 값이며 단위중량(單位重量)이라고도 한다.

(1) 습윤단위중량(wet unit weight)
습윤단위중량은 겉보기밀도라 하며 이는 자연상태에 있는 흙의 중량을 대응하는 체적으로 나눈 값이다.

$$\gamma_t \, (\mathrm{gf/cm^3}, \mathrm{tf/m^3}) = \frac{W}{V} = \frac{(G_s + Se)}{(1+e)} \gamma_w \qquad (2.12)$$

(2) 건조단위중량(dry unit weight)
건조토의 단위중량으로서 건조토의 포화도 S=0%이므로 식(2.12)에서 S=0을 대입하면 다음과 같이 나타난다.

$$\gamma_d = \frac{W_s}{V} = \frac{\gamma_t}{\left(1+\dfrac{w}{100}\right)} = \frac{G_s}{(1+e)} \gamma_w \qquad (2.13)$$

(3) 포화단위중량(saturated unit weight)
흙이 수중에 있거나 모관작용에 의하여 완전히 포화되어 있다면 이때의 단위중량은 $S=100\%$일 때의 전체단위중량으로 식(2.12)에서 S=1을 대입하면 다음과 같이 나타난다.

$$\boldsymbol{\gamma_{\mathrm{sat}}} = \frac{W}{V} = \frac{G_s + e}{1+e} \gamma_\omega \qquad (2.14)$$

(4) 수중단위중량(submerged unit weight)
흙이 지하수위 아래에 위치하면 부력(浮力)을 받기 때문에 수중에서의 단위중량은 포화단위중량에서 물의 단위중량을 뺀 값이 된다.

$$\gamma_{sub} = \gamma_{sat} - \gamma_\omega = \frac{G_s + e}{1 + e}\gamma_\omega - \gamma_\omega = \frac{G_s - 1}{1 + e}\gamma_\omega \qquad (2.15)$$

2.5 비중(specific gravity)

흙의 비중은 흙입자의 중량을 이것에 대응하는 용적의 물 무게로 나눈 것을 말한다.

$$\text{겉보기 비중 } G = \frac{\gamma}{\gamma_\omega} = \frac{W}{V \times \gamma_\omega} \qquad (2.16)$$

$$\text{흙입자의 비중 } G_s = \frac{\gamma_s}{\gamma_\omega} = \frac{W_s}{V_s \times \gamma_\omega} \qquad (2.17)$$

여기서, γ_ω : 물의 단위중량(gf/cm^3, tf/m^3)

γ_s : 흙입자의 단위중량

한국공업규격에서는 수온 15°C를 기준으로 하여 비중을 측정하고 있다.

비중 시험

① 시료를 4분법 또는 분취기에서 채취한다.
② No.10체로 체가름한다.
③ 비중병 용량 100cc 이상의 플라스크 또는 스토퍼(stopper)가 있는 50cc 이상의 병을 사용한다. 시료는 플라스크를 사용할 때에는 25gf 이상, 스토퍼가 있는 병을 사용할 때는 10gf 이상으로 한다. 비중병의 무게를 측정한다.
④ 비중병에 증류수를 채운 후 무게를 측정하고 증류수의 온도를 측정한다.
⑤ 비중병에 약 절반가량의 증류수를 채운다.
⑥ 시료의 무게를 정확하게 측정한 후 시료를 비중병에 넣는다.
⑦ 알콜램프에서 시료를 10분 이상 끓인다.

⑧ 비중병을 꺼내고 증류수로 채운 다음 실온으로 될 때까지 놓아둔다.

⑨ 병 주위의 물을 마른걸레로 잘 닦고 현탁액(시료＋증류수＋비중병)무게를 측정한다.

⑩ 같은 시료를 3번 이상 측정하여 평균한다. 단, 2% 이상의 오차가 발생하면 재시험한다.

⑪ 결과의 계산

$$G_T = \frac{W_s}{W_s + (W_a - W_b)} \tag{2.18}$$

$$G_{15} = K\,G_T \tag{2.19}$$

여기서, G_T : T°C일 때의 비중

G_{15} : 15°C일 때의 비중

W_s : 시료의 무게

W_a : (비중병＋증류수)무게

W_b : (비중병＋증류수＋시료)무게

K : 수정계수

(비중병＋물)무게 측정 시 수온(T_c')과 (비중병＋물＋시료)무게 측정 시의 수온(T_c)이 다를 경우에는 (비중병＋물)의 무게(W_a)를 다음과 같이 계산한다.

$$W_a = \frac{T_c 에서의\ 물의\ 밀도}{T_c' 에서의\ 물의\ 밀도} \times (W_a' - W_f) + W_f \tag{2.20}$$

여기서, W_a' : 수온 T_c'에서 측정한 (비중병＋물)무게

W_f' : 비중병 무게

[표 2-1] 물의 비밀도와 수정계수

온도(°C)	물의 비밀도	수정계수(K)	온도(°C)	물의 비밀도	수정계수(K)
4	1.000000	1.0009	18	0.998625	0.9995
5	0.999992	1.0009	19	0.998435	0.9993
6	0.999968	1.0008	20	0.998234	0.9991
7	0.999936	1.0008	21	0.998022	0.9989
8	0.999877	1.0007	22	0.997800	0.9987
9	0.999809	1.0007	23	0.997568	0.9984
10	0.999728	1.0006	24	0.997327	0.9982
11	0.999634	1.0006	25	0.997075	0.9979
12	0.999526	1.0004	26	0.996814	0.9977
13	0.999406	1.0003	27	0.996544	0.9974
14	0.999273	1.0001	28	0.996264	0.9971
15	0.999129	1.0000	29	0.995979	0.9968
16	0.998972	0.9998	30	0.995678	0.9965
17	0.998804	0.9997			

예제 2-1

어떤 시료토의 비중시험에서 다음 결과를 얻었다. 이 시료토의 비중을 구하시오.

비중병의 중량	$W_f = 133.68$g
(비중병+증류수)중량	$W_a' = 142.96$g
W_a' 측정시의 수온	$T_c' = 10°C$
(비중병+노건조시료+증류수)중량	$W_b = 152.24$g
W_b 측정시 수온	$T_c = 25°$
노건조시료의 중량	$W_s = 15.24$g

풀 이

수온 25°C에서의 (비중병+증류수)중량은

$$W_a = \frac{T_c \text{에서의 물의 밀도}}{T_c' \text{에서의 물의 밀도}} \times (W_a' - W_f) + W_f$$

$$= \frac{0.997075}{0.999728} \times (142.96 - 133.68) + 133.68 = 142.93\,\text{g}$$

$$G_{25} = \frac{15.24}{15.24 + (142.93 - 152.24)} = 2.56$$

$$G_s = K \cdot G_{25} = 0.9979 \times 2.56 = 2.55$$

2.6 상대밀도(relative density)

어떤 흙이 느슨한 상태에 있는지 또는 조밀한 상태에 있는지를 알려고 할 때 상대밀도가 사용된다. 상대밀도는 주로 모래와 같은 조립토(粗粒土)에 적용되며 다음 식으로 표시된다.

$$D_r = \frac{e_{\max} - e}{e_{\max} - e_{\min}} = \frac{\gamma_d - \gamma_{d\min}}{\gamma_{d\max} - \gamma_{d\min}} \cdot \frac{\gamma_{d\max}}{\gamma_d} \tag{2.21}$$

여기서, $e_{\max}$: 가장 조밀한 상태의 간극비

$e_{\min}$: 가장 느슨한 상태의 간극비

$\gamma_{d\max}$: 가장 조밀한 상태의 건조밀도

$\gamma_{d\min}$: 가장 느슨한 상태의 건조밀도

e : 자연상태의 간극비

γ_d : 자연상태의 건조밀도

$e_{\max}$, $e_{\min}$ 을 결정하는 방법은 표준화되어 있지 않으나 일반적으로 진동다짐(vibro-compaction)에 의하여 $e_{\max}$ 을 구하고 건조모래를 가만히 유입함으로써 $e_{\min}$ 를 측정한다.

조립토는 흐트러지지 않은 시료의 채취가 곤란하므로 표준관입시험 등의 원위치시험에서 간접적으로 측정된다. 자연상태의 간극비(e)가 가장 느슨한 상태의 간극비($e_{\min}$)와 동일할 경우에는 상대밀도가 0이며, 가장 조밀한 상태의 간극비($e_{\max}$)와 동일할 경우에는 1이 된다.

[표 2-2] 조립토의 상대밀도

상대밀도(%)	퇴적토의 상태
0 ~ 0.15	매우 느슨함
0.15 ~ 0.50	느슨함
0.50 ~ 0.70	보통
0.70 ~ 0.85	조밀함
0.85 ~ 1.00	매우 조밀함

2.7 상호관계식의 유도

건조단위중량, 간극비, 비중 사이에는 다음과 같은 관계가 있다.

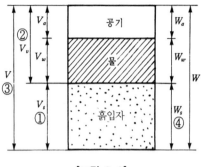

[그림 2-2]

① $V_s = 1$(단위체적)로 가정

② $e = \dfrac{V_v}{V_s} = \dfrac{V_v}{1}, \quad V_v = e \times 1 = e$

③ $V = V_s + V_v = 1 + e$

④ $G_s = \dfrac{W_s}{V_s \gamma_w} = \dfrac{W_s}{1 \times \gamma_w}, \quad W_s = G_s \gamma_w$

$\gamma_d = \dfrac{W_s}{V} = \dfrac{G_s}{1+e} \gamma_w \qquad (2.22)$

예제 2-2

간극비가 1.0이고 비중이 2.5인 시료의 건조단위중량을 구하라.

풀이

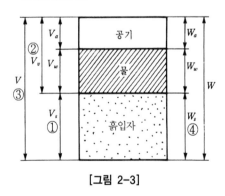

[그림 2-3]

① $V_s = 1\,\mathrm{cm}^3$(단위체적)으로 가정

② $e = 1.0 = \dfrac{V_v}{V_s} = \dfrac{V_v}{1}$,

$V_v = 1 \times 1 = 1.0\,\mathrm{cm}^3$

③ $V = V_s + V_v = 1.0 + 1.0 = 2.0\,\mathrm{cm}^3$

④ $G_s = 2.5 = \dfrac{W_s}{V_s \times \gamma_w} = \dfrac{W_s}{1 \times 1}$,

$W_s = 2.5\,\mathrm{gf}$

$\gamma_d = \dfrac{W_s}{V} = \dfrac{2.5}{2.0} = 1.25\,\mathrm{gf/cm}^3$

습윤단위 중량, 간극비, 비중, 포화도 사이에는 다음과 같은 관계가 있다.

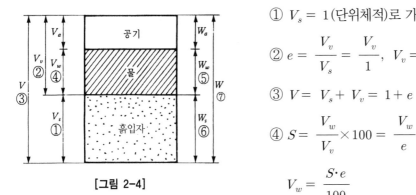

[그림 2-4]

① $V_s = 1$(단위체적)로 가정

② $e = \dfrac{V_v}{V_s} = \dfrac{V_v}{1}, \ \ V_v = e \times 1 = e$

③ $V = V_s + V_v = 1 + e$

④ $S = \dfrac{V_w}{V_v} \times 100 = \dfrac{V_w}{e} \times 100,$

$V_w = \dfrac{S \cdot e}{100}$

⑤ $\gamma_\omega = \dfrac{W_w}{V_w}, \ \ W_w = \gamma_\omega V_w = \dfrac{S \cdot e}{100} \gamma_\omega$

⑥ $G_s = \dfrac{W_s}{V_s \times \gamma_\omega} = \dfrac{W_s}{1 \times \gamma_\omega}, \ \ W_s = G_s \times \gamma_\omega$

⑦ $W = W_s + W_w = \left\{ \dfrac{S \cdot e}{100} + G_s \right\} \gamma_\omega$

$$\gamma_t = \dfrac{W}{V} = \dfrac{G_s + \dfrac{S \cdot e}{100}}{1 + e} \gamma_\omega \tag{2.23}$$

예제 2-3

간극비 1.2, 비중 2.8, 포화도 50%인 시료의 습윤단위중량을 구하여라.

풀 이

① $V_s = 1 \, \text{cm}^3$(단위체적)로 가정

② $e = \dfrac{V_v}{V_s} = \dfrac{V_v}{1},$

$V_v = 1 \times e = 1 \times 1.2 = 1.2 \, \text{cm}^3$

③ $V = V_s + V_v = 1 + 1.2 = 2.2 \text{cm}^3$

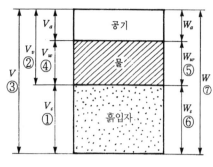

[그림 2-5]

④ $S = 50\% = \dfrac{V_w}{V_v} \times 100 = \dfrac{V_w}{1.2} \times 100,$

$$V_w = \dfrac{50 \times 1.2}{100} = 0.6\,cm^3$$

⑤ $\gamma_\omega = \dfrac{W_w}{V_w},$

$$W_w = \gamma_\omega \times V_w = 1 \times 0.6 = 0.6\,gf$$

⑥ $G_s = 2.8 = \dfrac{W_s}{V_s\,\gamma_\omega} = \dfrac{W_s}{1 \times 1}, \quad W_s = 2.8 \times 1 \times 1 = 2.8\,gf$

⑦ $W = W_s + W_w = 2.8 + 0.6 = 3.4\,gf$

$$\gamma_t = \dfrac{W}{V} = \dfrac{3.4}{2.2} = 1.55\,gf/cm^3$$

포화단위중량, 간극비, 비중 사이에는 다음과 같은 관계가 있다.

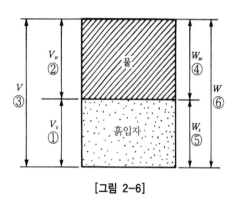

[그림 2-6]

① $V_s = 1$(단위체적)로 가정

② $e = \dfrac{V_v}{V_s} = \dfrac{V_v}{1}, \ V_v = e$

③ $V = V_s + V_v = 1 + e$

④ $\gamma_\omega = \dfrac{W_w}{V_w} = \dfrac{V_w}{V_v} = \dfrac{W_w}{e}, \ W_w = e \times \gamma_\omega$

⑤ $G_s = \dfrac{W_s}{V_s \times \gamma_\omega}, \ W_s = G_s \times \gamma_\omega$

⑥ $W = W_s + W_w = (G_s + e)\,\gamma_\omega$

$$\gamma_{sat} = \dfrac{G_s + e}{1 + e}\,\gamma_\omega \tag{2.24}$$

포화도, 간극비, 비중, 함수비 사이에는 다음과 같은 관계식이 성립된다.

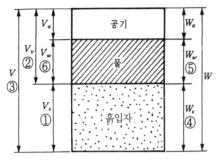

[그림 2-7]

① $V_s = 1$(단위체적)로 가정

② $e = \dfrac{V_v}{V_s}$, $V_v = e\,V_s = e$

③ $V = V_s + V_v = 1 + e$

④ $G_s = \dfrac{W_s}{V_s \times \gamma_\omega}$, $W_s = G_s \times \gamma_\omega$

⑤ $\omega = \dfrac{W_w}{W_s} \times 100 = \dfrac{W_w}{G_s \times \gamma_\omega} \times 100$, $W_w = \dfrac{\omega \times G_s}{100}\,\gamma_\omega$

⑥ $\gamma_\omega = \dfrac{W_w}{V_w}$, $V_w = \dfrac{W_w}{\gamma_\omega} = \dfrac{\omega \times G_s}{100}$

$$S = \dfrac{V_w}{V_v} \times 100 = \dfrac{\dfrac{\omega \cdot G_s}{100}}{e} \times 100 = \dfrac{\omega \times G_s}{e} \qquad (2.25)$$

예제 2-4

간극비 1.2, 비중 2.8, 함수비 30%인 흙의 포화도를 구하여라.

풀 이

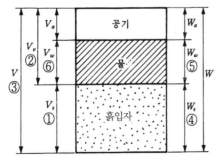

[그림 2-8]

① $V_s = 1\,\mathrm{cm}^3$(단위체적)으로 가정

② $e = \dfrac{V_v}{V_s}$, $V_v = e = 1.2\mathrm{cm}^3$

③ $V = V_s + V_v = 1 + 1.2 = 2.2\mathrm{cm}^3$

④ $G_s = \dfrac{W_s}{V_s \times \gamma_\omega}$, $W_s = G_s\,V_s\,\gamma_\omega = 2.8\mathrm{gf}$

⑤ $\omega = \dfrac{W_w}{W_s} \times 100$,

$$W_w = \dfrac{\omega \times W_s}{100} = \dfrac{30 \times 2.8}{100} = 0.84\,\mathrm{gf}$$

⑥ $\gamma_\omega = \dfrac{W_w}{V_w}$, $\quad V_w = \dfrac{W_w}{\gamma_\omega} = \dfrac{0.84}{1} = 0.84\,\mathrm{cm}^3$

$$S = \dfrac{V_w}{V_v} \times 100 = \dfrac{0.84}{1.2} \times 100 = 70\,\%$$

예제 2-5

직경 60mm, 높이 20mm인 점토시료의 중량은 용기 무게를 포함하여 230gf이고 노건조 후의 중량은 210gf이었다. 용기의 중량을 120gf이라고 하였을 때, 점토시료의 함수비, 함수율, 습윤밀도, 건조단위중량을 구하여라.

풀 이

① $V = \dfrac{\pi D^2}{4} H = \dfrac{3.14 \times 6^2}{4} \times 2 = 56.52\,\mathrm{cm}^3$

② $W = 230 - 120 = 110\,\mathrm{gf}$

③ $W_s = 210 - 120 = 90\,\mathrm{gf}$

④ $W_w = W - W_s = 110 - 90 = 20\,\mathrm{gf}$

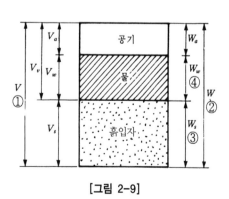

[그림 2-9]

$$\omega = \dfrac{W_w}{W_s} \times 100 = \dfrac{20}{90} \times 100 = 22.2\,\%$$

$$\omega' = \dfrac{W_w}{W} \times 100 = \dfrac{20}{110} \times 100 = 18.2\,\%$$

$$\gamma_t = \dfrac{W}{V} = \dfrac{110}{56.52} = 1.95\,\mathrm{gf/cm}^3$$

$$\gamma_d = \dfrac{W_s}{V} = \dfrac{90}{56.52} = 1.59\,\mathrm{gf/cm}^3$$

2.8 흙의 연경도(consistency)

점토광물을 함유하고 있는 세립토가 적당한 물을 함유하고 있으면 다시 반죽을 하여도 부스러지지 않는다. 이것은 점토입자 주위에 흡착된 물로 인하여 입자 간에 점착력이 발생되었기 때문이다. 스웨덴 학자인 Atterberg는 여러 가지 함수비에 대한 세립토의 거동에 대하여 연구하였다. 흙은 아주 낮은 함수비에서 고체와 같이 되고 함수비가 높아지면 액성화하여 유동한다는 것이다. 이와 같이 함수량의 다소에 의하여 변화하는 흙의 성질을 **흙의 연경도**(軟硬度, consistency)라 하고 그림 2-10과 같이 **고체상태, 반고체상태, 소성상태** 및 **액성상태**인 4가지 기본형태로 구분한다.

고체상태에서 반고체상태로 변화하는 경계의 함수비를 **수축한계**라 하고 반고체 상태에서 소성상태로 옮겨지는 경계의 함수비를 **소성한계**라 한다. 또한 소성상태에서 액성상태로 이동되는 경계의 함수비를 **액성한계**라 하며 이러한 한계들을 **애터버그 한계**(Atterberg limits)라고 한다.

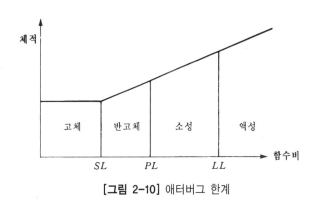

[그림 2-10] 애터버그 한계

(1) 액성한계(Liquid Limit, LL)

액성한계는 시료를 규정된 접시에 넣어 두 개의 부분으로 갈라놓고 접시를 1cm 높이에서 1초에 2회의 속도로 자유낙하시켜서 낙하횟수 25회일 때 양분된 흙이 1.5cm의 길이로 합쳐질 때의 함수비로 정의된다.

그림 2-11은 액성한계의 기구를 나타낸 것이며 측정방법은 KS F2303에 규정되어 있다.

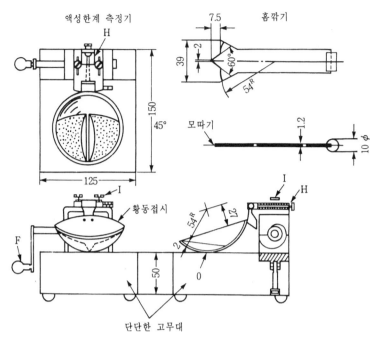

[그림 2-11] 액성한계 측정장치

액성한계 시험

① 시료를 잘 혼합하여 4분법 또는 분취기에 의해 채취한다.

② No.40체(0.42mm)로 체가름한다.

③ No.40체를 통과한 시료 100gf 정도를 준비한다.

④ 분무기로 증류수를 가하여 스패츌러로 잘 혼합한다.

⑤ 혼합된 시료를 습한 포로 덮고 방치해 둔다.

⑥ 측정기의 조절판 나사를 풀어서 황동접시 밑판에서 1cm 높이가 되도록 조절하여 고정시킨다.

⑦ 용기(can)무게를 측정한다.

⑧ 황동접시를 측정장치로부터 떼어낸 후 황동접시에 최대깊이 1cm가 되도록 반죽된 흙을 넣는다.

⑨ 홈파기 날로 황동접시의 횡방향으로 흙에 ∨형의 홈을 파서 시료를 둘로 나눈다.

⑩ 황동접시를 조립하고 1초에 2회의 속도로 크랭크를 회전시켜서 경질 고무판에 낙하시킨다.

이 충격 때문에 홈에서 두 개로 나누어진 양쪽의 흙이 약 1.0cm 이상에 걸쳐 맞붙을 때까지 조작하고 낙하횟수를 기록한다(그림 참고).

⑪ 황동접시 바닥에서 흙이 1.5cm 붙었을 때 접촉한 홈에 직각으로 양쪽 흙을 떼어내어 함수비를 측정한다.

⑫ 같은 흙에 대하여 최소한 4번 정도 함수비를 변화시켜서 시험하고 통계적인 방법으로 유동곡선을 그려서 낙하횟수 25회에 대응하는 함수비를 구한다.

액성한계를 구하려면 여러 번 시험을 거듭하고 유동곡선을 그려서 결정해야 하므로 시간과 노력이 많이 소요된다. 따라서 신속하고 간편하게 구하고자 할 때에는 일점방법(one point method)이 이용된다.

$$L L = \ \omega_n \left(\frac{N}{25} \right)^{\tan\beta} \tag{2.26}$$

여기에서, N : 1.0cm 이상의 홈이 합쳐질 때 타격횟수

$\quad\quad\quad \omega_n$: N에 대응하는 함수비

$\quad\quad\quad \tan\beta$: 0.121

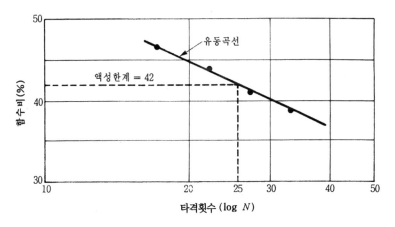

[그림 2-12] 유동곡선

(2) 소성한계(Plastic Limit, *PL*)

소성한계 측정은 No.40체를 통과한 시료 약 15gf을 증발접시에 넣고 증류수를 가하여 적당한 굳기의 버터상태로 하고 이것을 서리유리판에 올려놓은 다음 손바닥으로 밀어 국수 모양으로 늘렸을 때 지름이 3mm 정도에서 부슬부슬해져 잘려지는 상태의 함수비를 구하는 것이다.

(3) 수축한계(Shringkage Limit, *SL*)

흙은 수분이 감소함에 따라 수축한다. 그러나 계속하여 수분이 손실되더라도 어느 단계에 이르면 체적변화가 일어나지 않는 평형상태에 도달하는데 이때의 함수비를 수축한계라고 한다.

수축한계시험

① 시료를 4분법 또는 분취기로 채취하여 No.40체로 체가름하고 통과 시료를 30gf 정도 준비한다.

② 분무기로 증류수를 가하여 혼합한 후 습기상자에 1일 동안 보관한다.

③ 수축접시의 무게와 부피를 측정한다. 접시는 110°±5°C에서 파괴되지 않는 유리제품이어야 한다. 부피측정은 수은을 접시에 넘치도록 채우고 유리판을 눌러서 여분의 수은을 제거한 후 접시에 남은 수은을 메스실린더에 붓고 눈금을 읽어서 측정한다.

④ 수축접시 안쪽 면에 그리스(와세린)를 얇게 바르고 무게를 측정한다.

⑤ 습윤상자에서 보관되었던 습윤시료를 수축접시에 $\frac{1}{3}$ 정도씩 넣고 고무판 위에서 가볍게 두드려서 간극이 없도록 한다.

⑥ 완전히 습윤시료를 넘치도록 하고 가볍게 두드린 후 여분의 흙은 곧은 날로 잘라버리고 중량을 측정한다.

⑦ 수축접시 안에 있는 시료가 어두운 색에서 밝은 색으로 될 때까지 그늘에서 건조시킨 후 110°±5°C에서 24시간 노건조시키고 중량을 측정한다.

⑧ 수축된 건조시료가 들어 있는 접시에 수은을 채우고 유리관으로 누른 후, 남아 있는 수은을 메스실린더에 붓고 눈금을 읽어서 수축된 시료의 부피를 측정한다. 측정된 값은 시료의 수축된 부피($V-V_0$)가 된다.

⑨ 결과의 계산

$$SL = \omega - \left\{ \frac{(V - V_0)\gamma_\omega}{W_s} \times 100 \right\}$$ (2.27)

여기서, ω : 습윤토의 함수비(%)

V : 습윤토의 체적(cm^3)

V_0 : 건조토의 체적(cm^3)

W_s : 건조토의 무게

2.9 연경도에서 얻어지는 지수

(1) 소성지수(Plastic Index, *PI*)

액성한계와 소성한계의 차를 소성지수라 한다.

$$PI = LL - PL$$ (2.28)

모래와 같이 액성한계를 구할 수 없을 때나 $LL = PL$ 또는 $LL < PL$ 과 같은 시험결과가 얻어지는 흙의 소성지수는 N.P(非塑性, Nonplastic)로 표시한다. 소성지수의 값이 크다는 것은 소성이 풍부한 흙을 의미한다.

(2) 액성지수(Liquidity Index, *LI*)

자연상태의 함수비를 w_n 이라고 할 때, 자연함수비와 소성한계의 차를 소성지수로 나눈 값을 액성지수라 한다.

$$LI = \frac{w_n - PL}{PI}$$ (2.29)

해성점토와 같은 흙은 거의 액성상태이며 액성지수는 1 또는 그 이상이 되고 소성상태에 있다면 1 이하가 된다. 자연상태의 흙은 일반적으로 정규압밀점토(正規壓密粘土)는 $LI = 1$ 이며 과압밀점토(過壓密粘土)에서는 $LI = 0$에 근사한 값을 나타낸다.

(3) 컨시스턴시 지수(Consistency Index, CI)

액성한계와 자연함수비의 차($LL - w_n$)를 소성지수로 나눈 값을 consistency 지수라 한다.

$$CI = \frac{LL - w_n}{PI} \tag{2.30}$$

액성지수와 consistency 지수의 값은 자연함수비가 소성영역 내의 어느 측에 편재되어 있는가를 파악함으로써 흙의 안정성을 판정하는 데 이용된다. 즉, $CI \geqq 1$인 경우는 자연함수비(w_n)가 소성한계(PL)에 근접한 상태에 있기 때문에 안정상태에 있으며, $CI \leqq 0$인 경우는 자연함수비가 액성한계에 근접하여 있기 때문에 이 흙은 불안정한 상태를 나타낸다.

(4) 수축지수(Shringkage Index, SI)

소성한계와 수축한계의 차를 수축지수라 한다.

$$SI = PL - SL \tag{2.31}$$

(5) 유동지수(Flow Index, FI)

액성한계시험에서 함수비와 낙하횟수의 관계를 반대수 그래프에 작도하면 거의 직선이 되며 이 곡선을 유동곡선이라 한다. 이 곡선의 기울기를 유동지수라고 정의하고 다음과 같이 표시한다.

$$FI = \frac{\omega_1 - \omega_2}{\log_{10} N_2 - \log_{10} N_1} = \frac{\omega_1 - \omega_2}{\log_{10} \left(\dfrac{10\,N_1}{N_1} \right)} = \omega_1 - \omega_2 \tag{2.32}$$

여기서, ω_1 : 타격횟수 N_1에 해당하는 흙의 함수비

ω_2 : 타격횟수 $N_2 \, (N_2 = 10\,N_1)$에 해당하는 흙의 함수비

(6) Toughness 지수(Toughness Index, *TI*)

소성지수와 유동지수의 비를 Toughness 지수라 한다.

$$TI = \frac{PI}{FI} \qquad\qquad (2.33)$$

콜로이드(colloid)가 많이 함유된 흙은 TI가 높고 특히 montmorillonite계 또는 활성이 큰 점토는 이 값이 크다. 보통점토의 경우 이 값은 0~3이나 활성이 큰 점토는 5 정도를 나타내는 경우도 있다.

예제 2-6

어느 점토에 대하여 액성한계 시험 결과 다음 값을 얻었다. 유동곡선을 작도하고 액성한계를 구하여라. 또한 이 흙의 소성지수, 수축지수, 액성지수, 컨시스턴시 지수, 유동지수, Toughness 지수를 구하여라. 단 이 흙의 소성한계, 수축한계 및 자연상태의 함수비는 각각 33.2%, 21.4%, 40%이다.

측정번호	1	2	3	4	5
낙하횟수	8	16	28	33	48
함수비	56.4	52.1	49.3	47.5	45.2

풀 이

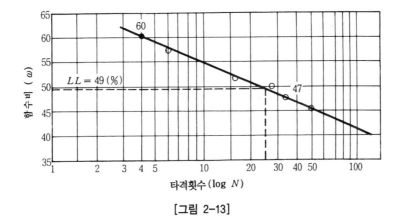

[그림 2-13]

그림 2-13의 유동곡선으로부터 액성한계를 구하면 $LL = 49\%$, 일점법으로 구하면 식 (2.25)에서

$$LL = w_n\,(N/25)^{0.121} = 47.5\,(33/25)^{0.121} = 49.0\%$$

$$PI = LL - PL = 49 - 33.2 = 15.8\%$$

$$SI = PL - SL = 33.2 - 21.4 = 11.8\%$$

$$LI = \frac{w_n - PL}{PI} = \frac{40 - 33.2}{15.8} = 0.43$$

$$CI = \frac{LL - w_n}{PI} = \frac{49 - 40}{15.8} = 0.57$$

$$FI = \omega_1 - \omega_2 = 60 - 47 = 13\%$$

$$\omega_1 = 60\,(N_1 = 4\,\text{회일 때의 함수비})$$

$$\omega_2 = 47\,(N_2 = 40\,\text{회일 때의 함수비})$$

$$TI = \frac{PI}{FI} = \frac{15.8}{13} = 1.22$$

예제 2-7

다음과 같은 3종류의 흙을 시험하여 액성한계와 소성한계를 구하였다. 다음 물음에 대한 답을 기록하시오.

흙종류 지수	액성한계(%)	소성한계(%)
A	20	10
B	73	18
C	71	42

(1) 입도조성에서 A 자료와 B 자료는 어느 것이 조립토인가?

(2) B 자료와 C 자료를 비교할 때 어느 것이 유기질토로 판명되는가?

(1) 조립토 : A 시료

이유 : 액성한계가 크면, 수축, 팽창이 크고 토질재료로 좋지 않으므로 세립토이다. 소성한계 값이 클수록 점토질(세립토)이다. $PL = LL$인 흙은 비소성으로 모래질(조립토)이 며 소성한계가 적을수록 조립토이다.

(2) 유기질토 : B 시료

이유 : 압축성이 크고 지지력이 작은 유기질을 다량으로 포함하고 있는 흙으로 액성한계는 크고 소성한계는 작다. 일반적으로 액성한계는 모래 20%, 실트 30%, 점토 100%, 콜로이드 400% 등이므로 세립토일수록 크게 된다. 소성한계는 반대로 작게 된다.

예제 2-8

수축시험을 한 결과 다음과 같은 결과를 얻었다. 수축한계를 구하시오. (단, 소수 3자리에서 반올림하고, 수축접시 내의 습윤시료의 용적(V) 21.30cm^3, 노건조시료 중량(W_s) 26.41gf, 노건조시료의 용적(V_0) 15.20cm^3, 습윤시료의 함수비(ω) 44.7%이다.)

풀 이

수축한계

$$SL = \omega - \left(\frac{(V - V_0)}{W_s} \, \gamma_\omega \times 100 \right)$$

$$= 44.7 - \left(\frac{(21.30 - 15.20)}{26.41} \times 100 \right) = 21.36\,\%$$

2.10 흙의 활성도(Activity)

흙의 입경이 작으면 단위면적당 비표면적이 증가하기 때문에 토입자에 흡착되어 있는 수분은 많아지게 된다. 그러므로 소성지수는 흙덩어리 속에 있는 점토의 함량에 비례하여 크게 나타날 것이다. skempton(1953)은 소성지수와 점토함유량(2μ 이하의 함유물, %)이 그림 2-15와 같이 직선상으로 분포한다는 사실에 착안하여 이 직선의 경사를 **활성도**(A)로 정의하였다.

$$\text{Activity}(A) = \frac{PI}{2\mu\,\text{이하의 점토 함유율}} \tag{2.34}$$

[표 2-3] 점토광물의 활성도

점토광물	활성도
석영	0
Calcite	0.18
Muscovite	0.23
Kaolinite	0.3~0.5
Illite	0.5~1.3
Montmorillonite	1.5~7

Skempton (1953)

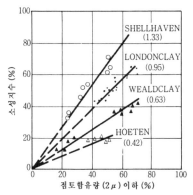

[그림 2-14] 소성지수와 점토함유량의 관계

2.11 흙의 보수력

간극수를 추출하기 위하여 외력을 가했을 때 추출이 잘되는 흙은 보수력이 약하다고 하며 반대의 경우는 보수력이 강하다고 한다. 점착성이 있는 흙은 보수력이 커서 함수당량이 높고 사질토는 작게 나타난다. 보수력의 강약은 간극수의 모관압력에 비례하므로 세립토일수록 함수당량이 크다.

2.11.1 원심함수당량(Centrifuge moisture equivalent)

물로 포화된 흙이 중력의 1000배와 동등한 힘을 1시간 동안 받은 후에 이 흙에 남아 있는 함수비를 원심함수당량이라 한다. 원심함수당량이 12% 이상이면 보통 불투수성 흙에 속한다.

2.11.2 현장함수당량(field moisture equivalent)

No.40체를 통과한 대표적인 시료 약 50gf을 취하여 습윤상태로 한 후 표면을 평평하게 편 다음, 표면에 한 방울의 물을 떨어뜨렸을 때 30초 이내에 없어지지 않고 표면이 광택을 띄운 채로 물이 번져갈 때의 함수비이다.

·· 연습문제 ··

[문 2.1] 어떤 흙의 비중시험 결과가 다음과 같다. 비중을 구하여라.

(단, 소수 3째 자리에서 반올림)

(비중병＋노건조시료) 무게 : 67.89gf

비중병무게 : 42.85gf

(비중병＋증류수) 무게 : 139.55gf (수온 18°)

(비중병＋조토＋증류수) 무게 : 155.42gf (수온 25°)

온도 (°C)	물의 비밀도	수정계수(K)
4	1.000	1.0009
15	0.999129	1.0000
18	0.998625	0.9995
25	0.997075	0.9979

답) $G_s = 2.770$

[문 2.2] 점토시료를 채취하여 증발접시에 넣고 무게를 측정하니 94.2gf이었다. 노건조 후의 무게가 68.5gf이었고 증발접시의 무게는 28.8gf이다. 이 점토가 물로 포화되어 있다고 가정하여 함수비, 간극비, 간극률 습윤단위중량을 구하여라. 단, 흙입자의 비중은 2.70이었다.

답) $\omega = 64.7\%$, $e = 1.75$, $n = 63.6\%$, $\gamma_t = 1.62\text{gf/cm}^3$

[문 2.3] 체적 50cm³의 습윤토가 있다. 무게가 96gf인데 노건조시킨 후의 무게를 측정하니 76gf이었다. 이 흙의 습윤밀도, 건조단위중량, 함수비, 간극비, 포화도를 구하여라. 단, 이 흙의 비중은 2.65이다.

답) $\gamma_t = 1.92\text{gf/cm}^3$, $\omega = 26.3\%$, $\gamma_d = 1.52\text{gf/cm}^3$, $e = 0.74$, $S = 93.8\%$

[문 2.4] 간극률 40%, 흙입자의 비중이 2.65인 모래가 있다. 포화도 40% 일 때의 단위중량과 포화도 100%일 때의 단위중량을 구하여라.

답) $\gamma_t = 1.75\text{gf/cm}^3$, $\gamma_{sat} = 1.99\text{gf/cm}^3$

[문 2.5] 점토를 채취하여 단위중량을 측정한 결과 2.0tf/m³이고 함수비는 20.0%이다. 이 흙의 비중이 2.60이라고 할 때 건조단위중량, 간극비 및 포화도를 구하여라.

답) $\gamma_d = 1.67\text{gf/cm}^3$, $e = 0.56$, $S = 92.8\%$

[문 2.6] 어떤 시료토의 1m³당 중량이 1.7tf이고 함수비는 10%이다. 이 흙의 간극비를 변화시키지 않고 함수비를 15%로 하려면 1m³당 얼마의 물을 가하여야 하는가?

답) $\Delta W_w = 77\text{kgf}$

[문 2.7] 포화된 점토의 함수비는 50%이고 단위중량은 1.60tf/m³이다. 이 흙의 비중 및 간극비를 구하여라.

답) $Gs = 2.28$, $e = 1.14$

[문 2.8] 두께 20mm 간극비 1.2인 점토시료를 압밀시험한 결과 시료두께가 16mm가 되었다. 압밀 후의 간극비를 구하여라.

답) $e = 0.76$

[문 2.9] 토취장에서 간극비가 1.50인 어떤 흙을 45,000m³ 굴착하여 성토하였다. 성토한 흙의 간극비를 측정한 결과 1.0일 경우 성토는 몇 m³ 축조하였는가?

답) $V = 36,000 \, \text{m}^3$

[문 2.10] 현장에서 어느 시료의 습윤밀도가 1.86gf/cm³이고 함수비는 18.2%, 비중은 2.65이었다. 포화도는 얼마인가?

답) $S = 70.4 \, \%$

[문 2.11] 어떤 흙에서 흙입자 부분의 중량이 60gf이고 용적은 30cm³일 때 이 흙의 비중은 얼마인가?

답) $Gs = 2.0$

[문 2.12] 흙의 비중 2.70, 함수비 30%, 간극비 0.90일 때 포화도를 구하여라.

답) $S = 90 \, \%$

[문 2.13] 현장모래의 함수비와 습윤밀도를 측정하니 9.6%와 1.72gf/cm³였다. 이 모래를 실험실에서 1000cm³의 용기를 사용하여 최대로 느슨한 상태 및 조밀한 상태로 채우고 난 후 노건조시켜본 결과 각각의 건조시료 무게는 1460gf, 1640gf이었다. 현장모래의 상대밀도를 구하여라.

답) $D_r = 0.6$

03

·

흙의 분류

SOIL MECHANICS

흙의 분류

건설공사에서는 사용할 흙재료가 어떠한 성질과 거동을 나타내는가를 사전에 판별해서 설계와 시공에 반영하는 것이 무엇보다도 중요한 일이다. 일반적인 흙의 공학적 성질을 살펴보면 공통의 성질을 나타내는 집단으로 분류하는 것이 가능하다. 즉, 흙은 투수성과 압축성 및 전단강도 등의 특성을 가지고 있으며 이 특성은 함수비 변화로 나타나는 컨시스턴시(consistency) 및 흙입자의 크기로 표현되는 입도(粒度)와 밀접한 관련이 있다.

3.1 입도분석(grain size analysis)

흙을 구성하는 흙입자의 크기에 따른 분포상태를 입도라 하고 입도를 알기 위한 입도분석에는 여러 가지 방법이 있으나 **체가름**(seive analysis)과 비중계에 의한 **침강분석**(hydrometer method)이 가장 널리 이용된다.

흙의 입경을 결정할 때에는 그 입경이 0.074mm 이상이면 체분석을 실시하고 그 이하의 입경에 대해서는 비중계분석을 하는 것이 보통이다.

3.1.1 비중계에 의한 침강분석(hydrometer analysis)

이 방법은 흙의 입자가 정수 중을 침강할 때 그 속도가 입경의 크기에 따라 차이가 있다는 점을 이용한 것이다. 즉, 구(球)를 물 속에 떨어뜨렸을 때 침강속도는 구의 제곱에 비례한다는 원리를 이용한 것이다.

이것을 식(**stockes의 법칙**)으로 나타내면 다음과 같다.

$$v = \frac{(G_s - G_w)\gamma_w}{18\,\eta}\,g\,d^2 \tag{3.1}$$

여기서, v : 흙입자의 침강속도

$\quad\quad G_s$: 흙입자의 비중

$\quad\quad G_w$: 물의 비중

$\quad\quad \gamma_w$: 물의 단위중량(gf/cm^3)

$\quad\quad g$: 중력가속도(cm/sec^2)

$\quad\quad d$: 흙입자의 직경 (cm)

$\quad\quad \eta$: 물의 점성계수(Poise : dyne, sec/cm^2)

stockes의 법칙은 구형(球形)의 입자가 무한히 퍼져 있는 정수중에서 용기의 측면이나 입자 간의 충돌 없이 가라앉는다는 조건을 전제로 한 것이기 때문에 실제와는 오차가 생긴다. 이 법칙의 **적용범위**는 0.2~0.0002mm 정도의 입경으로 알려져 있다.

입경 d(mm)인 입자가 깊이 L(cm)인 정수중을 침강하는 데 소요되는 시간 t(min)는 다음과 같다.

$$v = \frac{L}{60\,t} = \frac{(G_s - G_\omega)\,\gamma_\omega}{18 \cdot \eta}\,g \cdot \frac{d^2}{100}$$

$$d = \sqrt{\frac{30 \cdot \eta \cdot L}{980(G_s - G_\omega)\,\gamma_\omega\,t}} = C\,\sqrt{\frac{L}{t}} \tag{3.2}$$

$$C = \sqrt{\frac{30 \cdot \eta}{980(G_s - G_\omega)\,\gamma_\omega}}$$

L : 유효깊이(effective depth)

비중계를 메스실린더 안의 현탁액에 넣으면 그림 3-1과 같이 수면이 상승하므로 유효깊이 (L)는 다음 식으로 표시된다.

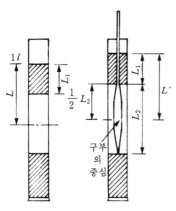

[그림 3-1] 비중계의 유효깊이

$$L = L' - \frac{V_B}{2A} = L_1 + \frac{1}{2}\left(L_2 - \frac{V_B}{A}\right) \qquad (3.3)$$

여기서,　L_1 : 비중계 구부(球部)의 상단으로부터 읽는 눈
　　　　　　금까지 거리(cm)

　　　　L_2 : 비중계 구부의 길이(cm)

　　　　V_B : 비중계 구부의 체적(cm^3)

　　　　A : 메스실린더의 단면적(cm^2)

[표 3-1] 물의 점성계수(단위 : 밀리poise)

℃	0	1	2	3	4	5	6	7	8	9
0	17.94	17.32	16.74	16.19	15.68	15.19	14.73	14.29	13.89	13.48
10	13.10	12.74	12.39	12.06	11.75	11.45	11.16	10.88	10.60	10.34
20	10.09	9.84	9.61	9.38	9.16	8.95	8.75	8.55	8.36	8.18
30	8.00	7.83	7.67	7.51	7.36	7.21	7.06	6.92	6.79	6.66
40	6.54	6.42	6.30	6.18	6.08	5.97	5.87	5.77	5.68	5.58
50	5.49	5.40	5.32	5.24	5.15	5.07	4.99	4.92	4.84	4.77
60	4.70	4.63	4.56	4.50	4.43	4.37	4.31	4.25	4.19	4.13
70	4.07	4.02	3.96	3.91	3.86	3.81	3.76	3.71	3.66	3.62
80	3.57	3.53	3.48	3.44	3.40	3.36	3.32	3.28	3.24	3.20
90	3.17	3.13	3.10	3.06	3.03	2.99	2.96	2.93	2.90	2.87
100	2.84	2.82	2.79	2.76	2.73	2.70	2.67	2.64	2.62	2.59

[표 3-2] 여러 가지 온도에 대한 보정계수 F의 값

온도℃	보정계수 F	온도℃	보정계수 F	온도℃	보정계수 F	온도℃	보정계수 F
4	−0.0006	11	−0.0004	18	+0.0004	25	+0.0018
5	−0.0006	12	−0.0003	19	+0.0006	26	+0.0020
6	−0.0006	13	−0.0002	20	+0.0008	27	+0.0023
7	−0.0006	14	−0.0001	21	+0.0010	28	+0.0025
8	−0.0006	15	0.0000	22	+0.0012	29	+0.0028
9	−0.0005	16	+0.0001	23	+0.0014	30	+0.0031
10	−0.0005	17	+0.0003	24	+0.0016		

[표 3-3] 온도와 흙입자의 비중에 대한 C 값

온 도 (°C)	흙 입 자 의 비 중								
	2.45	2.50	2.55	2.60	2.65	2.70	2.75	2.80	2.85
4	0.01819	0.01788	0.01759	0.01732	0.01706	0.01680	0.01656	0.01633	0.01611
5	0.01791	0.01761	0.01732	0.01705	0.01670	0.01654	0.01630	0.01607	0.01595
6	0.01763	0.01734	0.01706	0.01679	0.01653	0.01629	0.01605	0.01586	0.01561
7	0.01737	0.01708	0.01671	0.01653	0.01628	0.01605	0.01581	0.01559	0.01538
8	0.01711	0.01682	0.01655	0.01629	0.01605	0.01581	0.01558	0.01536	0.01515
9	0.01696	0.01659	0.01631	0.01606	0.01581	0.01558	0.01536	0.01514	0.01493
10	0.01663	0.01635	0.01608	0.01583	0.01559	0.01536	0.01514	0.01493	0.01472
11	0.01640	0.01612	0.01586	0.01561	0.01537	0.01514	0.01493	0.01472	0.01452
12	0.01611	0.01584	0.01558	0.01534	0.01510	0.01488	0.01467	0.01448	0.01426
13	0.01595	0.01568	0.01543	0.01519	0.01495	0.01473	0.01452	0.01432	0.01412
14	0.01575	0.01548	0.01523	0.01497	0.01476	0.01454	0.01433	0.01413	0.01398
15	0.01554	0.01528	0.01503	0.01480	0.01455	0.01436	0.01415	0.01395	0.01376
16	0.01531	0.01505	0.01481	0.01457	0.01435	0.01414	0.01394	0.01374	0.01356
17	0.01511	0.01486	0.01462	0.01439	0.01417	0.01396	0.01376	0.01356	0.01338
18	0.01492	0.01467	0.01443	0.01421	0.01399	0.01378	0.01359	0.01339	0.01321
19	0.01474	0.01449	0.01425	0.01403	0.01382	0.01361	0.01342	0.01323	0.01305
20	0.01456	0.01431	0.01408	0.01386	0.01365	0.01344	0.01325	0.01307	0.01289
21	0.01433	0.01414	0.01391	0.01369	0.01348	0.01328	0.01309	0.01291	0.01273
22	0.01421	0.01397	0.01374	0.01353	0.01332	0.01312	0.01294	0.01276	0.01258
23	0.01404	0.01381	0.01358	0.01337	0.01317	0.01297	0.01279	0.01261	0.01243
24	0.01388	0.01365	0.01342	0.01321	0.01301	0.01282	0.01264	0.01246	0.01229
25	0.01372	0.01349	0.01327	0.01306	0.01286	0.01267	0.01249	0.01232	0.01215
26	0.01357	0.01334	0.01312	0.01291	0.01272	0.01253	0.01235	0.01218	0.01201
27	0.01342	0.01319	0.01297	0.01277	0.01258	0.01239	0.01221	0.01204	0.01188
28	0.01327	0.01304	0.01283	0.01264	0.01244	0.01225	0.01208	0.01191	0.01175
29	0.01312	0.01290	0.01269	0.01249	0.01230	0.01212	0.01195	0.01178	0.01162
30	0.01298	001256	0.01256	0.01236	0.01217	0.01199	0.01182	0.01165	0.01149

V를 현탁액의 체적, W_s를 현탁액 속의 건조토 중량이라고 할 때 현탁액 속의 흙입자가 골고루 부유된 상태에서 흙입자가 차지하고 있는 비율을 구하면

$$\frac{V_s}{V} = \frac{W_s}{V} \cdot \frac{1}{\gamma_s} = \frac{W_s \, G_\omega}{V \, G_s \, \gamma_\omega}$$

이므로 단위체적당 현탁액 속의 물의 체적 및 중량은 다음과 같다.

$$1 - \frac{W_s \, G_\omega}{V \, G_s \, \gamma_\omega}, \quad \gamma_\omega - \frac{W_s \, G_\omega}{V \, G_s}$$

현탁액의 단위중량은 흙입자와 물의 합이므로 이를 구하면 다음과 같다.

$$\gamma = \frac{W_s}{V} + \left(\gamma_\omega - \frac{W_s \, G_\omega}{V \, G_s} \right) = \gamma_\omega + \frac{G_s - G_w}{G_s} \cdot \frac{W_s}{V}$$

d보다 작은 흙입자의 중량과 현탁액 전체의 중량비를 P라 하면 현탁액의 단위중량은

$$\gamma = \gamma_\omega + \frac{G_s - G_w}{G_s} \cdot \frac{P \, W_s}{V}$$

이므로 이 식에서 d보다 작은 흙입자의 **중량통과백분율**(P)을 구하면 식(3.4)가 유도된다.

$$P(\%) = \frac{100 \, V}{W_s} \cdot \frac{G_s}{G_s - G_\omega} (\gamma - \gamma_\omega) \tag{3.4}$$

침강시험 시에는 수온 15°C를 기준으로 해야 하므로 온도보정과 메니스커스(meniscus)보정을 하면 식(3.4)는 다음과 같이 표시된다.

$$P(\%) = \frac{100\,V}{W_s} \cdot \frac{G_s}{G_s - G_\omega}(\gamma' + F)$$ (3.5)

여기서, $\gamma' = \gamma - \gamma_\omega + C_m$

$\quad\quad C_m$: 메니스커스 보정계수

$\quad\quad F$: 온도에 대한 보정계수

3.1.2 체가름(seive analysis)

비중계에 의한 침강시험이 끝난 후 메스실린더 안의 흙입자를 No.200체에 담고 물로 씻은 다음 110°±5°C의 건조로에서 건조시킨다. 건조된 시료는 No.20, No.40, No.60, No.100, No.200체로 체가름한다.

[표 3-4] 입도분석용 체

체번호	No.4	No.10	No.20	No.40	No.60	No.100	No.200
μ	4,760	2,000	841	420	250	150	74
mm	4.760	2.00	0.841	0.420	0.250	0.150	0.074

※ 체의 번호는 길이 1 inch에 들어 있는 체눈수이다.

입도분석 시험(Seive analysis)

① 입도시험에 사용할 공기 건조시료의 전 중량을 측정한 후 No.10체로 체가름하여 잔유한 부분과 통과한 부분으로 나누어 각각 그 무게를 측정하고 No.10체 통과백분율($P_{2.0}$)을 계산한다.

② No.10체에 잔유한 시료는 50.8mm, 38.1mm, 25.4mm, 19.1mm, 9.52mm 및 No.4체를 사용하여 체가름한다.

체가름 작업은 1분간 흔들어도 통과분 잔유율이 1%를 초과하지 않을 때까지 계속한다.

③ 비중계 침강시험을 위하여 No.200체에 물로 씻어서 통과한 시료(사질토 115gf, 실트 또는 점토질 50gf 이상)를 준비한다.

④ 시료를 분산한다.
　ⓐ 소성지수 ≤ 20 경우

　　시료를 비이커에 넣고 증류수 약 200ml를 넣은 다음 18시간 이상 가만히 놓아둔다. 분산그릇에 쏟아 넣고 증류수를 위 끝에서 5cm 깊이까지 더한다. 이때 시료의 면모화 현상을 방지하기 위하여 규산나트륨 용액 20ml을 가한다. 교반장치로 1분 간 교반한다.

　ⓑ 소성지수 ≥ 20 경우

　　시료를 비이커에 넣고 시료가 완전히 젖을 때까지 과산화수소 6% 용액 100ml를 가하면서 균일하게 혼합한 다음 유리판 등으로 비이커를 덮고 110℃의 건조로에 1시간 이상 넣어둔 다음 꺼내어 100ml의 증류수를 가하고 최소 18시간 놓아둔 후 내용물을 분산용기에 쏟아넣고 교반장치로 1분 간 교반한다.

⑤ 분산된 현탁액을 1000ml의 메스실린더에 옮긴다. 증류수를 가하여 1000ml의 현탁액을 만들고 항온수조에 넣은 후 유리막대로 휘저어 침강하지 않게 한다.

⑥ 항온수조의 온도와 같게 되었을 때 꺼내어 윗부분을 막고 1분 간 30회 정도 상하로 반전한다.

⑦ 조작이 끝난 시간을 기록하고 메스실린더를 수조에 넣어 1분, 2분, 5분, 15분, 30분, 60분, 240분 및 1440분에 비중계의 눈금을 0.005까지 읽고 동시에 온도 측정도 한다.

⑧ 비중계 침강시험이 끝난 후 메스실린더 안의 내용물을 No.200체로 씻은 후 잔유된 흙은 110°±5℃의 건조로에서 건조시킨다. 건조된 흙은 표 3-4의 입도분석용 체를 이용하여 체가름 한다.

　각체의 통과백분율 계산 시에는 No.200체 통과된 시료를 포함한 전체 무게로 통과백분율을 구한다.

⑨ 결과정리에 대한 유의사항

　③~⑧은 과정에서 구한 각 입자 크기에 대한 중량통과백분율은 No.200체를 통과한 시료의 무게에 대한 결과치이므로 No.200체 잔유시료를 포함한 전체시료에 대한 값으로 보정하여야 한다.

$$각체의\ 통과백분율 = P(\%) \times \frac{P_{2.0}}{100}$$

여기서 $P_{2.0}$은 전체시료 중량에 대한 No.200체의 중량통과백분율이다.

지름 0.05mm의 흙입자가 깊이 40cm의 정수 중을 수면에서 수저까지 침강하는 데 소요되는 시간을 구하여라. 단, 수온은 15°C이고 흙입자의 비중은 2.65이다.

풀 이

식(3.1)에서

$$v = \frac{(G_s - G_\omega)\,\gamma_\omega\,g \cdot d^2}{18\,\eta} \quad \text{여기서, } \ v = \frac{L}{t}, \quad t = \frac{L}{v}$$

수온 15°C일 때 $G_\omega = 0.99913$(표 2-1), $\eta = 0.01145$(표 3-1)

$$v = \frac{(2.65 - 0.99913) \times 1 \times 980}{18 \times 0.01145} \times 0.005^2 = 0.196\,\text{cm/sec}$$

$$t = \frac{L}{v} = \frac{40}{0.196} = 204\,\text{sec} = 3\,\text{min}\,24\,\text{sec}$$

예제 3-2

입도 시험용 메스실린더와 비중계를 측정한 결과 다음 값을 얻었다. 이것으로부터 비중계의 독수와 유효깊이의 관계도표를 작성하여라.

γ	1.000	1.015	1.035	1.050
L_1(cm)	9.76	6.96	3.18	0.26

비중계 구부의 길이 $L_2 = 14$cm

비중계 구부의 체적 $V_B = 50$cm^3

메스실린더의 단면적 $A = 33$cm^2

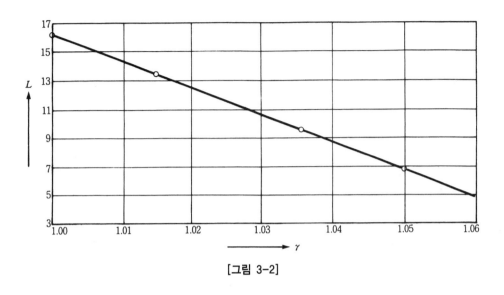

[그림 3-2]

풀 이

$$L = L_1 + \frac{1}{2}\left(L_2 - \frac{V_B}{A}\right) = L_1 + \frac{1}{2}\left(14 - \frac{50}{33}\right) = L_1 + 6.24$$

γ'	1.000	1.015	1.035	1.050
L_1(cm)	9.76	6.96	3.18	0.26
L(cm)	16.00	13.20	9.42	6.50

3.1.3 입도분포곡선(grading curve)

체분석이나 비중계에 의한 침강시험의 결과는 반대수 그래프의 가로축에 흙 입경을, 세로축에 각 입경의 중량통과백분율을 표시한다. 이 곡선은 어떤 흙의 입경의 범위와 분포를 나타내므로 **입도분포곡선**(粒度分布曲線) 또는 **입경가적곡선**(粒經加積曲線)이라 한다.

이 곡선에서 통과중량백분율 10%에 대응하는 입경을 **유효경**(有效經)이라 하고 D_{10}로 표시한다. **균등계수**(均等係數, uniformity coefficient) C_u는 유효경(D_{10})에 대한 중량통과백분율 60%에 대응하는 입경(D_{60})의 비로 나타내며 이것을 식으로 정리하면 다음과 같다.

$$C_u = \frac{D_{60}}{D_{10}} \tag{3.6}$$

곡률계수(曲率係數, coefficient of curvature) C_g는 D_{10}과 D_{60}의 중앙점과 중량통과백분율 30%에 대응하는 입경(D_{30})과의 사이가 넓은지 또는 좁은지를 판단함으로써 곡선이 굽어 있는 정도와 평평한 정도를 알고자 할 때 사용되는 계수이다.

$$C_g = \frac{(D_{30})^2}{D_{10} \times D_{60}} \tag{3.7}$$

일반적으로 $C_u < 4$이면 입도가 균등하고 $C_u > 10$이면 입도분포가 양호하다는 것을 의미한다. 통일분류법에서는 C_u가 4 또는 6보다 크고 곡률계수가 1~3의 범위에 있을 때 입도분포가 양호하다고 말한다.

그림 3-3에서 A곡선은 기울기가 거의 일정하므로 흙입자가 작은 것부터 큰 것까지 골고루 있다는 것을 의미하며 이와 같은 입도를 **양입도**(良粒度, Well grading)라고 한다. 곡선 B 같이 기울기가 급한 것은 균등한 입경이 많다는 것을 의미하며 완만하거나 거의 평평한 것은 이 범위 내에 입자가 소량이거나 거의 존재하는 않는다는 것을 뜻하게 되는데 이와 같은 입도를 **빈입도** (貧粒度, Poor grading)라 한다. 한편 C곡선의 경우와 같이 입도분포곡선이 구불구불하다면 균등계수 값이 크더라도 입도분포가 양호하다고 할 수 없다.

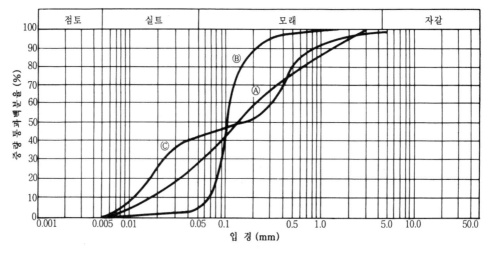

[그림 3-3] 입경가적곡선

예제 3-3

어느 시료에 대하여 입도분석결과 아래 표의 값을 얻었다. 이것으로부터 입경가적곡선을 작도하고 유효입경, 균등계수를 구하라. 단, 측정 시 수온을 15°C이고 시료의 중량은 100gf이다. 그리고 흙입자의 비중은 2.65이고 15°C에서 물의 비중 $G_\omega = 0.999$, $\eta = 0.01145$ 이다.

경과시간(분)	비중계 읽음	경과시간(분)	비중계 읽음
1	1.0240	30	1.0150
2	1.0150	60	1.0100
5	1.0120	240	1.0085
15	1.0110	1440	1.0060

체의 크기(mm)	체 잔류량(gf)	체의 크기(mm)	체 잔류량(gf)
0.841	0.6	0.105	15.0
0.420	1.1	0.074	21.7
0.250	1.4	Pan	60.2

메스실린더 및 비중계는 예제 3-2에서 사용한 것과 동일하다.

풀 이

체의 분석

체의 크기(mm)		잔류중량	잔류율	가적잔류율	가적통과율
No.20	0.841	0.6	0.6	0.6	99.40
No.40	0.420	1.1	1.1	1.7	98.30
No.60	0.250	1.4	1.4	3.1	96.90
No.140	0.105	15.0	15.0	18.1	81.90
No.200	0.074	21.7	21.7	39.8	60.20
Pan		60.2	60.2	100	0

입경(d)의 계산

$$d = \sqrt{\frac{30 \cdot \eta}{980(G_s - G_\omega)\,\gamma_\omega}} \cdot \sqrt{\frac{L}{t}} = C\sqrt{\frac{L}{t}}$$

$$C = \sqrt{\frac{30 \times 0.01145}{980(2.65 - 0.999) \times 1}} = 0.0145$$

비중계에 의한 침강시험

경과시간(분)	γ	L	L/t	$\sqrt{L/t}$	C
1	1.0240	11.4	11.40	3.38	0.0145
2	1.0150	13.20	6.60	2.57	0.0145
5	1.0120	13.8	2.76	1.66	0.0145
15	1.0110	14.1	0.94	0.97	0.0145
30	1.0105	14.3	0.48	0.69	0.0145
60	1.0100	14.5	0.24	0.49	0.0145
240	1.0085	14.7	0.061	0.25	0.0145
1440	1.0060	15.1	0.0105	0.102	0.0145

경과시간(분)	d	γ'	F	$\gamma' + F$	$P(\%)$
1	0.0490	0.0240	0	0.0240	38.52
2	0.0372	0.0150	0	0.0150	24.08
5	0.0241	0.0120	0	0.0120	19.26
15	0.0141	0.0110	0	0.0110	17.66
30	0.0100	0.0105	0	0.0105	16.85
60	0.0071	0.0100	0	0.0100	16.05
240	0.0036	0.0085	0	0.0085	13.64
1440	0.0015	0.0060	0	0.0060	9.63

그러므로 $d = 0.0145\sqrt{\dfrac{L}{t}}$

가적통과율(P)의 계산

$$P(\%) = \frac{100\,V}{W_s} \cdot \frac{G_s}{G_s - G_\omega}(\gamma' + F) = M(\gamma' + F)$$

$$M = \frac{100 \times 1000}{100} \cdot \frac{2.65}{2.65 - 0.999} = 1605$$

그러므로 $P(\%) = 1605\,(\gamma' + F)$

그림 3-4에서 유효입경과 D_{60}을 구하면 $D_{10} = 0.0025$ $D_{60} = 0.072$

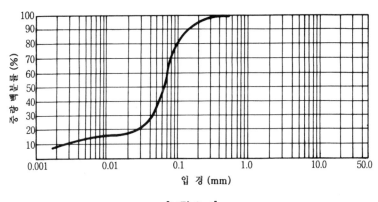

[그림 3-4]

균등계수 $C_u = \dfrac{D_{60}}{D_{10}} = \dfrac{0.072}{0.0025} = 28.8$

곡률계수 $C_g = \dfrac{(D_{30})^2}{D_{10} \cdot D_{60}} = \dfrac{(0.042)^2}{0.0025 \times 0.072} = 9.8$

3.2 흙의 입도조성에 의한 분류

흙의 공학적 성질은 골격을 형성하는 흙입자의 특성과 집합상태, 특히 입도조성에 따라 다르게 나타난다. 그러므로 입도조성이 유사한 흙을 선별하여 분류하는 방법이 제안되었다. 이와 같은 분류는 정확한 공학적인 성질을 판단하기는 어려우나 분류가 간편하므로 오늘날에도 이용되고 있다.

입도조성에 의한 흙의 분류방법으로 자주 이용되는 방법에는 **삼각좌표**(三角座標)에 의해 분류하는 방법이 있다. 즉, 흙의 구성분을 **모래**(2.0~0.05mm), **실트**(0.05~0.005mm), **점토**(0.005mm 이하)의 세 성분으로 나누고 각각의 성분 함유율을 삼각좌표의 세 변위에 놓고, 화살표 방향으로 그은 선의 교점에 나타난 명칭으로 흙을 분류하는 것이다.

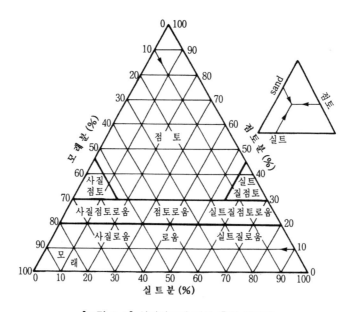

[그림 3-5] 삼각좌표에 따른 흙의 분류도

삼각좌표를 이용하여 흙 명칭을 정할 때에는 3성분의 함유율 합계가 반드시 100 %가 되도록 해야 한다. 입경에 의하여 흙입자를 구분하는 규격은 KS F 2302-64에 규정되어 있으며 표 3-5에 나타나 있다.

[표 3-5] 입경에 의한 흙입자의 구별(KS F 2302-64)

콜로이드	점토	실트	모래		
			가는 모래	중간 모래	굵은 모래
0.001mm	0.005mm	0.05mm	0.25mm	0.2mm	

예제 3-4

어떤 2종의 시료토 A, B에 대하여 입도시험을 하여 다음과 같은 결과를 얻었다. 입경가적곡선을 작도하여 유효입경, 균등계수, 곡률계수를 구하고 삼각좌표에 의한 흙의 분류명을 알아보아라.

입경(d) mm 시료 번호	중량통과 백분율 P(%)													
	25.4	19.0	9.51	4.76	2.0	0.84	0.42	0.25	0.105	0.074	0.040	0.010	0.005	0.001
A						100	92	84	78	71	62	34	22	6
B	100	96	78	63	46	37	23	20	18	15	14	10	7	4

풀 이

반대수지에 d와 P를 작도하면 그림 3-6과 같은 입경가적곡선을 얻는다.

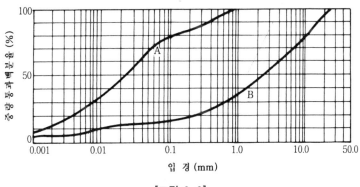

입 경 (mm)

[그림 3-6]

이 곡선에서 D_{10}, D_{30}, D_{60}, 및 2.0, 0.05, 0.005mm에 대응하는 통과율을 구하면 다음 표와 같다.

시료	D_{10}	D_{30}	D_{60}	통과율(%)		
				2.0	0.05	0.005
A	0.0013	0.0082	0.038	100	67	22
B	0.010	0.63	4.00	46	15	7

A 시료 유효입경 $D_{10} = 0.0013\,\mathrm{mm}$

$$균등계수\ C_u = \frac{D_{60}}{D_{10}} = \frac{0.038}{0.0013} = 29$$

$$곡률계수\ C_g = \frac{D_{30}^2}{D_{10} \times D_{60}} = \frac{0.0082^2}{0.0013 \times 0.036} = 1.4$$

통과율로부터 모래분= $100 - 67 = 33\%$, 실트분= $67 - 22 = 45\%$, 점토분= 22%이므로 그림 3–4에서 '점토 loam'이다.

B 시료 유효입경 $D_{10} = 0.010\,\mathrm{mm}$

$$균등계수\ C_u = \frac{4.00}{0.010} = 400$$

$$곡률계수\ C_g = \frac{0.63^2}{0.01 \times 4.0} = 9.9$$

삼각좌표로부터 흙의 분류명을 구하려면 3성분의 합이 100%가 되어야 하는데 2.0mm 통과율이 100%가 아니므로 각 통과율의 비례 계산이 필요하다.

2mm   통과율 46% …… 100%

0.05mm   통과율 15% …… 15×100/46＝33%

0.005mm   통과율 7% …… 7×100/46＝15%

따라서, 모래분= $100 - 33 = 67\%$, 실트분= $33 - 15 = 18\%$, 점토분= 15%가 된다. 삼각좌표에서 사질 loam으로 분류되나 자갈분에 54%가 있으므로 결국 흙은 '사질 loam이 섞인 자갈'로 분류된다.

3.3 흙의 공학적 분류

앞 절에서는 입도분포로부터 흙을 분류하였기 때문에 간편하지만 공학적인 성질을 나타내는 consistency 특성이 고려되어 있지 않다. 그러므로 여기에서는 이를 고려한 대표적인 방법에 대해서 설명하기로 한다.

3.3.1 통일분류법(Unified Classification System)

통일분류법은 2차대전 중 군사용 비행장을 신속하게 건설할 목적으로 Casagrande 교수가 미국 공병단을 위하여 고안한 것이다. 현재에는 수차개정을 통하여 비행장은 물론 도로 등에도 이용되고 있으며 특히 기초공학(基礎工學) 분야에서 널리 이용되고 있다.

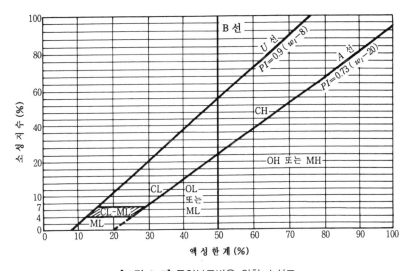

[그림 3-7] 통일분류법을 위한 소성도

이 방법은 흙의 입도와 consistency를 바탕으로 분류하는 것으로써 흙의 종류를 2개의 로마 문자 조합으로 나타낸다. 즉, 제1문자는 흙의 형태를 나타내고 제2문자는 속성을 나타낸다.

그림 3-7은 흙의 소성도이며 그림에서 B선은 흙의 액성한계가 50%보다 큰지 작은지 판단하는 수직선이다. U선은 액성한계와 소성지수의 상한선을 의미한다. 다시 말하면 U선 바깥쪽으로는 측점이 있을 수 없으므로 만일 그러한 결과가 나타난다면 결과를 재검토할 필요가 있다. 그림 3-8은 통일분류를 하는 방법과 순서를 정리한 것이다. 여기에서 분류되는 흙의 종류는 15종으로 조립토 8종, 세립토 6종, 유기질토 1종으로 구분되며 각 문자의 의미는 표 3-7과 같다.

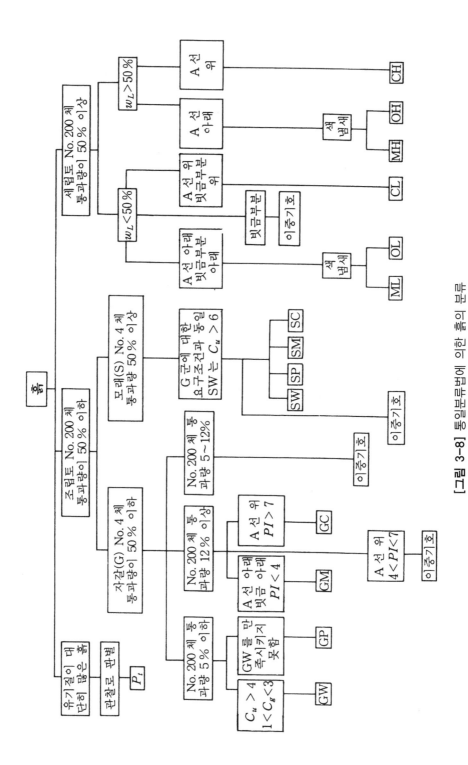

[그림 3-8] 통일분류법에 의한 흙의 분류

[표 3-6] 통일분류법으로 분류한 흙의 성질

구분			문자		명칭	포장기초로서의 가치	역청포장직하의 노반으로서의 가치	건조밀도 tf/m³
조립토	자갈 및 자갈질토		GW		입도분포가 좋은 자갈, 모래 혼합토 세립분은 약간	우	양	2.00~2.24
			GP		입도분포가 나쁜 자갈, 자갈 모래혼합토, 세립분은 약간	양 또는 우	불가 또는 가	1.76~2.08
			GM	d	실트질 자갈, 자갈 모래 실트 혼합토	양 또는 우	가 또는 양	2.08~2.32
				u	dLL≤28 PI≤6, u:LL>28	양	불가	1.92~2.24
			GC		점토질 자갈, 자갈 모래 점토 혼합토	양	불가	1.92~2.24
	모래 및 모래질토		SW		입도분포가 좋은 모래. 자갈질의 모래. 세립분은 약간	양	불가	1.76~2.08
			SP		입도분포가 나쁜 모래, 자갈질의 모래, 세립분은 약간	가 또는 양	불가 또는 부적당	1.60~1.92
			SM	d	실트질 모래, 모래 실트 혼합토	양	불가	1.92~2.16
				u	d:LL≤28 PI≤6, u:LL>28	가 또는 양	부적당	1.68~2.08
			SC		점토질의 모래, 모래점토 혼합토	가 또는 양	부적당	1.63~2.03
세립토	실트 및 점토 LL< 50		ML		무기질 실트 및 극히 가는 모래, 점토질 실트, 점토질 세사	가 또는 불가	부적당	1.60~2.00
			CL		소성이 보통 이하인 무기질점토, 자갈질, 모래질, 실트질 점토	가 또는 불가	부적당	1.69~2.00
			OL		소성이 낮은 유기질 실트 및 실트질 점토	불가	부적당	1.44~1.68
	실트 및 점토 LL> 50		MH		무기질의 실트, 실트질 점토, 탄성이 큰 실트, 운모질 세사	불가	부적당	1.28~1.60
			CH		소성이 큰 무기질 점토, 점성이 많은 점토	불가 또는 극불가	부적당	1.44~1.68
			OH		소성이 보통 이상의 유기질 점토 유기질 실트	불가 또는 극불가	부적당	1.28~1.68
	유기질		Pt		이탄 및 유기질이 많은 흙	부적당	부적당	1.28~1.68

[표 3-7] 통일분류법에 사용되는 문자

제1문자	명칭		제2문자	토질의 속성
G S	자갈 모래	조립토	W P M C	세립분이 거의 없고 입도분포가 좋은 흙 세립분이 거의 없고 입도분포가 나쁜 흙 세립분 12% 이상 함유, 실트질의 혼합토 세립분 12% 이상 함유, 점토질의 혼합토
M C O	실트 점토 유기질토	세립토	L H	액성한계 50% 이하인 흙, 압축성 낮음 액성한계 50% 이상인 흙, 압축성 높음
Pt	이탄(Peat)	유기질토		

3.3.2 AASHTO 분류법

AASHTO 분류법은 미국 도로국(U.S. Public Road Administration)에서 1929년에 발표되었으며 여러 번 수정을 거쳐 도로의 노상토(路床土)의 분류에 적합하도록 개정한 것이다.

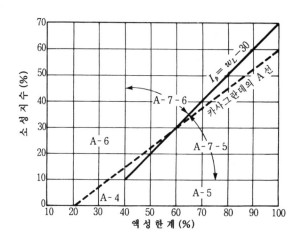

[그림 3-9] 통일분류법을 위한 소성도

이 방법에서는 흙을 A-1에서 A-7까지의 7개 군으로 대분류하고 그 중의 어느 군은 다시 몇 개의 군으로 세분류하여 총 12개 군으로 나누었다. 또한 분류는 표 3-8에 표시한 것처럼 흙의 입도와 액성한계 및 소성지수의 3개 성질에 의해서 실시된다. 특히 점성토의 분류에서는 그림 3-9의 소성도를 이용하는 것이 편리하다. 이 분류의 특징으로 **군지수**(群指數, group index)라는 개념이 도입되었다. 군지수는 0.074mm 이하인 흙입자가 흙 속에 포함된 양에 의해서 좌우

되며, 노상토 재료로서 적부를 판단하는 데 이용된다. 군지수(G.I)는 값이 낮을수록 노상토의 재료로 적합하다는 것을 의미한다.

군지수는 다음 식으로 구한다.

$$GI = 0.2\,a + 0.005\,ac + 0.01\,bd \tag{3.8}$$

여기서, a : No.200체 통과백분율에서 35%를 뺀 값, 0~40의 정수만 취함
b : No.200체 통과백분율에서 15%를 뺀 값, 0~40의 정수만 취함
c : 액성한계에서 40%를 뺀 값, 0~20의 정수만 취함
d : 소성지수에서 10%를 뺀 값, 0~20의 정수만 취함

흙을 분류하여 분류명을 기록할 때에는 군지수를 괄호 안에 기록하여 두는 것이 좋다. 예 : A-6(15).

군지수를 간편하고 신속하게 구하고자 할 때에는 그림 3-10을 사용하면 편리하다. 군지수는 상하 그림의 종축 값을 합하면 된다.

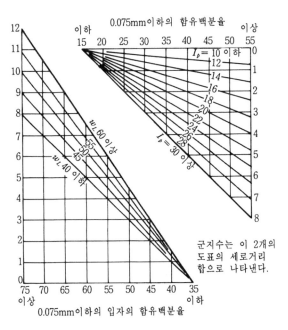

[그림 3-10] 군지수를 구하는 도표

예제 3-5

어떤 흙의 기본성질을 시험한 결과 No.200체 통과율이 30%, 액성한계 55%, 소성한계 40%
의 값을 나타내었다. 이 흙의 군지수는 얼마인가?

풀 이

소성지수 $PI = LL - PL = 55 - 40 = 15\%$

$a = 30 - 35 = -5$, 정수 0~40 범위에 있어야 하므로 $a = 0$

$b = 30 - 15 = 15$

$c = LL - 40 = 55 - 40 = 15$

$d = PI - 10 = 15 - 10 = 5$

$G.I = 0.2a + 0.005ac + 0.01bd = 0.2 \times 0 + 0.005 \times 0 \times 15 + 0.01 \times 15 \times 5 = 0.75$

그림 3-9에서

좌측 그림의 종거 : 0

우측 그림의 종거 : 0.75

$G.I = 0 + 0.75 = 0.75$

[표 3-8] AASHTO 토질분류

대 분 류	조립재료(No.200체 통과 35% 이하)							(No.200체통과 36% 이상) 실트 - 점토재료			
세 분 류	A-1		A-3	A-2				A-4	A-5	A-6	A-7
	A-1-a	A-1-b		A-2-4	A-2-5	A-2-6	A-2-7				A-7-5 A-7-6
체분석, 통과백분율 No. 10체(2.0mm) No. 40체(0.42mm) No.200체(0.074mm)	50이하 30이하 15이하	50이하 25이하	51이상 10이하	35이하	35이하	35이하	35이하	36이상	36이상	36이상	36이상
No. 40체(420㎛) 통과분의 특성 액성한계 소성지수	6이하		N.P	40이하 10이하	41이상 10이하	40이하 11이상	41이상 11이상	40이하 10이하	41이상 10이하	40이하 11이상	41이상 11이상
군지수	0	0	0	0	0	4이하		8이하	12이하	16이하	20이하
보통 이용되는 주요한 구축 재료	암편, 자갈, 모래		세 사	실트질 또는 점토질자갈 또는 모래				실트점토		점토질토	
노반으로서의 적성	우수~양호							가능~불가능			

·· 연습문제 ··

[문 3.1] 어떤 흙을 No.10체로 체분석한 결과 누적잔류율이 25%였다. 이 흙의 No.10체 통과백분율을 구하여라.

답) 75%

[문 3.2] 토질시험 결과 No.200체 통과율이 50%, 액성한계 45% 소성지수가 20일 때 군지수를 구하여라.

답) 6.9

[문 3.3] 흙의 침강분석에 쓰이는 비중계의 구부의 체적이 35cm^3, 구부의 길이가 13.8cm, 메스 실린더의 안지름이 6.0cm이었다. 시험 시 비중계 구부상단에서 읽는 점까지의 거리가 8.6cm일 때 유효깊이(L)는 얼마인가?

답) 14.9cm

[문 3.4] 체분석 시험결과 각 체에 잔유량이 다음과 같다. 각체의 통과백분율을 구하시오.

체의 종류	잔류량(gf)	잔류율(%)	가적잔류율(%)
No. 4	15		
No. 10	20		
No. 20	15		
No. 40	25		
No. 60	24		
No.140	23		
No.200	16		
Pan	10		

[문 3.5] 입도분석용 비중계의 구부길이가 15cm, 구부체적이 27cm^{3}이었고 메스실린더의 단면적이 24cm^{2}이었다. 비중계 구부 상단에서 비중계 읽음 부분까지의 거리 L_1은 다음과 같다. 비중계의 수온은 24°C이었고 사용한 노건조 시료의 중량은 100gf이었다.

γ	1.000	1.015	1.035	1.050
L_1(cm)	11.45	8.50	4.85	2.45

① 비중계 읽음에 대한 유효깊이 L을 구하여라.

② 비중계 읽음 $\gamma = 1.015$일 때 경과시간이 15분이었다. 흙입자 직경(d)을 구하고 그때의 통과백분율을 구하여라. 단, $P_{2.0} = 65\%$, 메스실린더의 체적은 1000cc, 수온 24°C일 때 $G_\omega = 0.9973$ 온도보정계수 $F = 0.0016$, 메니스커스 보정계수 0.0005, 흙입자의 비중은 2.70이다.

답) $d = 0.0130\,\mathrm{mm},\ p = 17.63\,\%$

04

·

흙 속에서의 물의 흐름

SOIL MECHANICS

흙 속에서의 물의 흐름

일반적으로 흙의 간극은 서로 연결되어 있으며, 지하수면 아래에 있는 흙 속의 간극은 물로 채워져 있어서 연결통로를 따라서 흐른다. 이와 같이 물이 통할 수 있는 성질을 **투수성**(透水性, permeability)이라고 한다.

유체역학에서는 물의 흐름을 층류(層流, Laminar)와 난류(亂流, turbulent flow)로 구별한다. 물이 시간에 따라 일정하게 흐르면 층류이고 서로 교차하면 난류라고 말한다. 물이 실제로 흙 속을 흐르는 경로는 구불구불하며 흐름의 속도가 대단히 느리므로 대부분 층류로 간주되고 있다.

흙의 투수성과 연관되는 공학적인 문제는 대단히 많다. 예를 들면 흙댐이나 하천제방을 물이 침투할 때 구조물 안전성이나 지하수위 아래에서의 기초공사 또는 점토질 지반에서의 압밀침하 속도 등은 물의 투수성과 깊은 관련이 있다.

그러므로 안전한 건설을 위해서는 물의 투수현상을 규명하는 것이 중요하다.

4.1 흙 속의 물

지하수면 아래에 있는 흙은 간극이 물로 채워져 있다. 이와 같은 물을 **지하수**(地下水)라고 한다. 그러나 지하수면 위에 있는 흙도 수면에서 어느 정도의 범위 내에는 물로 포화되어 있다. 이와 같이 지하수면 위로 물이 상승하는 것은 표면장력의 영향을 받기 때문이다. 또한 강우나 지표수가 침투한 물도 흙 속에는 존재한다.

간극 속에 있는 물은 존재하는 상태에 따라 다른 성질을 나타내는데 이는 물의 화학적인 성질의 차이때문이 아니라 작용하는 물의 힘이 다르기 때문이다.

4.1.1 자유수(free water, gravitational moisture)

중력수라고도 부른다. 우수(雨水)나 지표에 고여 있는 물 또는 흐르는 물이 중력의 작용을 받아서 낮은 방향으로 토립자 간극에 흘러들어 그림 4-1의 **포화대**(飽和帶)에 이른다. 지하수면은 일반적으로 지형의 영향을 받아 평평하지 않다. 구릉지에서는 높고 하천부근에서는 수면에 가깝기 때문에 낮게 나타난다. 또한 지하수면은 강우 등 기상에 따라 오르내린다. 지하수면의 위치를 알기 위해서는 보링을 실시하여 구멍에 차 있는 수면의 깊이를 측정하면 된다.

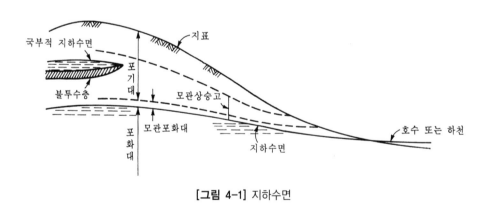

[그림 4-1] 지하수면

4.1.2 모관수(capillary fringe water)

지하수면과 지표면 사이에는 공기를 포함하고 있어서 이 부분을 **포기대**(包氣帶)라고 한다. 포기대의 흙 중 지하수면에 가까운 부분에서는 지하수의 표면장력 때문에 지하수의 물이 어느

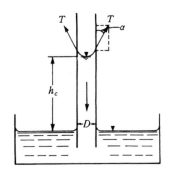

[그림 4-2] 모관상승

높이까지 상승한다. 이와 같이 표면장력과 중력의 작용을 받아서 지하수면 위쪽으로 흡상되어 존재하는 물을 **모관수**(毛管水)라 한다.

지하수면에 접해있는 흙 속의 모관수는 수조에 세운 모세관 안의 물과 비슷한 작용을 한다.

그림 4-2와 같이 모세관을 물 속에 세우면 관속의 물은 상승하여 어느 높이에 이르면 정지하게 되는데 이 현상을 **모세관 현상**(capillary pheno menon)이라 한다. 모세관 내의 물의 상승높이 h_c를 **모관수두**(毛管水頭, capillary head) 또는 **모관상승고**(毛管上昇高)라 하고 모세관 곡면을 메니스커스(meniscus)라 한다.

유리관 내의 물이 상승하는 현상은 물과 관벽 사이의 부착력과 표면장력에 의한 것으로, 이 두 가지의 힘이 관속의 높이 h가 되는 물의 중량과 평형이 되어 정지한다. 이와 같은 관계에서 **모관상승고**를 구하면 다음과 같다.

$$\frac{\pi D^2}{4} h_c \cdot \gamma_\omega = \pi D T \cos \alpha$$

$$h_c = \frac{4 T \cos \alpha}{D \gamma_\omega} \tag{4.1}$$

여기서, T : 표면장력(gf/cm)

D : 관의 직경(cm)

γ_ω : 물의 단위중량(gf/cm^3)

α : 메니스커스와 관벽 사이의 접촉각

[표 4-1] 온도와 표면장력과의 관계

수온 °C		0	5	10	15	20	25	30
표면	dyne/cm	75.4	74.92	74.22	43.49	72.15	71.97	71.18
장력	gf/cm	0.0782	0.0764	0.0757	0.0750	0.0736	0.0734	0.0726

표면장력은 수온에 따라서 변하는데 그 관계는 표 4-1과 같다.

만일 접촉각 α가 $0°C$이고 수온이 $15°C$이면 모관수두 h_c는 다음과 같이 된다.

$$h_c = \frac{0.3}{D} \text{ (cm)}$$

(4.2)

실제 흙 속의 간극은 유리관과 같이 규칙적인 단면을 가지고 있지 않아서, 간극의 폭이 여러 가지의 형태일 뿐 아니라 간극이 여러 방향으로 연결된 망상조직을 하고 있다. 그러므로 같은 종류의 흙일지라도 퇴적상태에 따라 모관수두는 다르며 물에 접했을 때 모관상승 속도도 다르다.

실제 흙 속의 모관상승고는 다음과 같은 근사식으로 구한다.

$$h_c = \frac{C}{e\,D_{10}}$$

(4.3)

여기서, e : 간극비

D_{10} : 유효경

C : 입자의 형상과 표면의 불순도 등으로 결정되는 실험정수($0.1 \sim 0.5 \text{cm}^2$)

4.1.3 흡착수(absored water)

토립자 표면의 흡인력에 의하여 흡착된 물로서 열($110°C$)을 가하면 서서히 제거된다. 토립자 표면에 엷은 층을 이루고 있으며, 그 양은 표면적의 성상이나 주변의 상태에 따라 다르다. 일반적으로 모래는 최대치가 1%, 실트는 7%, 점토에서는 약 17%이다. 이동은 주로 기체상 또는 모관수 등으로 전환되어 이루어진다.

4.1.4 화학적 결합수

$110°C$로 가열해도 제거할 수 없다. 원칙적으로 이동과 변화가 없고 공학적으로는 토립자와 일체로 취급한다.

예제 4-1

유효입경이 0.05mm이고 간극비가 0.60인 흙에 있어서 모관 상승고의 범위를 구하여라.

풀 이

$$h_c = \frac{C}{e\, D_{10}} = \frac{0.1}{0.6 \times 0.005} \sim \frac{0.5}{0.6 \times 0.005} = 33.3 \sim 166.7\,\text{cm}$$

평균 $h_c = 100.0\text{cm}$ 이다.

4.2 Darcy 법칙

프랑스의 과학자 Darcy는 1856년 흙 속을 흐르는 물의 침투속도에 관한 이론을 발표하였다.

$$Q = k\, i\, A = k\, \frac{\Delta h}{L}\, A \tag{4.4}$$

$$v = k\, i \tag{4.5}$$

여기서, Q : 유량(cm^3/sec)

A : 물이 흐르는 단면적

v : 침투속도(cm/sec)

i : 동수경사

Δh : 수두차(cm)

k : 투수계수(cm/sec)

L : Δh에 대응하는 거리(cm)

식(4.5)를 **Darcy 법칙**이라고 하며 중력작용에 의해 물이 흙 속을 흐를 때 유속을 계산하는 데 이용되는 식이다. 이 식에서 투수계수(coefficient of permeablity)는 흙의 성질을 나타내는 매우 중요한 정수로 흙 입자의 크기, 간극비, 간극의 형상과 배열, 포화도 등에 따라 변화한다. 일반적으로 세립토인 점토는 투수계수가 매우 작으며 조립토인 사질토는 크게 나타난다. 간극비와 밀도가 점토와 비슷한 사질토의 투수계수는 점토에 비하여 현저히 크게 나타나는데 이것은 입자 사이의 간격이 커서 수류에 대한 저항이 상대적으로 적기 때문인 것으로 생각된다.

투수계수의 값은 흙의 입경에 따라 범위가 대단히 넓다. 거친 모래나 자갈은 1.0 cm/sec 이상이 되는 반면, 점토는 10^{-8}cm/sec 이하가 되기도 한다.

물은 흙 입자 사이의 간극을 통하여 흐르므로 식(4.5)의 속도는 실제속도가 아니다. 실제의 침투속도 v_s는 다음과 같이 구한다.

$$v_s = \frac{Q}{A_v} = \frac{k\,i\,A}{n\,A} = \frac{k\,i}{n} = \frac{v}{n} \tag{4.6}$$

[표 4-2] 흙 입자의 크기에 따른 투수계수

10^2	10^1	1	10^{-1}	10^{-2}	10^{-3}	10^{-4}	10^{-5}	10^{-6}	10^{-7}	10^{-8}
자갈			모래 및			실트			균열점토	
		모래와 자갈			풍화점토 및 균열된 점토					
투수 양호				투수 불량				불투수		

4.3 투수계수의 측정

흙 속을 침투하는 유량을 계산하기 위해서는 투수계수의 값이 결정되어야 한다. 투수계수를 구하는 방법에는 **실내시험**과 **현장시험** 및 **경험공식**에 의한 방법이 있다. 실내시험은 보통 투수시험기를 이용하여 투수계수를 측정한다. 이 방법은 비교적 투수성이 좋은 흙에 대하여 적용하며, 점토와 같이 투수성이 극히 작은 흙은 측정이 부정확하므로 압밀시험에 의한 간접계산으로 투수계수를 구한다.

4.3.1 실내 투수시험

(1) 정수위 투수시험(constant head permeameter test)

정수위 투수시험은 사질토와 같이 투수계수가 비교적 큰 재료($k = 10^2 \sim 10^{-3} \text{cm/sec}$)에 적당하다.

이 방법은 그림 4-3에서 보는 바와 같이 물이 유입되는 수위와 유출하는 수위를 일정한 높이로 정하고 흙 속으로 물을 통과시킨다. 그러면 수두차 h는 일정하므로 동수경사 i는 간단하게 계산할 수 있다.

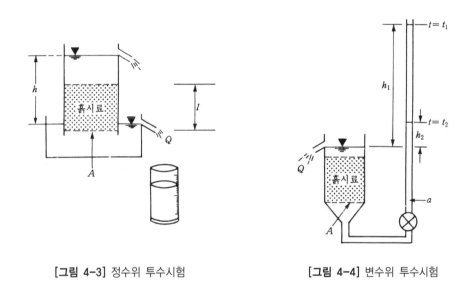

[그림 4-3] 정수위 투수시험   [그림 4-4] 변수위 투수시험

침투유량은 메스실린더로 받아서 계량하고 투수계수는 다음 식으로 계산한다.

$$Q = k\,i\,A\,t = k\,\frac{h}{L}\,A\,t$$

$$k = \frac{Q\,L}{h\,A\,t} \tag{4.7}$$

여기서, t : 측정시간

$\qquad\quad L$: 물이 시료를 통과한 거리

Q : t시간 동안 침투한 유량

A : 시료의 단면적

(2) 변수위 투수시험(variable head permeameter test)

변수위 투수시험은 투수계수가 낮은 재료($k = 10^{-3} \sim 10^{-6}$cm/sec)에 적당하다. 원리는 스탠드 파이프를 통하여 흙 속으로 물이 자유스럽게 유입하도록 하고, 유입하는 수위의 강하량 (h_1, h_2)과 시간(t)을 측정하여 산정한다.

단면적이 a인 스탠드 파이프를 통하여 유입하는 수위가 $d\,t$시간에 $d\,h$ 강하했다면 단위시간 당 유입유량은 $-a\,dh/dt$이다. 여기서 기호가 $(-)$가 된 것은 수위가 강하한다는 것을 의미한다. 스탠드 파이프에 유입하는 유량과 시료를 통과한 유출량은 동일하므로 Darcy 법칙을 적용하여 정리하면 다음과 같다.

$$Q = -a\,\frac{d\,h}{d\,t} = k\,\frac{h}{L}\,A$$

$$-a\,\frac{d\,h}{h} = k\,\frac{A}{L}\,d\,t$$

t_1시간에 수위는 h_1이고, t_2 시간의 수위는 h_2이므로

$$-a\int_{h_1}^{h_2}\frac{d\,h}{h} = k\,\frac{A}{L}\int_{t_1}^{t_2}d\,t$$

이것을 투수계수 k에 대하여 정리하면 다음과 같다.

$$k = \frac{a\,L}{A\,(t_2 - t_1)}\,\log_e\frac{h_1}{h_2}$$

$$k = \frac{\mathbf{2.3}\,a\,L}{A\,(t_2 - t_1)}\,\log_{10}\frac{h_1}{h_2} \tag{4.8}$$

(3) 압밀시험에 의한 계산

투수계수가 극히 낮은 시료(10^{-7}cm/sec 이하)는 실내시험으로는 측정이 불가능하므로 압밀시험(consolidation test)의 결과로부터 간접적인 계산에 의하여 구한다.

$$k = C_v \, m_v \, \gamma_\omega = C_v \, \frac{a_v}{1+e} \, \gamma_\omega \tag{4.9}$$

여기서, k : 투수계수(cm/sec)

$\quad\quad\quad C_v$: 압밀계수(cm^2/sec)

$\quad\quad\quad m_v$: 체적변화계수(cm^2/gf)

$\quad\quad\quad a_v$: 압축계수(cm^2/gf)

$\quad\quad\quad e$: 간극비

$\quad\quad\quad \gamma_\omega$: 물의 단위체적 중량(gf/cm^3)

예제 4-2

시료의 단면적 18cm^2, 길이 8cm의 시료를 16cm 수두차로 정수위 투수시험을 한 결과 2분 동안에 130cc의 물이 유출되었다. 이 시료의 투수계수와 실제의 침투유속을 구하여라. 단, 토립자의 비중은 2.67이고, 간극비는 0.284이다.

풀 이

$$k = \frac{Q \, L}{A \, h \, t} = \frac{130 \times 8}{18 \times 16 \times 2 \times 60} = 3.01 \times 10^{-2}\,\text{cm/sec}$$

$$n = \frac{e}{1+e} \times 100 = \frac{0.284}{1+0.284} \times 100 = 22.12\,\%$$

$$v_s = \frac{v}{n} = \frac{k \, i}{n} = \frac{3.01 \times 10^{-2} \times 16/8}{0.2212} = 0.272\,\text{cm/sec}$$

기초지반의 투수성을 조사해보기 위해서 시료를 채취하여 변수위 투수시험을 하였다. 시험 결과가 다음과 같을 때 투수계수를 구하여라.

시료의 직경 10cm, 스탠드파이프의 직경 5mm , 시료의 길이 10cm , 시험 시작시간 9시 30분, 시험 종료시간 9시 41분, t_1 에서의 수위 $h_1 = 195.0\text{cm}$, t_2 에서의 수위 $h_2 = 190\text{cm}$, 수온 15°C

풀 이

$$A = \frac{\pi D^2}{4} = \frac{3.14 \times 10^2}{4} = 78.5\text{cm}^2$$

$$a = \frac{\pi d^2}{4} = \frac{3.14 \times 0.5^2}{4} = 0.20\text{cm}^2$$

$$L = 10\text{cm}, \quad t_2 - t_1 = 11\,\text{분} = 660\,\text{초}$$

$$k = \frac{2.3\,a\,L}{A\,(t_2 - t_1)}\ \log_{10} \frac{h_1}{h_2}$$

$$= \frac{2.3 \times 0.2 \times 10}{78.5 \times 660}\ \log_{10} \left(\frac{195}{190} \right) = 1.0 \times 10^{-6}\,\text{cm/sec}$$

4.3.2 현장 투수시험

자연지반은 대부분 퇴적층으로 되어 있고, 이 퇴적층은 성질이 다르기 때문에 실내시험으로 구한 결과를 실제지반의 투수계수로 판정하여 사용하기에는 곤란한 경우가 있다. 따라서 중요하고 대규모의 공사에서는 현장시험을 통하여 투수계수를 결정하는 것이 바람직하다.

(1) 우물과 보오링에 의한 투수시험

불투성 지반에 도달하는 시험우물을 파고 이 우물의 중심으로부터 r_1, r_2, …… 거리에 수위 관측용 보오링 구멍을 뚫는다. 우물로부터 단위시간에 Q만큼의 수량을 양수하고 보오링 구멍 내의 수위가 일정 수위로 계속 유지되었을 때 각 보오링 구멍 내의 수위를 h_1 및 h_2라 하면 다음과 같이 유도된다.

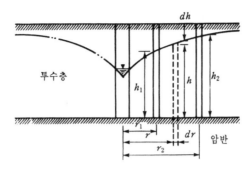

[그림 4-5] 현장투수시험

Darcy 법칙에서 $v = k \dfrac{dh}{dr}$ $\left(\text{여기에서, } i = \dfrac{dh}{dr}\right)$

$$A = 2\pi r h$$

따라서 $Q = kiA = 2\pi r h \cdot v = 2\pi r h \cdot k \dfrac{dh}{dr}$

$$\frac{dr}{r} = \frac{2\pi k h\, dh}{Q}$$

위의 식을 적분하면

$$\int_{r_1}^{r_2} \frac{dr}{r} = \frac{2\pi k}{Q} \int_{h_1}^{h_2} h\, dh$$

$$\log_e \frac{r_2}{r_1} = \frac{\pi k}{Q}(h_2^2 - h_1^2)$$

$$k = \frac{Q \log_e \dfrac{r_2}{r_1}}{\pi(h_2^2 - h_1^2)} = \frac{2.3\, Q \log_{10} \dfrac{r_2}{r_1}}{\pi(h_2^2 - h_1^2)} \tag{4.10}$$

(2) tube 법

관측구멍을 사용하지 않고 하나의 우물(보오링 구멍)로부터 지하수를 펌핑하여 수위의 회복 속도를 측정함으로써 투수계수를 구하는 방법이다.

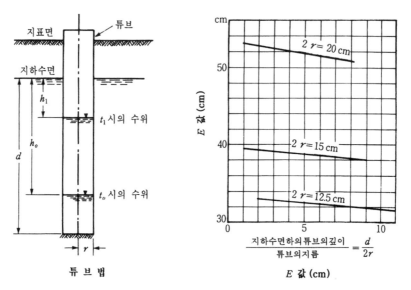

[그림 4-6] 튜브법과 E값

튜브법은 지하수위가 비교적 얕을 때에 이용되는 것으로, 밑이 열린 강관을 그 외주에 틈이 없도록 지반 속에 설치한 후, 물을 양수하여 관내의 지하수위를 저하시키고 경과시간에 따른 수위상승량을 측정하여 투수계수를 구한다.

$$k = \frac{2.3\,\pi\,r^2}{E\,(t_1 - t_0)}\,\log_{10}\frac{h_0}{h_1} \tag{4.11}$$

여기서, r : 관의 반경(cm)

　　　　h_0 : 지하수면과 최초 수위(t_0 시의 수위)와의 수두차(cm)

　　　　h_1 : 지하수면과 t 시간 후 회복된 수위와의 수두차(cm)

　　　　E : 계수(그림 4-6(b))

4.3.3 경험공식에 의한 방법과 투수계수에 영향을 미치는 요소

투수계수는 동수경사와 수두차에 의해 단위면적당 흙의 단면을 흐르는 물의 접속속도이다. 따라서 이 값은 물의 성질과 흙의 성상에 따라 결정된다는 것을 알 수 있다.

1948년 Taylor는 물과 흙의 성상을 고려한 식을 제안하였다.

$$k = D_s^2 \frac{\gamma_\omega}{\eta} \frac{e^3}{1+e} c \qquad (4.12)$$

여기서, k : 투수계수

D_s : 흙의 입경

γ_ω : 물의 단위중량

η : 물의 점성계수

e : 간극비

c : 형상계수

식(4.12)에서 흙의 성상을 고려한 합성형상계수를 C라 하면 다음과 같이 표시할 수 있다.

$$k = C \cdot D_s^2 \qquad (4.13)$$

Hazen은 1911년 조립토에 대한 실험식을 다음과 같이 제시하였다.

$$k = C_1 D_{10}^2 \qquad (4.14)$$

여기서, C_1 : 100~150의 값

D_{10} : 유효입경(단위 : cm)

식(4.12)로부터 투수계수는 물의 단위중량에 비례하고 점성계수에 반비례한다는 것을 알 수 있다. 이때 물의 단위중량과 점성계수는 수온에 따라 변화하는데, 전자는 온도에 의한 변화가 거의 없으나 점성계수는 변화의 폭이 크므로 반드시 온도에 대한 고려를 하여야 한다. 만일 온도변화에 따른 물의 단위중량 변화를 무시한다면 투수계수와 점성계수의 관계는 다음과 같이 나타낼 수 있다.

$$k_{15} = k_t \frac{\eta_t}{\eta_{15}} \qquad\qquad (4.15)$$

여기서, k_{15} : 표준온도 15°C에서의 투수계수

$\quad\quad k_t$: T°C에서의 투수계수

$\quad\quad \eta_{15}$: 15°C에서의 점성계수

$\quad\quad \eta_t$: T°C에서의 점성계수

η_t / η_{15}를 **점성보정계수**(粘性補正係數, viscosity correction factor)라 하며, 표 4-3은 수온 15°C에 대한 점성보정계수를 나타낸 것이다.

[표 4-3] 점성보정계수표

T °C	0	1	2	3	4	5	6	7	8	9
0	1.567	1.513	1.460	1.414	1.369	1.327	1.286	1.248	1.211	1.177
10	1.144	1.113	1.082	1.053	1.026	1.000	0.975	0.950	0.926	0.903
20	0.881	0.859	0.839	0.819	0.800	0.782	0.764	0.747	0.730	0.714
30	0.699	0.684	0.670	0.656	0.643	0.630	0.617	0.604	0.593	0.582
40	0.571	0.561	0.550	0.540	0.531	0.521	0.513	0.504	0.496	0.482
50	0.479	0.472	0.465	0.458	0.450	0.443	0.436	0.430	0.423	0.417

투수계수는 간극비의 함수비로 표시될 수 있다. 동일한 흙에 대한 투수계수와 간극비와 관계는 여러 가지 실험공식으로 제시되었다. Lambe와 Whitman은 1969년에 투수계수와 간극비가 선형관계에 있음을 입증하고 실험식을 제시하였다.

$$k_1 : k_2 = \frac{e_1^3 C_1}{1 + e_1} : \frac{e_2^3 C_2}{1 + e_2} \qquad\qquad (4.16)$$

모래와 같이 입자의 모양이 구(球)와 같을 때 합성형상계수 C의 값은 변화하지 않으므로 투수계수는 간극비의 제곱에 비례한다.

$$k_1 : k_2 = e_1^2 : e_2^2 \tag{4.17}$$

자갈, 모래, 실트와 같은 조립토는 흡착이온에 영향이 없으나 점토는 영향이 크므로 투수계수의 값이 현저히 달라진다. 만일 교환할 수 있는 이온이 N_a이라면, 다른 흡착이온에 비해 동일한 간극비에서 최소의 투수계수를 나타낸다. 시공분야에서 N_a Montmorillonite를 사용하는 것은 이와 같은 이유 때문이다. 흙 입자의 구조도 투수계수에 영향을 미친다. 점토가 **면모구조**(綿毛構造)로 퇴적되었다면 이산구조(離散構造)의 경우보다 작은 투수계수를 가진다. 물이 면모구조를 가진 흙 속을 통과 할 때에는 유선이 후자에 비해 구불구불하여 유로가 길어지기 때문이다. 사질토의 입자가 길쭉하고 그 배열이 평행하다면 수평방향의 투수계수가 연직방향에 대한 것보다 훨씬 크다.

흙이 포화되어 있지 않다면 기포의 존재가 물의 흐름을 방해하기 때문에 포화된 경우에 비하여 투수계수 측정값이 훨씬 작다.

예제 4-4

현장 투수시험에서 시험우물을 중심으로 하여 방사선상으로 5m와 10m의 지점에 보오링구멍을 설치하였다. 시험우물에서 매분 6,000cm^{3}의 물을 퍼올렸을 때 5m 지점의 보오링구멍 수위가 4.45m, 10m 지점의 보오링구멍 수위가 6.24m가 되었을 때 정상상태가 되었다. 이 현장지반의 투수계수를 구하여라.

풀 이

$$r_1 = 5\,\mathrm{m} = 500\,\mathrm{cm}, \quad r_2 = 10\,\mathrm{m} = 1000\,\mathrm{cm}$$

$$h_1 = 4.45\,\mathrm{m} = 445\,\mathrm{cm}, \quad h_2 = 6.24\,\mathrm{m} = 624\,\mathrm{cm}$$

$$Q = 6,000\,\mathrm{cm}^3/\mathrm{min} = 100\,\mathrm{cm}^3/\mathrm{sec}$$

$$k = \frac{2.3\,Q}{\pi\,(h_2^2 - h_1^2)} \log_{10} \frac{r_2}{r_1}$$

$$= \frac{2.3 \times 100}{3.14\,(624^2 - 445^2)} \log_{10}\left(\frac{1000}{500}\right) = 1.15 \times 10^{-4}\,\mathrm{cm/sec}$$

직경 15cm, 길이 5.50m의 강관을 사질토에 타입시켜 투수성을 측정한 결과 다음과 같다. 강관 상단부 흙의 투수계수를 구하여라.

　　관의 상단부에서 지표면까지의 높이 1.5m

　　관의 상단에서 지하수면까지의 높이 4.3m

　　관의 상단으로부터 4.90m 위치에서 4.64m까지 수위가 상승하는 데 26분이 소요되었다.

풀 이

$$r = 7.5\,\text{cm}, \quad h_0 = 4.9 - 4.3 = 0.6\,\text{m} = 60\,\text{cm}$$

$$h_1 = 4.64 - 4.3 = 0.34\,\text{m} = 34\,\text{cm}$$

$$t = 26\,\text{분} = 1560\,\text{초}$$

$$d = 5.5 - 4.3 = 1.2\,\text{m} = 120\,\text{cm}$$

그림 4-6에서

$$\frac{d}{2\,r} = \frac{120}{15} = 8.0, \quad 2\,r = 15\text{cm일 때} \quad E = 38.1$$

$$k = \frac{2.3\,\pi\,r^2}{E\,(t_1 - t_0)}\,\log_{10}\frac{h_0}{h_1}$$

$$= \frac{2.3 \times 3.14 \times 7.5^2}{38.1 \times 1560}\,\log_{10}\left(\frac{60}{34}\right) = 1.69 \times 10^{-3}\,\text{cm/sec}$$

4.3.4 다층지반의 평균투수계수

다층지반은 흙이 퇴적하는 성질 때문에 투수계수는 토층마다 다르며 흐름의 방향에 따라 변한다. 이와 같은 토층에 수평방향 또는 수직방향으로 지하수가 흐를 때 투수계수는 동일하지 않다.

이러한 경우에 대한 투수계수를 결정하기 위해서는 각 토층으로부터 흐트러지지 않은 시료를 채취하여 투수계수를 결정한 후, 그림 4-7과 같은 방법으로 평균투수계수를 구하여 침투유량을 산정하여야 한다.

(1) 층에 평행방향의 평균투수계수

물이 토층에 평행한 방향으로 흐른다고 하면 동수구배는 각 층마다 동일하므로 Darcy 법칙을 이용하여 유량을 구하고 k_h 에 대하여 정리하면 다음과 같이 유도된다.

$$Q = k_h \, i \, H = k_1 \, i \, H_1 + k_2 \, i \, H_2 + \cdots + k_n \, i \, H_n$$

$$k_h = \frac{1}{H} \left(k_1 \, H_1 + k_2 \, H_2 + \cdots + k_n \, H_n \right) \tag{4.18}$$

여기서, $\quad H = H_1 + H_2 + H_3 + \cdots + H_n$

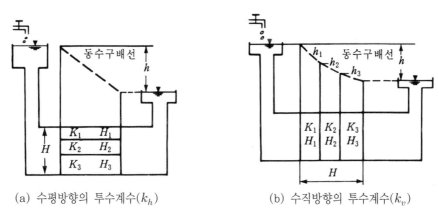

(a) 수평방향의 투수계수(k_h)   (b) 수직방향의 투수계수(k_v)

[그림 4-7] 다층지반의 투수계수

(2) 층에 수직방향의 평균투수계수

토층에 수직방향으로 물이 흐르면 각층을 통해 흐른 침투유량(浸透流量)은 동일하나 동수경사(動水傾斜)는 각 층마다 다르다. 각 층의 동수경사를 $i_1, \, i_2, \cdots\cdots, \, i_n$ 이라 하고 전 토층의 두께를 H, 전수두손실(全水頭損失)을 h 라 하면

$$v = k_v \, i = k_v \, \frac{h}{H} = k_1 \, i_1 = k_2 \, i_2 \, \cdots\cdots \, k_n \, i_n \tag{4.19}$$

$$v = k_1 \frac{h_1}{H_1} = k_2 \frac{h_2}{H_2} \cdots\cdots k_n \frac{h_n}{H_n}$$

따라서

$$h_1 = v \frac{H_1}{k_1}$$

$$h_2 = v \frac{H_2}{k_2}$$

$$\cdot \quad \cdot \quad \cdot \quad \cdot \quad \cdot$$

$$h_n = v \frac{H_n}{k_n}$$

전수두손실은

$$h = h_1 + h_2 + \cdots\cdots + h_n = \frac{v\,H_1}{k_1} + \frac{v\,H_2}{k_2} + \cdots\cdots + \frac{v\,H_n}{k_n} \qquad (4.20)$$

식(4.19)에서 $k_v = \dfrac{H}{h} v$ 이므로 식(4.20)의 h를 대입하고 정리하면

$$k_v = \frac{H}{\dfrac{H_1}{k_1} + \dfrac{H_2}{k_2} + \cdots\cdots + \dfrac{H_n}{k_n}} \qquad (4.21)$$

예제 4-6

다음과 같은 다층지반(성층토)의 수평 및 수직방향의 평균투수계수를 구하고 비교하여 보아라.

$H_1 = 1.3\,\mathrm{m}$	$k_1 = 5.42 \times 10^{-3}\,\mathrm{cm/sec}$
$H_2 = 2.6\,\mathrm{m}$	$k_2 = 2.86 \times 10^{-3}\,\mathrm{cm/sec}$
$H_3 = 1.9\,\mathrm{m}$	$k_3 = 4.54 \times 10^{-3}\,\mathrm{cm/sec}$

풀 이

$$H = H_1 + H_2 + H_3 = 1.3 + 2.6 + 1.9 = 5.8\,\mathrm{m} = 580\,\mathrm{cm}$$

식(4.18)에서

$$k_h = \frac{1}{H}\,(k_1\,H_1 + k_2\,H_2 + k_3\,H_3)$$

$$= \frac{10^{-3}}{580}\,(5.42 \times 130 + 2.86 \times 260 + 4.54 \times 190)$$

$$= 3.98 \times 10^{-3}\,\mathrm{cm/sec}$$

식(4.20)에서

$$k_v = \frac{H}{\dfrac{H_1}{k_1} + \dfrac{H_2}{k_2} + \dfrac{H_3}{k_3}}$$

$$= \frac{580 \times 10^{-3}}{\dfrac{130}{5.42} + \dfrac{260}{2.86} + \dfrac{190}{4.54}} = 3.70 \times 10^{-3}\,\mathrm{cm/sec}$$

$$\therefore\ k_h > k_v$$

4.4 유선망(flow net)

흙 속에서의 물의 흐름은 단지 한 방향으로만 흐르지 않으며, 또 흐름의 방향에 직각으로 균일하게 흐르지도 않을 것이다. 그러므로 지하수의 흐름과 유출량 산출 등은 유선망(flow net)을 이용한다. 유선망의 개념은 지중(地中)의 어느 한 점에 대하여 흐름이 층류일 때 Laplace의 연속방정식에 기초를 둔 것이다.

불투수성 지반 내에 폭 dx, 두께 dy, 높이 dz가 되는 미소 육면체를 생각하자.

이때 육면체 x, z축 방향에 유입하는 유속을 그림 4-8에 나타난 바와 같이 v_x, v_z라 하면, 미소거리를 침투하여 같은 방향으로 유출되는 물의 속도는 점성저항(粘性抵抗)으로 인하여 다음과 같이 된다.

$$v_x + \frac{\partial v_x}{\partial x}\,dx, \qquad v_z + \frac{\partial v_z}{\partial z}\,dz$$

단위시간에 이 요소에 유입하는 유량은

$$Q_{in} = v_x\,dz\,dy + v_z\,dx\,dy$$

이다. 이 요소로부터 유출되는 유량은

$$Q_{out} = v_x\,dz\,dy + \frac{\partial v_x}{\partial x}\,dx\,dz\,dy + v_z\,dz\,dy + \frac{\partial v_z}{\partial z}\,dx\,dy\,dz$$

유입유량과 유출유량은 동일하므로 이를 정리하면 다음과 같다.

$$v_x\,dz\,dy + v_z\,dx\,dy = v_x\,dz\,dy + \frac{\partial v_x}{\partial x}\,dx\,dz\,dy + v_z\,dx\,dy + \frac{\partial v_z}{\partial z}\,dx\,dy\,dz$$

$$\frac{\partial v_x}{\partial x}\,dx\,dy\,dz + \frac{\partial v_z}{\partial z}\,dx\,dy\,dz = 0$$

$$\frac{\partial v_x}{\partial x} + \frac{\partial v_z}{\partial z} = 0 \tag{4.22}$$

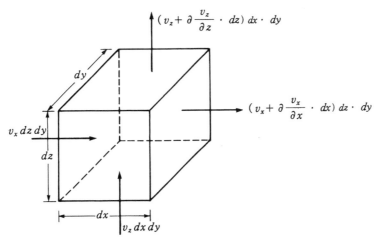

[그림 4-8] 한 요소에서 물의 흐름

Darcy 법칙을 이용하여 유속을 나타내면

$$v_x = k_x \frac{\partial h}{\partial x}, \qquad v_z = k_z \frac{\partial h}{\partial z}$$

이므로 식(4.22)에 위의 식을 대입하여 정리하면 다음과 같다.

$$k_x \frac{\partial^2 h}{\partial x^2} + k_z \frac{\partial^2 h}{\partial z^2} = 0 \qquad\qquad (4.23)$$

이 흙이 등방성(等方性)이라면 $k_x = k_z$ 이므로 2차원 흐름의 연속방정식은

$$\frac{\partial^2 h}{\partial x^2} + \frac{\partial^2 h}{\partial z^2} = 0 \qquad\qquad (4.24)$$

식(4.24)는 Laplace 연속방정식이라 하며 직교하는 두선, 즉 유선과 등수두선의 집합체임을 의미한다.

그림 4-9는 널말뚝이 박힌 지반을 통해 물이 2차원으로 흐르는 경우를 나타낸 것이다. 물은

상류 측에서 유입하여 널말뚝 아래로 흘러 다시 위로 방향을 바꾸어 하류면으로 흐를 것이다. 물이 흐르는 이러한 경로를 **유선**(流線, flow line)이라고 한다. EF변에 작용하는 최초의 수압은 물이 흐르면서 물과 흙 사이에 생기는 점성저항으로 감소되어 GL면에 유출되었을 때에는 손실 수두가 h만큼 발생한다.

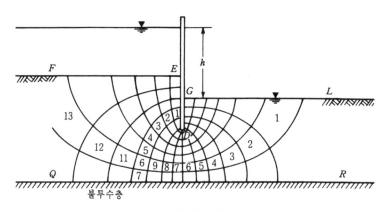

[그림 4-9] 널말뚝에서의 유선망

각 유선을 따라 수두(水頭)는 계속적으로 소실되기 때문에 수두가 동일한 위치가 있을 수 있으며 이 위치를 연결한 선을 **등수두선**(等水頭線, equipotential line)이라 한다.

그림 4-9에 나타난 바와 같이 유선과 등수두선으로 이루어진 그림을 **유선망**(流線網, flow net)이라 하며, 유선의 통로를 **유로**(流路, flow chnnel)라고 한다.

4.4.1 유선망의 결정방법

유선망의 결정방법으로는 수학적 방법, 실험적 방법, 도식적 방법이 있다.

수학적 방법에는 유한차분법(有限差分法)과 유한요소법(有限要素法)이 있는데, 이 방법은 라플라스의 연속방정식에 경계조건을 부여하여 이론적으로 해석한다. 그러나 이 방법은 경계 조건이 간단하고 지형이 단순한 경우에 해석이 가능하다.

실험적 방법에는 모형에 의한 투수시험방법, 전기 상사실험방법 등이 있다. 모형에 의한 투 수시험은 유리나 아크릴 판으로 된 수조 속에 모형제체를 만들고, 여기에 색소가 들어 있는 물을 보내어 색소의 진행경로를 관찰하여 유선(流線)을 구한다. 등수두선은 제체에 피조메타를 매입시켜서 측정하고, 수두가 같은 점을 연결하여 구한다. 전기적 장사시험은 전류에 관한 옴 (ohm)의 법칙이 Darcy 법칙과 유사하다는 점을 이용한 방법이다. 즉, 옴의 법칙이나 Darcy 법칙은 포텐셜 손실이 흐름의 길이와 속도에 비례한다는 점을 착안한 것으로, 양극 사이에 전극을 가해서 상류측 전극과 동체 내 각 부분의 전위손실을 측정하여 상사적으로 수두손실을 구하는 방법이다.

도식적인 해법(圖式的 解法)은 Forchheimer가 제안한 것으로써 가장 보편적으로 이용되는 방법이다. 작도방법은 유선망의 특징과 경계조건에 일치되도록 수정하면서 완성하는 것인데 비교적 실제에 가까운 유선망을 얻게 된다.

유선망의 특징은 다음과 같다.
① 각 유로의 침투유량은 같다.
② 인접한 등수두선 사이의 수두손실(수압강하량)은 서로 동일하다.
③ 유선과 등수두선은 직교(直交)한다.
④ 유선망으로 되는 사각형은 이론상 정사각형이다.
⑤ 침투속도 및 동수구배는 유선망의 폭에 반비례한다.

널말뚝의 유선망(그림 4-9) 작도에는 다음과 같은 경계조건을 고려해야 한다.
① 선분 EF는 전수두(全水頭)가 동일하므로 등수두선이다.
② 선분 GL은 전수두가 동일하므로 등수두선이다.
③ 널말뚝을 따라 상류면에서 하류면으로 흐르는 EDG는 하나의 유선이다.
④ 물이 상당히 먼 거리로부터 흘러 들어오므로 암반선을 따르는 QR은 하나의 유선이다.

(1) 침투유량의 결정

유선망이 결정되면 침투유량은 용이하게 구할 수 있다.

유로의 수를 N_f, 수두선의 수를 N_d라 하면 상하류의 수두차 h는 물이 N_d를 지남으로써 발생된 손실수두이다. 따라서 1개의 사각형에 대한 손실수두는 $\Delta h = h/N_d$이고 포텐셜면의 폭을 b라 하면 동수구배는 $\dfrac{h/N_d}{b}$가 된다.

이상의 관계에서 1개의 유로에 침투하는 유량 ΔQ를 구하면 다음과 같이 표현된다.

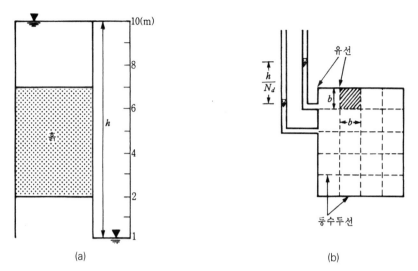

[그림 4-10] 1차원 흐름에 대한 유선망

$$\Delta Q = k \left(\frac{h/N_d}{b} \right) \cdot b \times 1 = k \frac{h}{N_d}$$

투수층 전체의 침투유량을 Q라 하면

$$Q = \int \Delta Q = \Delta Q \times N_f = kh \frac{N_f}{N_d} \tag{4.25}$$

예제 4-7

그림 4-11에 나타낸 댐에 대하여 (a) 침투수량, (b) A, B 및 C점에서의 간극수압 (c) C점에서 출구까지의 동수경사를 구하여라. 단, 이 흙의 투수계수는 3×10^{-1} cm/sec이다.

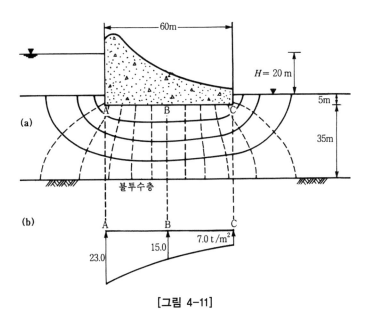

[그림 4-11]

풀 이

(a) 유선으로 싸인 유로의 수 $N_f = 4$

등수두선으로 싸인 간격 수 $N_d = 12$

식(4.25)에 의해,

$$Q = kh \frac{N_f}{N_d} = 3 \times 10^{-1} \times 20 \times 100 \times \frac{4}{12} = 200 \, \text{cm}^3/\text{sec}$$

(b) 하류면을 기준으로 할 때 A점에서의 전수두는,

$$\frac{n_d}{N_d} H = \frac{10.8}{12} \times 20 = 18.0 \text{m}$$

전수두 = 압력수두 + 위치수두이고 압력수두는 전수두에서 위치수두를 뺀 값이므로,

$$h_p = 18.0 - (-5) = 23.0 \text{m}$$

따라서 $u_{(A)} = 23.0 \times 1 = 23.0 \,\mathrm{t\,f/m^2}$

동일한 방법으로 B점과 C점의 간극수압을 구하면,

$$u_{(B)} = \left[\frac{6}{12} \times 20 - (-5) \right] \times 1 = 15 \,\mathrm{t\,f/m^2}$$

$$u_{(C)} = \left[\frac{1.2}{12} \times 20 - (-5) \right] \times 1 = 7.0 \,\mathrm{t\,f/m^2}$$

간극수압의 분포를 그리면 그림 4-11(b)와 같다. 이것이 댐의 바닥에서 상향으로 작용하는 양압력이 된다.

(c) C점에서 댐의 유선을 따라 측정한 거리는 5m이고 C점과 하류면 사이의 수두손실은

$$\Delta h = \frac{n_d}{N_d} H = \frac{1.2}{12} \times 20 = 2.0\,\mathrm{m}$$

$$i = \frac{2.0}{5} = 0.4$$

4.4.2 비등방성 지반의 유선망

투수계가 물의 흐름방향에 관계없이 동일한 흙을 **등방성**(等方性, isotropic)이라 하고 이와는 반대로 방향에 따라 다른 경우를 **이방성**(異方性) 또는 **비등방성**(非等方性)이라고 한다.

일반적으로 토층의 입자는 가로와 세로의 치수가 차이가 있기 때문에 퇴적 시 장축이 수평이 되도록 쌓이게 된다. 이 때문에 자연적으로 퇴적되는 토층은 연직방향보다 수평방향의 투수량이 큰 경향이 있다. 수평방향의 투수계수(K_x)는 연직방향의 투수계수(K_z)보다도 상당히 크다고 하며 점성토일수록 이러한 경향은 심하다.

지반이 비등방성인 경우, 연속방정식은 식(4.23)으로 나타나는데 이 식은 Laplace 방정식이 아니다. 그러므로 연속방정식의 형태로 표시하기 위하여 이 식을 다음과 같이 변형한다.

$$\frac{\partial^2 h}{\left(\dfrac{k_z}{k_x}\right)\partial x^2} + \frac{\partial^2 h}{\partial z^2} = 0 \tag{4.26}$$

x_t를 x방향에 잡으면 식(4.26)은 다음과 같은 Laplace 방정식의 형식으로 표현된다.

$$\frac{\partial^2 h}{\partial x_t^2} + \frac{\partial^2 h}{\partial z^2} = 0 \tag{4.27}$$

여기서, $x_t = \sqrt{\dfrac{k_z}{k_x}} \cdot x$ \hfill (4.28)

유선망 작도 시에는 x방향의 구조물 치수에 $\sqrt{k_z/k_x}$를 곱하여 축소시킨 후 등방성인 경우와 동일한 방법으로 작성한다. 그림 4-12(a)는 비등방성 지반에 대한 유선망이다. 이 그림은 그림 4-12(b)의 원축척에 나타난 x방향의 치수에 $\sqrt{k_z/k_x}$를 곱하여 축소시킨 후 작도하였기 때문에, 등수두선과 유선은 직교하며 유선망을 이루는 사각형은 정사각형이 된다.

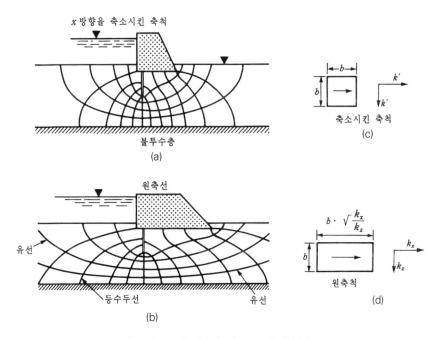

[그림 4-12] 비등방성인 경우의 유선망

그림 4-12(c)에서 투수계수를 k'라 하면 한 요소를 흐르는 x방향의 유량은

$$\Delta Q = k' \frac{\Delta h}{b} b$$

이고 원축척으로 그린 그림 4-12(d)의 x방향 유량은

$$\Delta Q = k_x \frac{\Delta h}{b \sqrt{\dfrac{k_x}{k_z}}} b$$

이다. 두 식으로 구한 침투유량은 동일하므로 등식으로 놓고 풀면 다음과 같다.

$$k' = k_x \sqrt{\frac{k_z}{k_x}} = \sqrt{k_x \, k_z} = \sqrt{k_h \, k_v} \tag{4.29}$$

예제 4-8

그림 4-12에서 $k_x = 0.4 \, \mathrm{cm/sec}$, $k_z = 0.1 \, \mathrm{cm/sec}$라고 할 때, 침투수량을 구하여라. 단, 상류면과 하류면의 수두차는 15.0m이다.

풀 이

$$x_t = \sqrt{\frac{0.1}{0.4}} \, x = \frac{1}{2} \, x$$

x 방향의 크기를 반으로 줄여 유선망을 그리면 그림 4-12(a)에 나타낸 바와 같고, 이것을 원축척으로 환원하면 그림 4-12(b)와 같이 된다. 식(4.29)로부터, k'를 구하면

$$k' = \sqrt{0.1 \times 0.4} = \sqrt{0.04} = 2 \times 10^{-1} \, \mathrm{cm/sec}$$

$$\therefore Q = k'h \frac{N_f}{N_d} = 2 \times 10^{-1} \times 10^{-2} \times 15 \times \frac{5}{12} \times 60 \times 60 \times 24 = 1080 \mathrm{m}^3/\mathrm{day}$$

4.4.3 비균질지반의 유선망

흙댐과 같은 흙 구조물은 균질한 흙으로 축조되는 경우가 거의 없다. 물의 침투를 감소시키기 위하여 중심부에 점토심벽(粘土心壁)을 만들기도 하고 세굴(洗掘)을 방지할 목적으로 하류 측에 필터를 설치하기도 한다. 이와 같이 흙 재료가 다른 비균질지반은 흙의 종류에 따라 투수계수도 상이하여, 사용재료의 경계부분에서 물의 침투방향이 바뀌게 된다.

그림 4-13에서 유선이 두 토층경계면 AB의 법선과 α 각도로 유입하고 β 각으로 유출한다고 가정하면 투수계수와 유선의 방향 사이에는 다음과 같은 관계가 성립된다.

$$Q = k_1 \frac{\Delta h}{CA} b_1 = k_2 \frac{\Delta h}{BD} b_2$$

$$\frac{CA}{b_1} = \tan \alpha, \quad \frac{BD}{b_2} = \tan \beta$$

$$\frac{k_1}{\tan \alpha} = \frac{k_2}{\tan \beta}$$

$$\frac{k_1}{k_2} = \frac{\tan \alpha}{\tan \beta} \tag{4.30}$$

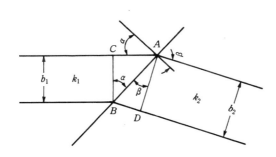

[그림 4-13] 비균질지반의 유선망

4.5 제체의 침투

흙댐이나 하천제방과 같이 투수성을 가진 제체(堤體) 속을 물이 침투할 때 유선망 작도에 가장 중요한 점은 물의 침투경로를 추정하는 것이다.

특히 물이 흘러들어갈 때 최상부의 자유수 수면을 나타내는 **침윤선**(浸潤線, phreatic line)은 침투경로를 대표하므로 정확히 작도되어야 한다.

침윤선을 결정하는 방법은 Casagrande와 Kozeny에 의해 제안되었으며 그림 4-14는 기본 포물선(basic parabola)을 나타낸 것이다.

여기에서 A를 초점(焦點), K를 준선(準線)이라 하고 초점거리 $A\,K$를 y_0라 하면 포물선은 $L\,A = L\,M$ 되는 궤적이 된다.

$$L\,M = \ | \, x + y_0 \, |$$
$$L\,A = \ \sqrt{x^2 + z^2}$$
$$x + y_0 = \ \sqrt{x^2 + z^2}$$
$$(x + y_0)^2 = \ x^2 + z^2$$
$$x = \frac{z^2 - y_0^2}{2\,y_0} \tag{4.31}$$

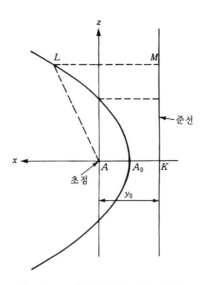

[**그림 4-14**] 침윤선의 기본포물선

일반적으로 필터의 끝을 좌표의 원점(原點)으로 하며 필터가 없는 경우에는 하류 측 선단으로 한다. 필터가 없는 경우에는 다음과 같이 침윤선을 작도한다.

① 상류 측 수중사면의 수평거리 m의 0.3배를 B점에서 상류 측 수면에 취하고 이 점을 B_2라 한다.

② 하류 측 사면 선단(先端), 즉 초점 A와 B_2의 수평거리를 d라 하고 $A\,B_2$ 의 거리 $\sqrt{h^2 + d^2}$ 과 d의 거리차(y_0)를 구한다.

$$y_0 = \sqrt{h^2 + d^2} - d$$

③ A점 하류 측에서 $y_0/2$만큼 떨어진 점을 A_0라 하면 A를 초점으로 하여 A_0와 B_2 잇는 포물선이 침윤선의 형태를 결정하는 기본포물선이 된다.

④ A_0와 B_2를 잇는 기본포물선 작도는 식(4.31)로부터 x와 y의 값을 구하여 작도한다.

⑤ 실제의 침윤선은 B점에서 사면 BP에 수직으로 유입하므로 그림 4-15와 같이 수정한다. 또한 하류 측 유출도 실제와 근접시키기 위하여 C_0점을 C점으로 옮겨서 기본포물선을 수정한다. C점의 위치는 사면장 a로 표시되는데 근사적으로 나타내면 다음과 같다.

$$a = \sqrt{d^2 + h^2} - \sqrt{d^2 - h^2 \cot \alpha}$$

여기서 α는 유출면 경사각이다.

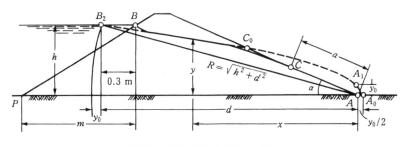

[그림 4-15] 제방의 침윤선 작도

하류 측에 filter 층이 있는 경우에는 초점 A를 filter의 끝에 취하고 ①부터 ④까지의 과정으로 작도하고 ⑤의 유입부분의 침윤선은 B점에서 사면 BP에 수직으로 수정하여 완성한다.

유선망은 침윤선의 형태를 참고하여 나머지 유로를 작도하며 비등방성 지반인 경우에는 투수계수를 식(4.29)로 구하고 이 값을 식(4.25)에 적용하여 유량을 산정한다. 즉, 완성된 유선망을 통하여 등수두선의 수와 유로의 수를 구하고 이를 공식에 대입하여 침투유량을 산출한다. 그러나 유선망의 작성에는 기능적인 숙련도에 따라 차이를 나타낼 수 있다.

A. Casagrande와 L. Casagrande는 침윤선을 이용하여 침투유량을 계산하는 방법을 다음과 같이 제시하였다.

A. Casagrande 방법 $(30^o < \alpha < 180^o)$

$$Q = k\,y_0 = k\,(\sqrt{d^2 + h^2} - d) \tag{4.32}$$

L. Casagrande 방법 $(\alpha < 30^o)$

$$Q = k\,a\,\sin^2 \alpha \tag{4.33}$$

여기서, $a = \sqrt{d^2 + h^2} - \sqrt{d^2 - h^2 \cot \alpha}$

예제 4-9

그림 4-16과 같이 필터를 설치하여 만든 제체의 100m당 침투유량을 구하여라. 이 흙의 투수계수 $k = 5.3 \times 10^{-2}$cm/sec이다.

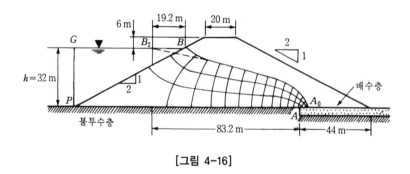

[그림 4-16]

침투유량을 구하기 위해서는 먼저 침윤선을 작도하고 제체의 경계조건을 고려하여 유선망을 그려야 한다. 그림 4-16과 같은 제체의 유선망 경계조건은 다음과 같다.

BP는 등수두선이다.

PA는 유선이다.

AA_0는 등수두선이다.

BA_0는 침윤선이며 유선으로 본다.

Filter가 있는 경우이므로 좌표의 원점을 A점으로 하고 상류 측 수중사면의 수평거리를 구한다. 또한 수평거리의 0.3배 되는 거리를 상류 측에 취한다.

수평거리 $= 32 \times 2 = 64\text{m}$

$BB_2 = 0.3 \times 64 = 19.2\text{m}$

$h = 32\,\text{m}, \quad d = 64 + 19.2 = 83.2\,\text{m}$

$y_0 = \sqrt{h^2 + d^2} - d = \sqrt{32^2 + 83.2^2} - 83.2 = 5.94\,\text{m}$

$x = \dfrac{z^2 - y_0^2}{2\,y_0} = \dfrac{z^2 - 5.94^2}{2 \times 5.94} = \dfrac{z^2}{11.88} - 2.97\,\text{m}$

z(m)	0	3	6	9	12	15	18	21	24	32
x(m)	−2.97	−2.21	0.06	3.85	9.15	15.97	24.30	34.15	45.51	83.2

표에 나타나 있는 값을 Plot하여 기본포물선을 구하고 유입부분을 점 B에서 사면 BP에 수직으로 수정하여 침윤선을 얻는다. 경계조건과 유선망의 특징을 이용하여 완성된 도면(그림 4-16)으로부터 등수두선을 구하면 $N_d = 15$이고 유로의 수 $N_f = 3$이다.

$$Q = kh\frac{N_f}{N_d} = 5.3 \times 10^{-2} \times 10^{-2} \times 32 \times \frac{3}{15} \times 60 \times 60 \times 24 = 293.07\text{m}^3/\text{day}$$

100m 폭에 대한 침투유량

$$Q = 293.07 \times 100 = 29,307 \text{m}^3/\text{day}$$

4.6 유효응력(effective stress)

4.6.1 물의 침투가 작용하지 않는 지반의 응력

그림 4-17은 어떤 방향에서도 물의 침투가 없는 포화토층을 나타내고 있다. 요소 A 점에서의 **전응력**(全應力, total stress)은 그 점 위에 있는 단위면적당 흙의 포화중량과 물의 중량을 합하여 구한다.

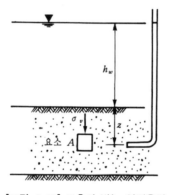

[그림 4-17] 토층이 받는 연직응력

$$\sigma = \gamma_{\text{sat}} z + \gamma_\omega h_\omega \tag{4.34}$$

전응력 σ 를 나타내는 식(4.34)는 다음과 같은 두 부분으로 나누어 생각할 수 있다.

$$\sigma = \gamma_{sub} z + \gamma_\omega (z + h_\omega)$$

한 부분은 물에 의해 작용되며 모든 방향에서 응력이 일정하다. 이와 같은 응력을 **간극수압**

(間隙水壓, pore water pressure) 또는 중립응력(中立應力)이라 한다.

간극수압 $u = \gamma_w(z + h_w)$

다른 한 부분은 응력이 흙 입자와 입자 간의 접촉점에 작용한다. 이때 흙 입자에 의하여 단위면적당 작용하는 연직응력성분의 합을 **유효응력**(有效應力, effective stress)이라 한다.

유효응력 $\sigma' = \gamma_{\mathrm{sub}} z$

전응력은 유효응력과 간극수압의 합으로 표현되며 유효응력은 흙 입자가 부담하는 응력이고 간극수압은 물이 부담하는 응력이다.

$$\sigma = \sigma' + u \tag{4.35}$$

예제 4-10

지표면에서 아래쪽으로 5m 깊이까지는 사질토층이고 그 아래는 점토층이다. 지표면 아래 8m 지점에 작용하는 전응력, 유효응력 및 간극수압을 구하여라.

단, 지하수면은 지표면과 일치하는 위치에 있으며, 사질토층의 포화단위중량은 $1.89\mathrm{tf/m}^3$이고 점토지반의 포화단위중량은 $1.6\mathrm{tf/m}^3$이다.

풀 이

전응력 $\sigma = \gamma_{\mathrm{sat1}} z_1 + \gamma_{\mathrm{sat2}} z_2 = 1.89 \times 5 + 1.6 \times 3 = 14.25\mathrm{tf/m}^2$

간극수압 $u = \gamma_w(z_1 + z_2) = 1 \times 8 = 8\mathrm{tf/m}^2$

유효응력 $\sigma' = \sigma - u = 14.25 - 8 = 6.25\mathrm{tf/m}^2$

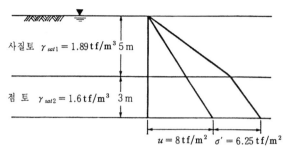

[그림 4-18]

예제 4-11

어떤 토층의 횡단면도가 그림 4-19와 같을 때 A, B, C, D점의 전응력 간극수압 및 유효응력을 계산하여라.

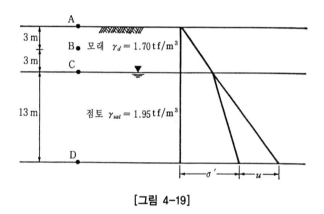

[그림 4-19]

풀 이

A 점에서

전응력 $\sigma_A = 0$, 간극수압 $u_A = 0$, 유효응력 $\sigma_B{}' = 0$

B 점에서

$\sigma_B = 17.0 \times 3 = 5.1\,\mathrm{tf/m^2}$

$u_B = 0$

$\sigma_B{}' = \sigma_A - u = 5.1 - 0 = 5.1\,\mathrm{tf/m^2}$

C 점에서

$$\sigma_C = 1.7 \times 6 = 10.2\text{t f}/\text{m}^2$$

$$u_C = 0$$

$$\sigma_C' = 10.2 - 0 = 10.2\text{t f}/\text{m}^2$$

D 점에서

$$\sigma_D = 1.7 \times 6 + 1.95 \times 13 = 35.5\text{t f}/\text{m}^2$$

$$u_D = 1 \times 13 = 13\text{t f}/\text{m}^2$$

$$\sigma_D' = 35.5 - 13 = 22.55\text{t f}/\text{m}^2$$

4.6.2 물의 침투가 상향으로 작용하는 지반의 응력

토층 내의 어떤 점에서의 전응력은 흙과 물의 자중에 기인한다는 사실을 근거하여 토층의 각 점에 작용하는 응력을 분석하면 다음과 같다. 이때 물은 일정하게 공급되며 손실수두는 h 이다.

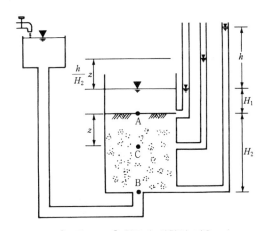

[**그림 4-20**] 침투가 상향인 경우

그림 4-20의 A점

전 응 력 $\sigma_A = \gamma_w H_1$

간극수압 $u_A = \gamma_w H_1$

유효응력 $\sigma_A' = \sigma_A - u_A = 0$

B 점에서

전 응 력 $\sigma_B = \gamma_\omega H_1 + \gamma_{\mathrm{sat}} H_2$

간극수압 $u_B = \gamma_\omega (H_1 + H_2 + h)$ 　　　　　　　　　　　　　(4.36)

유효응력 $\sigma_B{}' = \sigma_B - u_B$

$$= (\gamma_{\mathrm{sat1}} - \gamma_\omega) H_2 - \gamma_\omega h = \gamma_{\mathrm{sub}} H_2 - \gamma_\omega h \qquad (4.37)$$

C 점에서

전 응 력 $\sigma_c = \gamma_\omega H_1 + \gamma_{\mathrm{sat}} z$

간극수압 $u_C = \gamma_\omega \left(H_1 + z + \dfrac{h}{H_2} z \right)$ 　　　　　　　　　(4.38)

유효응력 $\sigma_C{}' = \sigma_C - u_C = (\gamma_{\mathrm{sat}} - \gamma_\omega) z - \dfrac{h}{H_2} z \gamma_\omega$

$$= \gamma_{\mathrm{sub}} z - \dfrac{h}{H_2} z \gamma_\omega \qquad (4.39)$$

여기에서 h / H_2는 동수구배이므로 식(4.39)는 다음과 같이 나타낼 수 있다.

$$\sigma_C{}' = \gamma_{\mathrm{sub}} z - i z \gamma_\omega \qquad (4.40)$$

4.6.3 물의 침투가 하향으로 작용하는 지반의 응력

그림 4-21의 A점

전 응 력 $\sigma_A = \gamma_\omega H_1$

간극수압 $u_A = \gamma_\omega H_1$

유효응력 $\sigma_A{}' = \sigma_A - \sigma_B = 0$

B 점에서

전 응 력 $\sigma_B = \gamma_\omega H_1 + \gamma_{\mathrm{sat}} H_2$

간극수압 $u_B = \gamma_\omega (H_1 + H_2 - h)$

유효응력 $\sigma_B{}' = \sigma_B - u_B$

$$= (\gamma_{\mathrm{sat}} - \gamma_\omega)\, H_2 + \gamma_\omega\, h = \gamma_{\mathrm{sub}}\, H_2 + \gamma_\omega\, h \qquad (4.41)$$

C 점에서

전 응 력 $\sigma_c = \gamma_\omega\, H_1 + \gamma_{\mathrm{sat}}\, z$

간극수압 $u_C = \gamma_\omega \left(H_1 + z - \dfrac{h}{H_2}\, z \right)$ \qquad (4.42)

유효응력 $\sigma_C{}' = \sigma_C - u_C = (\gamma_{\mathrm{sat}} - \gamma_\omega)\, z + \dfrac{h}{H_2}\, z\, \gamma_\omega$

$$= \gamma_{\mathrm{sub}}\, z + \dfrac{h}{H_2}\, z\, \gamma_\omega \qquad (4.43)$$

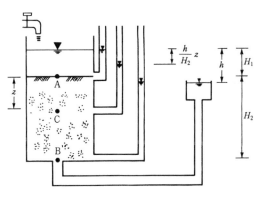

[그림 4-21] 침투가 하향인 경우

식(4.43)에서 h / H_2 는 동수구배이므로 다음과 같이 나타낼 수 있다.

$$\sigma_C{}' = \gamma_{\mathrm{sub}}\, z + i\, z\, \gamma_\omega \qquad (4.44)$$

침투가 상향인 지반에서는 B점의 유효응력이 $\gamma_\omega\, h$ 만큼 감소하였고 하향인 지반에서는 $\gamma_\omega\, h$ 만큼 증가하였다. 이것은 흙 입자 표면의 마찰저항에 의하여 발생된 것인데 수두차에 물의 단위중량을 곱하면 된다. 위와 같은 압력을 **침투수압**(浸透水壓, Seepage force)이라 한다.

$$j = \gamma_\omega\, h \qquad (4.45)$$

4.7 분사현상과 침윤세굴

그림 4-22와 같이 침투가 상향이면 유효응력은 정수압인 경우에 비해 $\gamma_\omega\,h$만큼 감소한다.

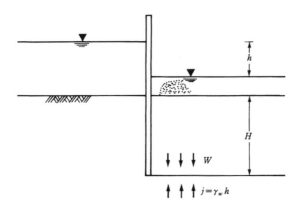

[그림 4-22] 분사현상 설명도

$$W' = \gamma_{\mathrm{sub}}\,z - \gamma_\omega\,h \tag{4.46}$$

만일 손실수두 h를 점차 증가시키면 동수구배 i가 커지므로 유출량도 따라서 증가한다. 이때 h의 증가로 인하여 침투압이 유효응력보다 커지면 지반에 있는 흙을 분출하게 되고 유출수량이 급격한 증대현상을 나타낸다.

이와 같은 침투수압의 작용으로 흙이 분출하는 현상을 **분사현상**(噴砂現象, quick sand)이라고 한다.

분사현상이 발생되려고 하는 순간의 침투수압과 유효응력은 동일한 값이 되므로 다음의 등식이 성립된다.

$$\gamma_{\mathrm{sub}}\,H = \gamma_\omega\,h$$

$$i_c = \frac{h}{H} = \frac{\gamma_{sub}}{\gamma_\omega} = \frac{G_s-1}{1+e} \tag{4.47}$$

이때의 동수경사 i_c를 **한계동수경사**(限界動水傾斜, critical hydraulic gradient)라 한다. 분사현상이 발생하지 않는 조건은 $i < i_c$이며, 안전율이 1보다 커야 한다.

분사현상에 있어서 안전율 F는 (4.48)

$$F = \frac{G_s - 1}{1 + e} = / \frac{h}{H} = \frac{i_c}{i} \geq 1, \text{ 분사현상이 일어나지 않는다.}$$ (4.49)

분사현상이 일어나는 조건하에서는 침투수에 흙 입자가 섞여서 하류측으로 흘러나오게 되며, 이러한 현상이 진전되면 파이프 모양의 동공이 생기게 되어 결과적으로 구조물을 파괴하게 된다. 이와 같은 현상을 **침윤세굴**(浸潤洗掘) 또는 **piping현상**이라 한다. 수리 구조물의 뒷굽이나 널말뚝의 하류면과 같이 집중된 곳에서 분사현상이 많이 발생되는데 이것을 방지하기 위해서는 이 부분의 경계면에 filter층을 설치하여 세립분의 유실을 막아야 한다. filter층은 흙의 유실을 막을 수 있는 입도로써 투수성이 양호한 재료를 사용해야 한다. filter층 재료의 기준은 다음과 같다.

$$\frac{D_{15(f)}}{D_{15(s)}} = 12 \sim 40, \qquad \frac{D_{50(f)}}{D_{50(s)}} = 12 \sim 50$$

여기에서, $D_{15(f)}$, $D_{50(f)}$: filter층 재료의 통과 백분율 15%, 50% 입경

$D_{15(s)}$, $D_{50(s)}$: 제체에 사용한 재료의 통과 백분율 15%, 50% 입경

침윤세굴의 방지 대책으로는 동수경사를 저하시키기 위하여 침투유로를 길게 하는 방법이 많이 사용되고 있다. 댐 하류 선단부에 널말뚝을 박거나 상류 측에 차수판(遮水板)을 설치하며 흙댐의 중앙부에 심벽(Core)을 설치하여 유로를 크게 하는 방법이 있다.

예제 4-12

그림 4-23에 나타나 있는 널말뚝의 안전율을 구하여라. 단 이 흙의 포화단위 중량은 1.8tf/m³이다.

풀 이

침투 시작 지점에서 종료 지점까지의 전유효중량은

$$W' = V(\gamma_{\text{sat}} - \gamma_\omega) = H \times \frac{1}{2} H \times 1 (\gamma_{\text{sat}} - \gamma_\omega)$$

$$= 6 \times 12 \times 1 \times (1.8 - 1) = 57.6 \, \text{tf}$$

침투 시작 지점은 침투거리의 절반 길이인 C, D지점이며 전수두는 다음과 같다.

$$C \text{ 지점의 전수두} = \frac{5}{11} \times 14 = 6.36 \, \text{m}$$

$$D \text{ 지점의 전수두} = \frac{2.8}{11} \times 14 = 3.56 \, \text{m}$$

$$\text{평균 전수두} = \frac{1}{2}(6.36 + 3.56) = 4.96 \, \text{m}$$

$C - D$지점의 전수두 4.96m는 침투 종료지점인 $A - B$지점에서는 0이 되므로 평균 손실수두(h_{ave})는 침투과정에서 손실된 전수두와 동일하다.

$$\text{평균손실수두 } h_{\text{ave}} = \left(\frac{5 + 2.8}{11} \right) \times \frac{1}{2} h$$

$$= \frac{7.8}{11} \times \frac{1}{2} \times 14 = 4.96 \, \text{m}$$

$$\text{동수경사 } i_{\text{ave}} = \frac{4.96}{12} = 0.413$$

따라서,

$$\text{침투수압 } J = i \, \gamma_\omega \, V = 0.413 \times 1 \times 6 \times 12 \times 1 = 29.74 \, \text{tf}$$

$$\text{안 전 율 } F = \frac{57.6}{29.74} = 1.94$$

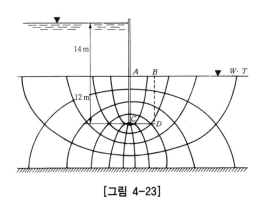

[그림 4-23]

예제 4-13

그림 4-24에서 A-A면에 작용하는 유효수직응력을 계산하고, 분사현상 여부를 검토하시오.
(단, 흙의 포화단위중량(γ_{sat})는 1.8gf/cm^3, 간극비(e)는 1.5, 비중(G_s)는 2.66이다.)

풀 이

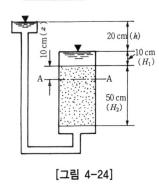

[그림 4-24]

$$\text{전응력} = \gamma_\omega H_1 + \gamma_{\text{sat}} z$$
$$= 1 \times 10 + 1.8 \times 10 = 28\,\text{gf/cm}^2$$

$$\text{간극수압 } u = \gamma_\omega \left(H_1 + z + \frac{h}{H_2} z \right)$$
$$= 1 \times \left(10 + 10 + \frac{20}{50} \times 10 \right) = 24\text{gf/cm}^2$$

$$\text{유효응력 } \sigma' = \sigma - u = 28 - 24 = 4\text{gf/cm}^2$$

$$\sigma' = \gamma_{\text{sub}} z - \frac{h}{H_2} z\, \gamma_\omega$$

$$= 0.8 \times 10 - \frac{20}{50} \times 10 \times 1 = 4\text{gf/cm}^2$$

$$\text{분사현상} = \frac{i_c}{i} = \frac{\dfrac{G_s - 1}{1 + e}}{\dfrac{h}{H}}$$

$$= \frac{\dfrac{2.66 - 1}{1 + 1.5}}{\dfrac{20}{50}} = 1.66$$

안전율이 1보다 높아 분사현상이 발생하지 않는다.

4.8 흙의 동상

겨울철에 대기의 온도가 0°C 이하로 내려가면 지표면의 물이 얼기 시작한다. 추위가 심하고 오래 계속되면 흙 속의 물은 동결하여 얼음층을 형성하고 점차로 하부로 확대된다. 물이 얼어서 얼음이 되면 체적 팽창이 9% 정도 발생되어 지표면을 부풀어오르게 하는데, 이와 같이 흙이 동결하여 지표면을 솟아오르게 하는 현상을 **동상**(凍上, frost heave)이라고 한다.

0°C 이하의 온도가 계속되어도 지표면 아래에는 0°C인 지반선이 존재하는데 이것을 **동결선**(凍結線, frost line)이라고 한다. 동결선 위에 있는 흙 중에서 상대적으로 간극이 큰 흙에 물이 존재한다면, 작은 간극의 물보다 온도의 하강이 빠르므로 먼저 얼음의 결정체를 형성한다. 이 얼음결정체는 인접해 있는 간극의 물을 끌어들여 결정이 점차 커진다. 이와 같은 작용이 계속되면 인접된 간극은 비어 있게 되며 모관상승작용으로 지하수면 아래의 물을 빨아올린다. 이와 같은 과정을 반복하여 형성된 얼음의 결정을 **아이스 렌스**(ice lense)라고 한다. 지표면이 부풀어 오르는 것은 주로 아이스 렌스 때문이라고 한다.

해빙기가 되면 온도가 상승하여 동결되었던 얼음을 녹이기 시작한다. 이때 흙 속의 함수비는 얼기 전보다 훨씬 크다는 사실을 알게 된다. 이것은 아이스렌스의 형성과정에서 지하수면 아래의 수분을 빨아올려 동결시켰기 때문이다.

이러한 현상을 **융해**(融解, thawing)또는 연화현상(軟化現象, frost boil)이라고 한다.

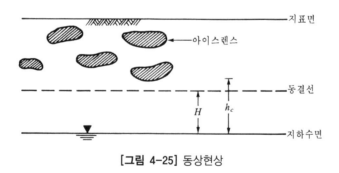

[그림 4-25] 동상현상

동상을 일어나게 하는 주된 요소는 다음과 같다.
① 동상을 받기 쉬운 흙이 존재해야 한다.
② 0°C 이하의 온도가 오랫동안 지속되어야 한다.

③ 아이스 렌스를 형성할 수 있도록 물의 공급이 충분해야 한다(모관상승고의 크기(h_c)가 지하수면과 동결선 사이의 거리(H)보다 클 때).

④ 흙의 모관상승고가 클수록 영향이 크다.

⑤ 흙의 투수성이 클수록 영향이 크다.

동상을 가장 받기 쉬운 흙은 실트이다. 이것은 투수성과 모관상승고가 모두 큰 흙이기 때문이다. 조립토는 투수성은 좋으나 모관상승고가 아주 작기 때문에 영향이 적으며, 점토는 동상의 영향을 받으나 불투수성에 가까워서 물의 공급이 충분하지 않다.

동상에 대한 방지대책에는 다음과 같은 방법이 있다.

① 배수구 등을 설치하여 지하수위를 저하시키는 방법

② 모관수의 상승을 차단하기 위하여 조립토 층을 지하수면보다 위에 설치하는 방법

③ 동결 깊이 상부에 있는 흙을 동결되지 않는 흙으로 치환하는 방법

④ 지표의 흙을 화학약액으로 처리하는 방법

⑤ 흙속에 단열재를 매입하는 방법

동상과 융해에 대한 피해를 입지 않기 위해서는 구조물의 기초를 동결 깊이 아래에 설치하는 것이 바람직하다. 도로포장의 경우에는 보조기층 아래에 자갈층을 두어 모관상승으로 인한 지하수의 공급을 차단하여야 한다.

[**문 4.1**] 길이 2m, 단면적 20cm²인 흙시료에 물을 흘려보낼 때 유량을 산출하여라. 단, 이 시료의 투수계수는 3.15×10^{-2}cm/sec이고, 상하류의 수두차는 3 m이다.

답) $Q = 0.945$cm³/sec

[**문 4.2**] 모래를 투수시험한 결과 간극비 0.8일 때 투수계수는 2×10^{-2}cm/sec이었다. 같은 모래를 다짐하여 간극비를 0.4로 감소시켰을 때 투수계수를 구하여라.

답) $k_2 = 5 \times 10^{-3}$cm/sec

[**문 4.3**] 정수위 투수시험을 하였다. 300mm의 수두차로 흙 속을 통과한 물이 5분 동안에 300cc이었다. 시료의 직경은 4.0cm이고 길이는 10.0cm라고 할 때 이 흙의 투수계수는 얼마인가?

답) $k = 2.65 \times 10^{-2}$cm/sec

[**문 4.4**] 어떤 점토에 대하여 변수위 투수시험을 한 결과 다음과 같다. 표준 온도에서의 투수계수와 침투속도를 구하여라.

stand pipe의 내경	5.0mm
시료의 직경	10.0cm
측정 개시시간(t_1)	10시 30분
측정 종료시간(t_2)	10시 50분

t_1시간의 stand pipe 수위(h_1)	140cm
t_2시간의 stand pipe 수위 (h_2)	110cm
시료의 길이	12.0cm

답) $k = 6.02 \times 10^{-6} \text{cm/sec}$

[문 4.5] 유효경이 0.06mm, 0.25mm인 두 종류의 흙이 있다. 투수계수를 Hazen식으로 구하여라.

답) $k = 3.6 \times 10^{-3} \text{cm/sec}$
$k = 6.25 \times 10^{-2} \text{cm/sec}$

[문 4.6] 현장투수시험에서 시험우물을 중심으로 방사선상 10m(No.1)와 20m(NO.2)에 관측우물을 설치하였다. 시험우물에서 매분 5000cm^{3}의 물을 펌핑하였을 때 No.1의 지하수가 29.40m, No.2의 지하수위가 39.80m일 때 정상상태에 달하였다. 이 지반의 투수계수를 구하여라.

답) $k = 2.55 \times 10^{-6} \text{cm/sec}$

[문 4.7] 비중 2.80, 간극률이 50%인 흙이 분사현상을 일으키는 한계동수경사를 구하여라.

답) $i_c = 0.9$

[문 4.8] 그림 4-26과 같은 실트질 모래층에 지하수면 위 2.0m까지 모세관 영역이 존재한다. 이때 모세관 영역 바로 아랫부분(B점 아래)의 유효응력을 구하시오. (단, 실트질 모래층의 간극비(e_o): 0.50, 비중(G_s): 2.67, 모세관 영역의 포화도(S): 60%)

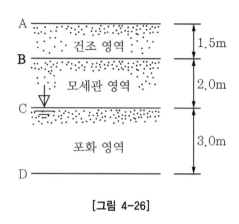

[그림 4-26]

답) $\sigma' = 3.87\,\mathrm{tf/m^2}$

[문 4.9] 지하수위가 지표면에 일치된 어떤 지반에서 수위가 강하하여 지표면으로부터 2m 내려갔다. 수위강하 후에도 지표면까지 모관압력에 의해 포화된 것으로 보고 지표면으로부터 3 되는 곳의 유효응력의 변화량을 구하여라.
단, 흙층의 두께는 5m이고 포화단위중량은 2.0tf/m³이다.

답) $\Delta\sigma' = 2\,\mathrm{tf/m^2}$

[문 4.10] 내경 0.2mm인 유리관을 수중에 세웠을 때 모관수두를 계산하여라.
단, 접촉각을 0°, 수온은 15℃이다.

답) $h_c = 15\,\mathrm{cm}$

[문 4.11] 그림 4-27에서 보는 바와 같이 지중에서 폭 5m의 모래층 속으로 지하수가 흐르고 있다. 24m의 거리를 두고서 수두를 측정한 결과 기준면으로부터 50m와 46m였다. 모래의 투수계수가 3.0×10^{-2}cm/sec일 때 1일간 이 모래층을 단위폭당 침투하는 유량을 계산하여라.

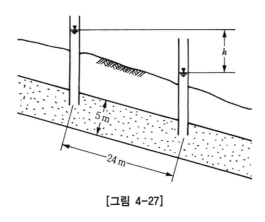

[그림 4-27]

답) $Q = 21.6 \, \text{m}^3/\text{day}$

[문 4.12] 습윤단위중량이 1.65tf/m³, 수중단위중량은 0.8tf/m³일 때 그림 4-28의 $x - x$면에 작용하는 유효응력은?

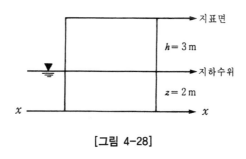

[그림 4-28]

답) $\sigma' = 6.55 \, \text{tf/m}^2$

[문 4.13] 그림 4-29와 같은 제체 내에 생기는 침윤선을 결정하고 유선망을 작도하여라. 또 단위폭당의 침투유량을 산정하여라. 단, 제체에 사용한 흙의 투수계수는 3.4×10^{-5}cm/sec이다.

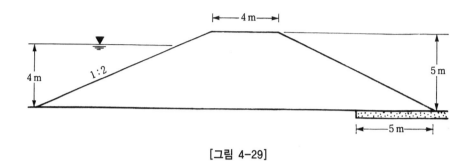

[그림 4-29]

05

·

흙의 다짐

SOIL MECHANICS

제5장

흙의 다짐

자연상태에 있는 흙을 굴착하여 도로 또는 제방 등의 흙구조물을 만드는 경우에는 흙에 인위적으로 압력을 가하여 흙의 밀도, 강도, 투수성 등의 공학적 성질을 개선시킨다. 이와 같이 인공적으로 압력을 가하는 것을 **다짐**(compaction)이라고 한다.

다짐에 대한 시험방법이 체계화된 것은 1928년과 1929년에 캘리포니아 도로국의 Proctor가 도로건설에 다짐시험을 개발한 이후부터이다. 그는 1933년에는 일정량의 에너지를 흙에 가하여 다짐하였을 때 흙의 함수비와 단위중량에 대한 관계를 결정하는 방법을 제시하였는데, 이 방법을 Proctor 방법이라고 하며 **표준 다짐방법**으로 널리 알려져 있다.

흙을 다지면 흙입자 상호 간의 간극을 좁히고 흙의 밀도가 높아진다. 또한 간극이 감소하여 투수성이 저하될 뿐 아니라 토립자 사이에 부착력도 증대되어서 흙은 역학으로 안정을 하게 된다.

5.1 실내다짐시험

실내시험에서는 주어진 몰드(mold)에 흙을 3층 또는 5층으로 나누어 넣고 각 층마다 그림 5-1에 나타나 있는 래머를 낙하시킨다. 그러면 흙에 에너지가 가해져서 다져지게 된다.

$$E_c = \frac{W_R\, H\, N_B\, N_L}{V} \tag{5.1}$$

여기서, E_c : 다짐에너지($\mathrm{kgf \cdot cm/cm^3}$)

$\quad\quad\quad W_R$: 래머의 무게(kgf)

$\quad\quad\quad H$: 래머의 낙하고(cm)

$\quad\quad\quad N_B$: 층에 대한 다짐횟수

$\quad\quad\quad N_L$: 다짐 층수

$\quad\quad\quad V$: 몰드의 체적($\mathrm{cm^3}$)

실내시험은 다짐에너지의 크기에 따라 **표준다짐시험**과 **수정다짐시험**으로 나누어진다. 표준 다짐시험은 내경 100mm, 높이 127.4mm의 몰드에 흙을 3층으로 나누어 넣고 각 층마다 2.5kgf의 래머(rammer)로 30cm의 높이에서 25회씩 자유 낙하시켜서 다짐하는 것이다.

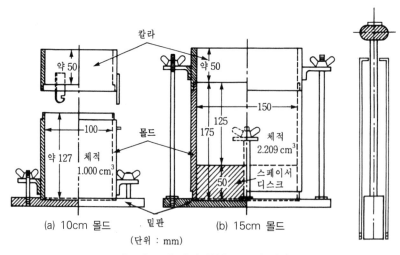

[그림 5-1] 다짐시험용 몰드와 래머

수정다짐시험에서는 내경 150mm, 높이 125.1mm의 몰드에 흙을 5층으로 나누어 넣고 4.5kgf의 래머로 45cm의 높이에서 55회씩 자유낙하시켜서 다짐한다. 한국공업규격에서는 표 5-1에 나타낸 바와 같이 몰드의 크기와 래머의 무게 등을 조합해서 다짐방법을 5가지로 나누고 있다.

동일한 시료에 대하여 함수비를 변화시키면서 다짐시험을 하면 다져진 흙의 건조단위중량은 다르게 나타난다. 이와 같은 시험결과를 그래프에 도시하면 함수비와 건조밀도 사이의 관계가 나타나는데 이 곡선을 **다짐곡선**(compaction curve)이라고 한다. 그림 5-2는 다짐곡선을 나타낸 것이다. 이 곡선을 보면 동일한 에너지로 다짐을 할 때 함수비의 증가에 따라서 건조단위중량도 함께 증가한다. 그러나 어떤 함수비에 이르면 함수비 증가와 더불어 건조단위중량이 감소한다는 사실을 알 수 있다. 다짐이 최적인 상태는 건조단위중량이 가장 큰 값을 나타낼 때이며, 이때의 건조단위중량을 **최대건조단위중량**(maximum dry unit weight, $\gamma_{d\max}$)라 하고 그때의 함수비를 **최적함수비**(optimum moisture content, OMC)라고 한다.

[표 5-1] 한국산업규격에 의한 실내다짐방법의 종류

다짐방법의 호칭명	래머무게 (kgf)	몰드 안지름 (mm)	다짐층수	1층당 다짐횟수	허용최대 입자지름 (mm)	시료의 필요량		
						건조법으로 반복	건조법으로 비반복	습윤법으로 비반복
A	2.5	100	3	25	19	5kgf	3kgf씩 8조	3kgf씩 필요
B	2.5	150	3	55	37.5	15kgf	6kgf씩 8조	6kgf씩 필요
C	4.5	100	5	25	19	5kgf	3kgf씩 8조	3kgf씩 필요
D	4.5	150	5	55	19	8kgf	–	–
E	4.5	150	3	92	37.5	15kgf	6kgf씩 8조	6kgf씩 필요

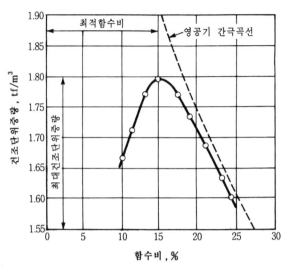

[그림 5-2] 다짐곡선

다짐한 흙의 건조단위중량을 포화도의 함수로 나타내면 다음과 같이 표시할 수 있다.

$$\gamma_d = \frac{G_s}{1 + \dfrac{\omega\, G_s}{S}}\, \gamma_\omega \tag{5.2}$$

여기서, γ_d : 흙의 건조단위중량

　　　　G_s : 흙의 비중

　　　　ω : 함수비

　　　　S : 포화도

　다짐을 한 흙 속에 공기가 존재하지 않는 상태는 포화도가 100%일 경우이다. 식(5.1)에 포화도를 100%로 하고 함수비를 변화시키면서 건조밀도를 구하여 도시한 것이 그림 5-2의 오른쪽에 나타나 있다. 이 곡선은 간극 내에 공기가 존재하지 않는 상태의 함수비-건조밀도를 나타내고 있기 때문에 **영공기간극곡선**(零空氣間隙曲線, zero-air void curve) 또는 **포화곡선**(飽和曲線, saturation ratio)이라고 말한다. 포화도가 60%, 80%, 100%일 때의 함수비-건조단위중량의 곡선을 작성하면 최대건조단위중량에서의 포화도를 추정할 수 있다.

120　토질역학

5.2 다짐의 효과

5.2.1 흙 다짐에 대한 함수비의 영향

함수상태에 따라 다짐한 흙의 성질은 차이가 있다. C.A.Hogentogler는 이것을 **수화단계**(水和段階), **윤활단계**(潤滑段階), **팽창단계**(膨脹段階), **포화단계**(飽和段階)로 나누었다.

수화단계에서는 반고체 상태로 흙이 존재하며 함수량이 부족하여 흙 입자사이에 접착이 일어나지 않고 큰 간극이 존재한다. 충격력이 주어지면 개개의 입자가 이동을 하게 되며 다짐 효과는 거의 나타나지 않는다.

함수비의 증가로 수화단계를 넘어서 윤활단계에 이르면 수분의 일부는 자유수로 존재하여 흙입자의 이동을 돕는 윤활재 역할을 하게 되고 흙 입자 상호 간에는 접착이 이루어지기 시작한다. 충격을 가하면 개개의 입자 이동은 일어나지 않고 간극비 감소로 인하여 안정상태가 된다. 함수비를 점차로 증가시키면 윤활단계에서 최적함수비와 최대건조밀도를 나타내게 된다.

최적함수비를 넘어서도 함수비가 계속 증가하게 되면 팽창단계에 이르게 된다. 이때 증가된 수분은 윤활재로서의 작용뿐만 아니라 다져진 순간에 잔류공기를 압축시키는 작용도 하게 된다. 이러한 결과로 인하여 충격이 제거되면 팽창현상이 발생된다.

포화단계에서는 팽창단계로부터 증가된 수분이 흙 입자와 치환되며 흙이 물로 포화되는 결과를 나타낸다. 건조단위중량은 흙 입자가 수분에 의해서 치환된 분량만큼 감소하게 된다.

5.2.2 다짐과 흙의 역학적 성질

흙을 다짐하면 전단강도가 증가되고 투수성이 감소되며 흙의 종류와 함수량 및 다짐에너지 등에 따라 다르게 나타난다. 입자의 크기가 상대적으로 큰 조립토는 세립토에 비하여 건조단위중량의 값이 크며 최적함수비는 낮다. 또한 다짐곡선을 관찰해 보면 세립토는 곡선의 기울기가 완만하지만 조립토는 입자가 클수록 급한 경사를 이루고 있다.

일반적으로 점착성이 없는 모래질 흙에 다짐을 하면 밀도의 증가와 더불어 전단강도가 증가하며 압축성이 감소한다. 즉, 다짐은 모래질 흙의 역학적 성질을 개선하는 효과가 크다.

한편 점토와 같은 점성을 가지고 있는 흙은 함수비에 따라 흙 입자배열이 달라진다. 그림 5-4에 나타낸 바와 같이 최적함수비를 기준으로 건조 측 함수비로 다짐하면 입자가 엉성하게 엉기는 **면모구조**를 가지게 된다. 이것은 낮은 함수비로 인하여 점토입자를 둘러싸고 있는 이온이중층이 완전히 발달할 수 없어서 입자 사이의 반발작용이 감소하기 때문이다. 이로 인하여 점토입자는 면모화를 띠고 보다 낮은 밀도를 나타낸다.

다짐 함수비가 증가하면 입자 주위의 확산성 이중층이 커져서 점토입자 사이에는 반발작용이 증가하고 면모화가 둔화되어서 건조밀도의 증가를 가져온다. 계속 함수비를 증가시키면 이중층은 더욱 커져서 입자 사이의 반발력을 계속 증가시키게 되고 이러한 영향은 입자의 구조를 **이산화**시킨다. 그러나 첨가된 물이 단위체적당 흙입자의 집중을 적게 만들기 때문에 건조단위중량은 작게 나타난다.

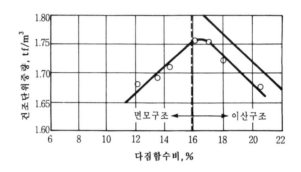

[그림 5-3] 다짐함수비와 점토구조

주어진 함수비에서 다짐에너지를 증가시키면 점토입자는 평행하게 배열하여 이산구조가 되며 입자의 간격은 더욱 가까워지고 흙의 건조밀도는 높아진다.

다짐은 점성토의 구조에 변화를 유발시키며, 그 결과 **투수성, 압축성** 및 **강도** 등을 변화시킨다. 투수계수는 다짐 함수비가 증가함에 따라 감소하는데 최적함수비의 건조 측에서 다짐을 하면 최적함수비로 접근할수록 투수계수는 현저히 감소한다. 따라서 다진 흙이 물을 충분히 흡수할 수 있는 환경에 놓여 있을 때 건조 측에서 흙을 다지면 팽창성이 크고 최적함수비에서 다질 때 흙의 팽창이 최소가 된다는 것을 알 수 있다.

다짐 점성토에 대한 압축특성을 분석한 결과, 낮은 압력에서는 습윤 측이 건조 측보다 더 큰 압축성을 나타낸다. 그러나 높은 압력에서는 이와 반대의 성질을 보이고 있다. 건조 측으로 다진 흙은 압력의 작용방향으로 입자가 배열하려는 경향과 함께 간극도 감소된다. 반면에 습윤 측으로 다진 흙은 압력이 단지 점토입자 사이의 간극만을 감소시킨다. 매우 높은 압력에서는 건조 측과 습윤 측이 동일한 구조를 가질 수 있다.

흙에서 유기물질의 함유는 흙의 강도를 감소시키기 때문에 성토재료로 적합하지 않다. 그러나 경제적 여건상 약간의 유기물을 함유한 흙이 다짐재료로 사용되는 경우도 있다.

유기질 함유율(有機質 含有率, organic content, OC)은 다음과 같이 정의할 수 있다.

$$OC = \frac{\Delta W_s}{W_s} \times 100 \tag{5.3}$$

여기서, W_s : 105°C에서 건조시킨 흙의 무게

ΔW_s : 105°C에서 400°C 사이의 온도에서 건조시킨 흙의 무게의 차

Franklin의 연구에 의하면 유기질 함유율이 8~10%를 초과하면 최대건조단위중량은 급속히 감소하며 최적함수비는 유기질 함유량에 따라 증가한다. 또한 일축압축강도도 유기질 함유율의 증가에 따라서 감소한다. 이러한 사실에서 1유기질 함유율이 10% 이상이면 다짐작업에 매우 부적당함을 알 수 있다.

일반적으로 흙에 다짐을 하면 그 성질이 개선되며 다짐의 정도가 충분하면 그 효과가 더 크다. 그러나 다짐작업이 너무 지나치면 오히려 결함이 생기는 경우도 있다. 이와 같은 현상을 **과대다짐**(over compaction)이라고 하는데 이것은 실트질 로움 등의 흙을 무거운 롤러로 전압할 때 흔히 볼 수 있다. 이 경우 전압에 의하여 흙의 건조밀도는 증가되나 지표면 부근에 있는 흙이 전단파괴를 일으켜서 흙의 전단강도를 감소시키게 된다. 이와 같은 현상은 성토한 지반을 운반 장비가 반복 통과할 때 그 궤적이 집중되는 장소에서 발생된다.

예제 5-1

어떤 흙에 대하여 다짐시험을 한 결과 아래 표와 같은 결과를 얻었다. 흙의 비중이 2.68, 몰드의 부피가 1000cm³, 몰드 무게는 1973gf이라고 했을 때 건조단위중량을 계산하여 다짐곡선과 영 공기 간극곡선을 그리고 최적함수비 및 최대건조단위중량을 구하여라. 또한 시방서에서 다짐도를 95%로 규정하였을 때 시공 함수비의 범위를 구하여라.

함수비(%)	5.6	8.9	11.0	13.9	17.9
(젖은 흙+몰드)무게(gf)	3,738	3,897	3,978	4,001	3,933

$$\gamma_t = \frac{W}{V}$$

$$\gamma_d = \frac{\gamma_t}{1 + \dfrac{\omega}{100}}$$

함수비(%)	5.6	8.9	11.0	13.9	17.9
흙의 중량(gf)	1,765	1,924	2,005	2,029	1,963
습윤밀도(gf/cm³)	1.77	1.92	2.01	2.03	1.96
건조밀도(gf/cm³)	1.67	1.76	1.80	1.78	1.66

각 함수비에 대응하는 공기간극이 0이 되는 경우의 건조밀도는 식(5.1)을 사용하여 구한다.

$$\text{간극이 0일때의 건조단위중량}(\gamma_{dzero}) = \frac{G_s}{1 + \dfrac{\omega \times G_s}{S}} \times \gamma_w$$

$$= \frac{2.68}{1 + \dfrac{\omega \times 2.68}{100}} \times 1$$

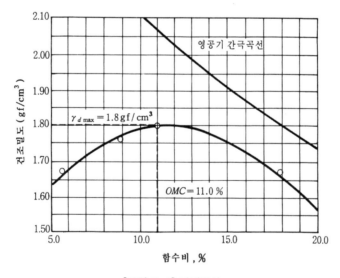

[그림 5-4] 다짐곡선

시방서에 상대다짐도가 95%이므로

$$\gamma_d = \gamma_{d\,max} \times \frac{95}{100}$$

$$= 1.8 \times \frac{95}{100} = 1.71\,\mathrm{gf/cm^3}$$

그림 5-4에서 건조단위중량 1.71gf/cm³에 대응하는 함수비를 찾으면 시공함수비의 범위는 6.5%~16.5%이다.

5.3 현장의 단위중량 측정방법

도로나 흙댐 등의 건설공사에서는 품질을 확인하기 위하여 현장의 다짐상태를 측정한다. 품질에 대한 기준은 상대다짐도(relative compaction)로 나타내며 다음과 같이 정의된다.

$$상대다짐도 = \frac{현장의\ 건조단위중량}{실내\ 다짐시험의\ 최대건조단위중량} \times 100\,(\%) \tag{5.4}$$

상대다짐도는 표준다짐의 90% 또는 수정다짐의 95% 등과 같이 말하며 이것은 토질 구조물의 중요성, 흙의 종류, 다짐의 목적 등에 따라서 달리 정해진다. 시방서에서 상대다짐도가 결정되면 최대건조밀도에 상대다짐도를 곱해서 현장에 필요한 건조단위중량을 찾고, 다짐곡선에서 이에 상응하는 함수비의 범위를 구한 후 이 범위 내의 함수비로 다짐을 하면 요구되는 다짐성과를 얻을 수 있다.

현장의 다짐에 대한 품질 확인은 현장에서 단위중량을 측정함으로써 이루어진다. 현장에서의 단위중량을 측정하는 방법에는 모래치환법, 물치환법, 기름치환법 및 γ선 산란형 밀도계에 의한 방법이 있으며, 현장의 다져진 흙을 파내어 그 흙의 중량과 함수비 및 굴토한 시험공의 체적을 측정해야 한다. 이때 흙의 중량과 함수비는 쉽게 구할 수 있으나 시험공의 체적은 형태가 일정하지 않기 때문에 간단하지 않다. 그러므로 이 시험공에 모래나 기름 또는 물 등을 부어 넣어서 사용된 양을 측정하여 부피를 구한다.

모래치환법에 의한 단위중량 측정방법의 순서는 다음과 같다.

① 그림 5-5에 나타낸 sand cone의 무게를 측정한다.

② 표준사(No.10체를 통과하고 No.200체에 남은 모래)를 sand cone의 병에 채우고 밸브를 잠근다. 깔때기에 남은 모래를 제거한 후 모래를 채운 sand cone의 무게를 측정한다.

③ 표준사의 단위중량을 구한다.

$$\gamma_{s1} = \frac{W_{s1} - W_T}{V_{s1}}$$

여기서, γ_{s1} : 표준사의 단위중량

　　　　V_{s1} : sand cone의 병 부피(일반적으로 $4l$)

　　　　W_{s1} : (모래 + sand cone) 중량

　　　　W_T : sand cone의 중량

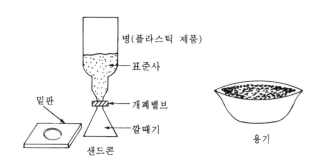

병(플라스틱 제품)

표준사

개폐밸브

밑판

깔때기

샌드콘

용기

[그림 5-5] 모래치환에 의한 현장밀도 측정기구

④ 평평한 바닥에 밑판을 놓고 sand cone을 밑판에 맞춘 후 밸브를 열어 병 속의 모래를 흐르게 한다.

⑤ 흐름이 멈추면 밸브를 잠그고 병의 무게를 포함한 남은 모래의 무게를 측정한다.

⑥ 깔때기를 채우는 데 사용된 모래의 무게를 구한다.

$$W_{s2} = W_{s1} - ⑤에서\ 측정된\ 무게$$

여기서, W_{s2} : 깔때기 속에 가득 채워진 모래의 무게

⑦ 지면을 평평하게 고른 후 밑판을 지면에 밀착시키면서 굴토하고 파낸 흙의 무게와 함수비를 측정한다.

⑧ sand cone을 거꾸로 세워서 밑판에 깔때기를 정확히 맞추고 밸브를 열어서 모래를 시험공 안에 흘려 넣은 다음 밸브를 잠근다. 남은 모래가 들어 있는 sand cone의 무게를 측정하고 사용된 모래의 무게를 계산한다.

⑨ 흙을 파낸 시험공의 부피를 계산한다.

$$V_{s2} = \frac{W_{s3}}{\gamma_{s1}}$$

여기서 W_{s3}은 시험공에 채워진 모래의 무게이다.

W_{s3} = ⑧에서 사용한 모래 무게 − 깔때기에 채워진 모래 무게(W_{s2})

V_{s2} : 흙을 파낸 시험공의 부피

⑩ 현장의 건조단위중량을 구한다.

$$\gamma_d = \frac{\gamma_t}{1 + \dfrac{\omega}{100}}$$

여기서, $\gamma_t = \dfrac{W}{V_{s2}}$

W : 시험공에서 파낸 흙 무게

ω : 함수비

현장에서 모래치환법에 의한 sand cone 시험을 실시하여 다음과 같은 결과를 얻었다. 다져진 흙의 건조단위중량과 함수비 그리고 상대다짐도를 구하여라. 실내시험 결과 이 흙의 최대건조단위중량은 1.95gf/cm^3이라고 한다.

표준사의 건조단위중량	: 1.6gf/cm^3
굴토한 흙의 무게	: $1,750\text{gf}$
굴토한 흙의 건조 무게	: $1,508\text{gf}$
모래를 가득 채운 sand cone의 무게	: $3,949\text{gf}$
시험 후 sand cone의 무게	: $1,880\text{gf}$
깔때기 속의 모래 무게	: 800gf

풀 이

굴토한 시험공에 사용된 모래의 무게

$$W_{s\,3} = 3,949 - 1,880 - 800 = 1,269\text{gf}$$

굴토한 시험공의 부피

$$V_{s\,2} = \frac{W_{s\,3}}{\text{표준사의 건조단위중량}} = \frac{1,269}{1.6} = 793.13\,\text{cm}^3$$

다짐한 흙의 현장 건조단위중량

$$\gamma_d = \frac{W_s}{V_{s2}} = \frac{1,508}{793.13} = 1.90\,\text{gf/cm}^3$$

함수비

$$\omega = \frac{1,750 - 1,508}{1,508} \times 100 = 16.05\,\%$$

상대다짐도 $\dfrac{1.90}{1.95} \times 100 = 97.4\% > 95\%$, O.K

5.4 노반 및 노상의 지지력

도로에 작용하는 교통하중은 표층에서 기층을 거쳐 노반에 전달되며 노상을 통하여 지반에 전달된다.

노반(路盤, sub-base)은 도로의 표층이나 기층의 바로 밑에 설치되는 부분으로, 인공적으로 필요한 지지력을 갖도록 축조한다. 노상(路床, subgrade)은 노반 아래에 위치하는 부분이며 인공을 가하지 않은 원지반으로 하중을 직접 지지한다.

도로나 활주로의 흙을 다지는 중요한 목적 중의 하나는 노반과 노상의 지지력을 증대시켜서 교통하중으로 인한 포장의 파괴나 변형을 방지하는 데 있다.

콘크리트의 포장과 같은 강성포장 설계에는 지반의 탄성과 압축성을 측정하는 평판재하시험 (平板載荷試驗, plate bearing test)이 이용되고 있으며 가요성포장설계에는 C.B.R 시험 (Califonia bearing ratio)을 이용한다.

5.4.1 도로의 평판재하시험

도로나 활주로 등에 있어서 기초의 지지력을 나타내는 척도에는 **지지력계수**(지반반력계수)가 있으며 콘크리트 포장의 설계에 이용된다. 지지력계수는 KS F 2310에 규정된 도로의 평판재하시험으로부터 구한다.

평판재하시험의 순서는 다음과 같다.

① 지반을 수평으로 고른다. 요철 부분이 있으면 모래를 얇게 깔아서 수평이 되도록 한다.

② 재하판을 지표면에 놓는다. 재하판은 직경이 큰 것을 밑에 놓으며 중심이 일치하도록 한다.

③ 재하판 위에 jack을 놓고 하중장치와 조합시켜 소요되는 반력이 얻어지도록 한다. 그때 하중장치의 지지점은 재하판의 바깥쪽 끝에서 1m 이상 떨어져 배치하여야 한다.

④ 침하량의 측정장치를 재하판 및 하중 장치의 지지점에서 1m 이상 떨어져 배치하고 재하판의 정확한 침하량을 측정할 수 있도록 다이얼 게이지를 부착해야 한다.

⑤ 재하판을 안정시키기 위하여 0.35kgf/cm^2의 하중을 가한다. 이때의 하중 게이지와 침하량 게이지를 읽고 그 값을 원점으로 한다.

⑥ 하중을 0.35kgf/cm^2씩 증가시키고 각 하중단계에서 침하가 정지할 때까지 기다려서 하중과 침하량을 기록한다.

⑦ 침하량이 15mm에 달하거나 하중강도가 현장에서 예상되는 가장 큰 접지압 또는 지반의 항복점을 넘으면 시험을 멈춘다.

이 시험의 결과를 이용하여 하중-침하량 곡선을 작도하고 **지지력계수**(지반반력계수)는 다음의 식으로 구한다.

$$K_d = \frac{q}{y} \tag{5.5}$$

여기서, K_d : 직경 $d(\text{cm})$의 원형 재하판을 사용하여 구한 지지력계수(kgf/cm^3)

$\quad\quad\quad y$: 지지력계수를 구할 때의 평판침하량(보통 $y = 0.125 \,\text{cm}$를 표준으로 한다)

$\quad\quad\quad q$: 재하판이 $y \text{cm}$ 침하될 하중강도(kgf/cm^2)

시험에 사용되는 평판은 직경이 30cm, 40cm, 또는 75cm의 철판이 사용되고 있다. 동일한 지반에 시험을 하여도 직경이 다른 평판을 사용하면 그 값은 직경이 작을수록 지지력계수(지반반력계수)가 크게 나타난다. 그러므로 지지력계수(지반반력계수)를 정할 때에는 재하판의 직경을 고려하여 환산하여야 한다.

$$K_{75} = \frac{1}{2.2} K_{30} \tag{5.6}$$

$$K_{75} = \frac{1}{1.5} K_{40} \tag{5.7}$$

$$K_{40} = \frac{1.5}{2.2} K_{30} \tag{5.8}$$

여기서 K_{75}, K_{40}, K_{30}은 직경이 각각 75cm, 40cm, 30cm의 재하판을 사용하여 구한 지지

력계수(지반반력계수)이다.

5.4.2 노상토 지지력비 시험(Califonia bearing ratio test)

노상토의 지지력이 큰 것은 포장의 두께를 얇게 할 수 있으나 지지력이 적으면 두껍게 하여야 한다. 이와 같이 노상토에 대한 저항력은 포장의 두께를 결정하는 데 중요한 요소이다. C.B.R 시험은 노상토의 지지력비(支持力比, Califonia bearing ratio, C.B.R)를 결정하는 시험이며 가요성포장의 두께를 결정하는 데 사용된다. 시험과정은 다음과 같다.

(1) 최적함수비 및 최대건조밀도의 결정
① 무게를 측정한 몰드에 유공밑판 및 칼라를 결합하고 저면에 스페이서 디스크를 넣고 그 위에 여과지를 깐다.
② 시료는 5층으로 나누어 몰드에 넣고 밑층의 다짐 두께가 각 25mm 정도 되도록 균일하게 55회씩 래머로 다진다. 자유낙하고는 45cm이며 콘크리트와 같이 견고한 장소에서 시험한다.
③ 4~6개의 공시체에 다짐시험을 하여 최적비함수비와 최대건조밀도를 구한다.

(2) 공시체의 다짐
① 시료 약 20kgf을 취하여 최적함수비와의 차가 1% 이내가 되도록 물을 가하여 잘 혼합하고 밀폐상자에 넣어서 수분의 증발을 방지한다.
② 무게를 측정한 3개의 몰드에 유공밑판 및 칼라를 결합하고 스페이서 디스크를 넣은 후 그 위에 여과지를 깐다.
③ 각 층에 55, 25, 10회의 다짐을 한 공시체 3개를 만든다.
④ 칼라, 유공밑판 및 스페이서를 풀어내고 여과지를 남긴 채로 몰드와 공시체의 무게를 단다.

(3) 흡수팽창실험
① 스페이서 디스크를 제거한 후 공시체를 180° 회전하여 뒤집어 놓고, 그림 5-6과 같이 여과지를 깔고 유공판과 하중판을 설치한다. 하중판은 실제의 설계하중에 상당하는 하중을 얹으며 최소 5kgf 이상이 되어야 한다.

② 수조에 담그고 몰드의 둘레에 팽창측정용 삼각을 설치하고 다이얼 게이지의 읽음을 기록한다. 4일간 매일 게이지의 읽음과 시간을 기록한다.

③ 삼각을 떼어내고 수조로부터 몰드를 꺼내어 하중판을 얹은 채로 기울여서 몰드 내에 고여 있는 물을 버린 후 15분간 놓아둔다.

④ 하중판, 유공밑판 및 여과지를 제거하고 몰드와 시료의 무게를 측정하여 평균함수비를 구한다.

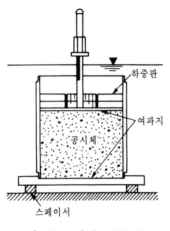

[그림 5-6] 흡수팽창시험

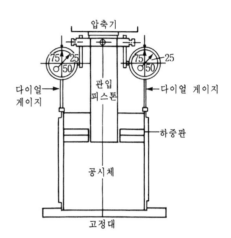

[그림 5-7] C.B.R 시험장치

⑤ 팽창비를 계산한다.

$$팽창비(\%) = \frac{게이지\ 최종\ 읽음 - 게이지\ 최초\ 읽음}{공시체\ 최초의\ 높이} \times 100 \qquad (5.9)$$

(4) 관입시험

① 흡수팽창이 끝난 공시체 위에 흡수팽창시험 때와 동일한 무게의 하중을 얹는다.

② 관입피스톤을 그림 5-7과 같이 장치한다. 피스톤을 공시체의 중앙에 놓고 공시체와 밀착시킨다.

③ 하중장치의 하중계의 읽음을 0으로 맞추어 놓는다. 다이얼 게이지를 몰드의 모서리에 놓고 그 바늘을 0에 맞춘다.

④ 1분간에 1mm의 속도로 피스톤을 관입시킨다. 관입량이 1.0, 1.5, 2.0, 2.5, 5.0, 7.5, 10.0, 12.5mm일 때의 하중을 읽고 기록한다.

⑤ 하중을 제거하고 몰드의 공시체 표면으로부터 3cm의 곳에서 흙을 채취하여 함수비를 측정한다.

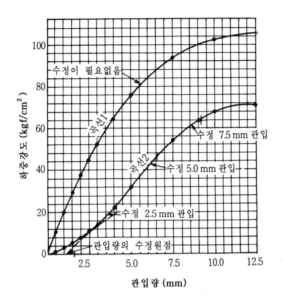

[그림 5-8] 하중강도-관입량 곡선

⑥ 시험의 결과로 부터 하중-관입량 곡선을 그린다. 그림 5-8의 곡선과 같이 위로 오목한 경우에는 변곡점을 찾고 그 점에 접선을 그려서 횡축과의 교점을 원점으로 한다.

C.B.R은 몰드에 채워넣은 다짐흙 또는 교란되지 않은 상태로 현장에서 채취한 시료에 직경 5cm의 강봉을 관입시켰을 때 관입량과 하중강도를 측정하고, 이 시험하중과 표 5-2에 나타나 있는 표준하중강도의 비를 구하는 것이다.

$$\mathrm{CBR} = \frac{q_t}{q_s} \times 100 \tag{5.10}$$

여기서, C.B.R : 관입량 y(mm)에 대한 시험하중강도와 표준하중강도의 비(%)

q_s : 관입량 y(mm)에 대한 표준하중강도(kgf/cm^2)

q_t : 관입량 y(mm)에 대한 시험하중강도(kgf/cm^2)

보통의 경우는 $y = 2.5\,\text{mm}$ 또는 $5.0\,\text{mm}$에 대한 값을 이용하고 있으며 관입깊이에 따른 표준하중강도는 표 5-2와 같다.

[표 5-2] CBR 시험의 하중강도

관입깊이 y(mm)	표준하중강도(kgf/cm^2)	전하중(kgf)
2.5	70	1,370
5.0	105	2,030
7.5	134	2,630
10.0	162	3,180
12.5	183	3,600

만약 $CBR_{5.0} > CBR_{2.5}$의 경우에는 재시험을 해야 하고 그래도 동일한 결과이면 $CBR_{5.0}$을 CBR 값으로 한다. $CBR_{2.5} > CBR_{5.0}$의 경우에는 $CBR_{2.5}$의 값으로 한다.

노반재료의 강도를 나타내는 데 현장밀도에 대응하는 CBR값을 수정 CBR이라고 한다. 수정 CBR을 구하는 순서는 다음과 같다.

① 시료를 5층으로 나누어 몰드에 넣고 각층을 55회 다짐하여 최대건조밀도와 최적함수비를 구한다.

② 최적함수비와의 차가 1% 이내가 되도록 시료를 만든 후 각층 55회, 25회, 10회 다짐 공시체 3개를 만들어 4일 간 수침한 후 건조밀도와 CBR 값을 구하여 관계곡선을 그린다.

③ 이 곡선에서 소요의 밀도에 대응하는 CBR 값을 구하면 이것이 수정 CBR 값이다.

예제 5-3

지름이 30cm인 재하판을 이용하여 어떤 노반에 평판재하시험을 실시하여 다음과 같은 결과를 얻었다. 하중강도–침하량 곡선을 그리고 지지력계수를 구하여라. 또한 K_{40}, K_{75}를 추정하여라.

하중강도(kgf/cm^2)	0	0.35	0.70	1.05	1.40	1.75
침하량(mm)	0	0.12	0.18	0.28	0.39	0.47
하중강도(kgf/cm^2)	2.10	2.45	2.80	3.15	3.50	3.85
침하량(mm)	0.64	0.80	1.00	1.42	1.82	2.15

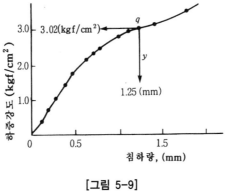

[그림 5-9]

그림 5-9로부터 지지력계수 K_{30}을 구하면

$$K_{30} = \frac{q}{y}$$

$$= \frac{3.02}{0.125} = 24.16 \text{kgf/cm}^3$$

$K_{30} = 24.16\text{kgf/cm}^3$이므로, 식(5.6), (5.8)으로 K_{75}, K_{40}을 구하면

$$K_{75} = \frac{1}{2.2} K_{30}$$

$$= \frac{1}{2.2} \times 24.16 = 10.98 \text{kgf/cm}^3$$

$$K_{40} = \frac{1.5}{2.2} K_{30}$$

$$= \frac{1.5}{2.2} \times 24.16 = 16.47 \text{kgf/cm}^3$$

예제 5-4

10회, 25회, 55회 다짐한 시료의 최대건조밀도가 1.209gf/cm^3, 1.355gf/cm^3, 1.528gf/cm^3인

시료에 CBR 시험을 실시하여 다음과 같은 결과를 얻었다. 상대다짐도 95%에 상응하는 수정 CBR 값을 구하여라. 표에 나타나 있는 단위하중은 관입시험 시에 측정된 하중을 피스톤의 단면적($A = \pi \times 5^2/4 = 19.625\,\text{cm}^2$)으로 나눈 값이다.

관입량 (mm)	단위하중(kgf/cm²)			관입량 (mm)	단위하중(kgf/cm²)		
	55 회	25 회	10 회		55 회	25 회	10 회
0	0	0	0	2.5	25.4	17.4	9.3
0.5	6.2	2.9	0.6	5.0	44.5	30.7	21.4
1.0	11.8	7.2	1.6	7.5	56.2	36.2	26.1
1.5	16.3	10.2	4.2	10.0	61.1	41.4	26.8
2.0	20.2	12.8	7.1	12.5	65.6	44.4	27.5

측정횟수	1	2	3	4	5	6
함수비(%)	13.40	18.33	20.57	23.34	26.08	30.76
건조밀도(gf/cm³)	1.437	1.517	1.534	1.531	1.504	1.404

풀 이

(1) 그림 5-10으로부터 55회 다짐 시

$$\text{CBR}_{2.5} = \frac{25}{70} \times 100 = 35.7\%$$

$$\text{CBR}_{5.0} = \frac{44}{105} \times 100 = 41.9\%$$

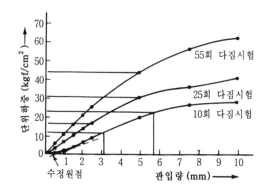

[그림 5-10] 단위하중 – 관입량 곡선

이 결과에서는 $CBR_{5.0} > CBR_{2.5}$이므로 재시험을 해야 한다. 재시험을 실시하여도 동일한 결과이면 CBR$=41.9\%$

(2) 25회 다짐 시의 CBR

$$CBR_{2.5} = \frac{17}{70} \times 100 = 24.3\%$$

$$CBR_{5.0} = \frac{31}{105} \times 100 = 29.5\%$$

55회 다짐 때와 같은 이유로 CBR $= 29.5\%$

(3) 10회 다짐 시의 CBR

$$CBR_{2.5} = \frac{12}{70} \times 100 = 17.1\%$$

$$CBR_{5.0} = \frac{23}{105} \times 100 = 21.9\%$$

동일한 이유로 CBR$=21.9\%$

10회, 25회, 55회 다짐 시의 건조단위중량이 1.209gf/cm^3, 1.355gf/cm^3, 1.528gf/cm^3이었으므로 위에서 구한 C.B.R 값과 건조단위중량의 관계곡선을 그리면 그림 5-11과 같다.

수정 CBR 값은 $\gamma_{d\max} \times 0.95 = 1.463\text{gf/cm}^3$에 상응하는 C.B.R이므로 그림 5-11에서 구하면 38.5%이다.

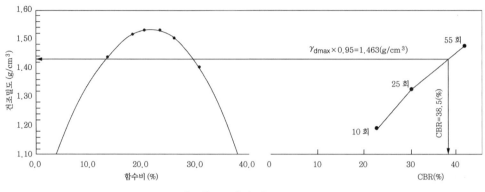

[그림 5-11] 수정 C. B. R

예제 5-5

1차선당 300대/day의 도로에 대한 concrete 포장두께를 구하라.(단, concrete의 bending strenght: 50kgf/cm², K_{30} : 17.4kgf/m³, 내구년수: 20년)

풀 이

1일 1차선의 통과대수 300대

　　자동차 풍량: 13t

　　윤하중: 5.2t

　　응력 반복횟수: 300대 × 365일 × 20년

　　　　　　　　 = 2,190,000회

　　안전율: 2

$$S = \frac{50}{2} = 25 \text{kgf/cm}^2$$

$$K_{75} = \frac{1}{2.2} K_{30}$$

$$\quad = \frac{1}{2.2} \times 17.4 = 7.91 \text{kgf/cm}^3$$

그림에서

$$K_{75} = 7.9 \text{kgf/cm}^3 \text{에 대한 계수 C=0.85}$$

$$d = \sqrt{\frac{2wc}{S}} = \sqrt{\frac{2 \times 5,200 \times 0.85}{25}} = 18.8 ≒ 19 \text{cm}$$

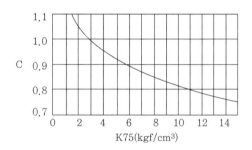

[그림 5-12] K_{75} 값에 따른 수정계수

충격을 고려하면

$$d = \sqrt{\frac{2.4wc}{S}} = \sqrt{\frac{2.4 \times 5,200 \times 0.85}{25}} = 20.6 = 21 \text{cm}$$

우각이 철근으로 보호된 경우

$$d = \sqrt{\frac{1.92wc}{S}} = \sqrt{\frac{1.92 \times 5,200 \times 0.85}{25}} = 18.4 = 19 \text{cm}$$

w의 값:

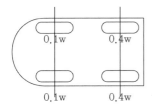

자동차 중량(t)	후륜하중(kg)
9	3,600
13	5,200
20	8,000

통과대수(응력반복횟수)	Bending Strength
1.1 만대	1.55
1.5	1.60
1.9	1.65
2.5	1.70
3.2	1.75
4.0	1.80
5.0	1.85
6.4	1.90
8.3	1.95
10.0	2.00

단, 1일 교통량 1차선 150대 미만: 9t

150~1000대 미만: 13t

1000대 이상: 20t

우각부가 철근 등으로 보호되어 있는 경우

$$d = \sqrt{\frac{2.4wc}{S/0.8}} = \sqrt{\frac{1.92wc}{S}}$$

예제 5-6

1차선 당 8000대/day의 도로에 대한 아스팔트 포장두께를 구하시오.
(단, 노상토의 CBR : 3.8%, 상층노반의 수정 CBR : 65%, 하층노반의 수정 CBR : 12%)

풀 이

그림에서 CBR 3.8과 C 곡선에서 72cm이
므로 합계 포장두께=표층+기층+노반=72cm
≒75cm

하층노반의 수정 CBR이 12인 현지재료를
사용하면

표층+기층+상층노반=35cm

따라서 하층노반두께=75-35=40cm

상층노반의 수정 CBR이 65인 양질재료
를 사용하면

표층+기층=12cm

따라서 상층노반두께 = 35-12 = 23cm

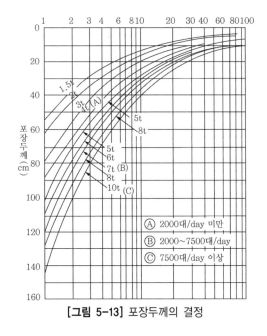

[그림 5-13] 포장두께의 결정

최종 도로포장두께의 설계는 아래와 같다.

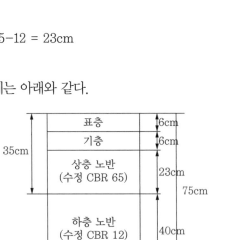

‥ 연습문제 ‥

[문 5.1] 도로 지반에 직경 30cm의 재하판으로 평판재하시험을 실시하였다. 1.25mm 침하될 때 하중강도가 2.5kgf/cm^{2}일 때 지지력계수를 구하여라.

답) $K_{30} = 20 \text{kgf/cm}^3$

[문 5.2] 지름이 30cm인 재하판을 이용하여 평단재하시험을 한 결과 지지력계수 18.5kgf/cm^{3}을 얻었다. 40cm의 재하판을 사용했을 때의 지지력계수를 추정하여라.

답) $K_{40} = 12.61 \text{kgf/cm}^3$

[문 5.3] 현장에서 모래치환법으로 다음의 결과를 얻었다. 현장 흙의 건조단위중량과 이 흙의 상대다짐도를 구하여라.

시험공에서 파낸 흙의 무게	$W = 1590 \text{gf}$
시험공에서 채취한 흙의 함수비	$\omega = 15\%$
시험공에 채워진 모래의 무게	$W' = 1380 \text{gf}$
표준사의 건조단위중량	$\gamma_{ds} = 1.65 \text{gf}$
실내에서 구한 최대건조단위중량	$\gamma_{d\max} = 1.72 \text{gf/cm}^3$

답) $\gamma_d = 1.65 \text{gf/cm}^3$, 다짐도=96%

[문 5.4] 성토용 흙으로 다짐시험을 하여 다음의 결과를 얻었다. 다짐곡선과 영공 기간극곡선을 그리고 최적함수비와 최대건조단위중량을 구하여라. 단 몰드의 부피는 $1,000\text{cm}^3$이고 비중은 2.2이다.

측정번호	1	2	3	4	5	6
습윤토중량(gf)	1,690	1,820	1,880	1,850	1,790	1,720
함수비(%)	5.7	8.7	11.6	14.2	16.4	18.5

답) OMC=10.8%, $\gamma_{d\max} = 1.69\text{gf/cm}^3$

06

·

지반 내의 응력분포

SOIL MECHANICS

제6장

지반 내의 응력분포

6.1 집중하중으로 인한 응력의 증가

지표면에 하중이 작용할 때 이 하중으로 인하여 지반 내에 생기는 응력은 탄성론을 이용하여 계산할 수 있다. 이 이론에서는 흙이 균질하고 등방성이며 탄성체라고 가정하였다. 실제의 흙 성질은 이와 같은 가정과 상당히 차이가 있으나 얻어진 결과는 실제와 크게 어긋나지 않는다.

Boussinesq는 반 무한체로 펼쳐진 탄성지반의 표면에 집중하중이 작용할 때 흙 속의 한 요소에 생기는 응력을 다음과 같이 유도하였다.

연직응력의 증가량

$$\sigma_z = \frac{3\,P\,z^3}{2\,\pi\,R^5} = \frac{3\,P}{2\,\pi\,z^2}\cos^5\theta \tag{6.1}$$

연직전단응력의 증가량

$$\tau_{rz} = \frac{3\,P\,r\,z^2}{2\,\pi\,R^5}$$ (6.2)

수평응력의 증가량

$$\sigma_t = \frac{P}{2\,\pi}\left[\frac{3\,y^2\,z}{R^5} - (1 - 2\,\mu)\left(\frac{y^2 - x^2}{R\,r^2\,(R + z)} + \frac{x^2\,z}{R^3\,r^2}\right)\right]$$ (6.3)

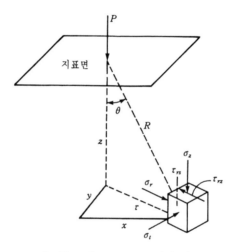

[그림 6-1] Boussinesq식의 좌표

여기서 μ는 포아송비이며 그 외의 기호는 그림 6-1에 나타나 있다.

지반을 구성하는 흙의 포아송비는 대략 $0.25 \sim 0.5$ 범위에 있으며 모래지반에서는 작고 점토 지반에서는 크다. 비배수 포화점토는 비압축성으로 간주되므로 0.5를 취한다.

지반내 응력 중에서 표면변위나 압밀침하량의 계산에 직접적으로 관계되는 것은 식(6.1)의 σ_z이다. 이 식을 더 간단하게 표시하면,

$$\sigma_z = I_B\left(\frac{P}{z^2}\right)$$ (6.4)

여기서, $I_B = \dfrac{3\,z^5}{2\,\pi\,R^5} = \dfrac{3}{2\,\pi\left[1+\left(\dfrac{r}{z}\right)^2\right]^{5/2}}$

I_B를 영향계수 또는 Boussinesq지수라 하며 $r\,/\,z$의 함수로서 그림 6-2를 이용하면 편리하게 구할 수 있다.

연직응력 증가량 σ_z의 분포는 I_B에 비례하고 z^2에 반비례한다. 하중 작용위치 바로 아래에서는 $r=0$이므로 $I_B=0.4775$이다. 따라서 하중직하(荷重直下)에서의 연직응력 증가량(σ_{zo})은,

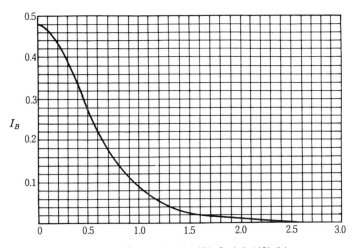

[그림 6-2] 집중하중에 의한 응력에 영향계수

$$\sigma_{z0} = \frac{3}{2\,\pi}\cdot\frac{P}{z^2} = 0.4775\,\frac{P}{z^2} \tag{6.5}$$

로 된다.

예제 6-1

100tf의 집중하중이 지표면에 작용할 때에 하중이 작용한 지점 바로 아래 10m 깊이에서의 연직응력 증가분을 구하여라. 또 하중점에서 수평으로 5m 거리에 있는 지점의 아래 10m 깊이에서의 연직응력 증가분을 구하여라.

$$\sigma_{z0} = 0.4775 \; \frac{P}{z^2} = 0.4775 \times \frac{100}{10^2} = 0.4775 \mathrm{t\,f/m^2}$$

식(6.1)에서

$$\sigma_z = \frac{3 \, P \, z^3}{2 \, \pi \, R^5}$$

$$R = \sqrt{r^2 + z^2} = \sqrt{5^2 + 10^2} = 11.18\mathrm{m}$$

$$\sigma_z = \frac{3 \times 100 \times 10^3}{2 \times 3.14 \times 11.18} = 0.273 \mathrm{t\,f/m^2}$$

6.2 원형 등분포하중을 받는 경우

지표면에 원형분포하중을 받는 경우에는 그림 6-3에서 $d P = q r d \theta \, dr$을 집중하중으로 보고 $d \theta$에 대한 연직응력 $d \sigma_z$를 식(6.1)에 의해서 구한다.

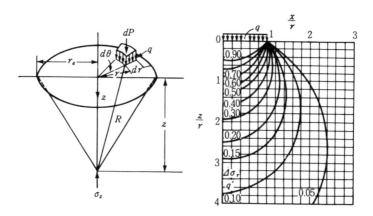

[그림 6-3] 원형하중에 의한 응력분포 및 압력구근도

$$d\,\sigma_z = \frac{3\,dP\,z^3}{2\,\pi\,R^5} \tag{6.6}$$

위의 식을 반경 r인 원 전체에 대하여 적분하면

$$\sigma_z = \int_0^r \int_0^{2z} d\,\sigma_z \, d\theta \, dr$$

$$= q\left[1 - \left\{\frac{1}{1+(r/z)^2}\right\}^{3/2}\right] = q \cdot I_B \tag{6.7}$$

그림 6-3은 반경이 r인 원형의 등분포하중 q가 작용할 때 반무한 탄성체 내에 생기는 연직응력의 변화를 나타낸 것이다. 이 그림에서 구해진 값은 지표면에 작용하는 하중으로 말미암아 생긴 응력 증가분이므로, 어떤 토층 깊이에서의 전체 연직응력은 흙 자체의 무게로 인한 압력을 합산하여야 한다. 그림을 관찰해 보면 지표면에 작용하는 하중으로 인하여 생기는 연직응력이 미치는 범위를 추정할 수 있다. 즉, 연직응력 증가분이 같은 값을 나타내는 점을 연결하면 구(球)의 모양을 하고 있다. 일반적으로 $0.10q$ 내의 체적을 압력구근(壓力球根, Pressure bulb)이라고 하며 압력구근 바깥에 있는 연직응력 증가량은 거의 무시할 수 있다.

예제 6-2

6m 직경의 물탱크가 지표면에 놓여 있다. 물탱크 중심과 가장자리 아래 4m 깊이에서의 연직응력 증가량을 구하여라. 단, 물탱크의 하중은 10tf/m^2이다.

풀 이

중심 아래 4m 깊이의 연직응력 증가량

$$\frac{x}{r} = 0, \quad \frac{z}{r} = \frac{4}{3} = 1.33$$

그림 6-3에서 $\sigma_z/q = 0.5$

$$\sigma_z = 0.5q = 0.5 \times 10 = 5\mathrm{tf/m^2}$$

가장자리 아래 4m 깊이의 연직응력 증가량

$$\frac{x}{r} = 1.0, \qquad \frac{z}{r} = \frac{4}{3} = 1.33$$

그림 6-3에서 $\sigma_z/q = 0.28$

$$\sigma_z = 0.28q = 0.28 \times 10 = 2.8\mathrm{tf/m^2}$$

6.3 직사각형 등분포하중을 받는 경우

그림 6-4의 좌측에 나타나 있는 $B = mz$, $L = nz$인 직사각형 기초에 등분포하중 q가 작용할 때 O점 바로 아래 깊이 z에서의 연직응력 증가량은 다음 식으로 표시된다.

$$\sigma_z = q \times I_B \tag{6.8}$$

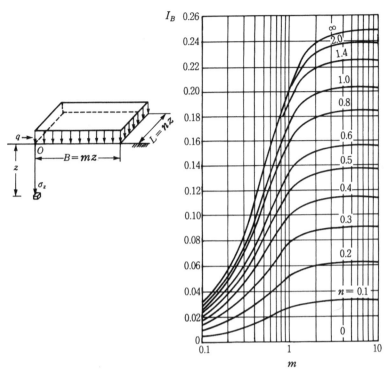

[그림 6-4] 직사각형 등분포하중이 작용할 때 영향계수(I_B)

I_B는 영향계수이며 다음과 같다.

$$I_B = \frac{1}{2\pi}\left\{\frac{mn}{\sqrt{m^2+n^2+1}}\cdot\frac{m^2+n^2+2}{(m^2+1)(n^2+1)} + \sin^{-1}\frac{mn}{\sqrt{(m^2+1)(n^2+1)}}\right\}$$

여기서, $\quad m = \dfrac{B}{z}, \qquad n = \dfrac{L}{z}$

영향계수 I_B는 그림 6-4를 이용하면 간편하게 구할 수 있다.

직사각형 안의 어떤 점 또는 재하단면 바깥쪽의 한 점 아래의 연직응력 증가량은 그 점이 직사각형의 한 모서리가 되도록 나누어서 각 직사각형에 대한 값을 가감하여 계산한다.

예제 6-3

1.0m×1.5m인 직사각형 기초에 50ton의 집중하중이 균등하게 분포하여 작용한다.

(a) 그림 6-5에서 직사각형 단면의 중심점 아래 2m 지점에 대한 연직응력 증가량을 구하여라.

(b) 또한 GF점 아래 2m 깊이에서의 연직응력 증가량을 구하여라.

풀 이

(a) 전체 재하면 JELK를 C점이 한 모서리가 되도록 직사각형을 4개 만든다. 각 직사각형에 대한 I_B를 구하기 위하여 m, n을 계산하면,

$$m = 0.5 / 2.0 = 0.25$$
$$n = 0.75 / 2.0 = 0.375$$

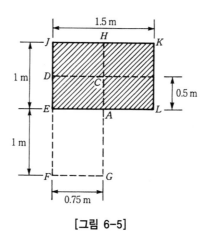

[그림 6-5]

그림 6-4에서 $m = 0.25$, $n = 0.375$에 대한 영향계수를 구하면

$$I_B = 0.038$$

따라서,

$$\sigma_z = 4\,q_s\,I_B = 4 \times \frac{50}{1.5 \times 1.0} \times 0.038 = 5.1\,\mathrm{tf/m^2}$$

(b) G점이 직사각형 단면의 한 모서리가 되도록 나누면

$\square$AHJE $= \square$GHJF $- \square$GAEF

$\square$GHJF에 대한 $m = 0.75 / 2.0 = 0.375$, $n = 2.0 / 2.0 = 1$

$m = 0.375$, $n = 1.0$에 대한 영향계수를 구하면 $I_B = 0.098$

$\square$GAEF의 영향계수를 구하면

$m = 0.75 / 2 = 0.375$, $n = 1.0 / 2 = 0.5$일 때 $I_B = 0.068$

따라서 G점 아래 2m 깊이에서의 연직응력 증가량은

$$\sigma_z = 2 \times \frac{50}{1.5 \times 1.0} \times (0.098 - 0.068) = 2.0 \mathrm{tf/m^2}$$

6.4 제상하중이 작용하는 경우

하천제방이나 도로, 철도의 성토와 같이 지표면에 길이 방향으로 사다리꼴 하중이 작용하는 경우가 있다. 이와 같은 제상하중(堤状荷重)에 의해서 생기는 지반 내의 증가 응력은 Osterberg(1957년)가 제안한 실용적인 도표를 이용하여 계산하는 것이 편리하다. 이 도표에서는 사다리꼴의 치수 a와 b를 알고자 하는 깊이 z로 나누어서 영향계수를 구하고 연직응력 증가량을 식(6.8)을 이용하여 계산한다.

영향계수 I_B는 연직응력을 구하려는 점의 위치관계와 단면의 형태에 따라 다르다. 자세한 계산방법은 다음의 예제에서 설명하기로 한다.

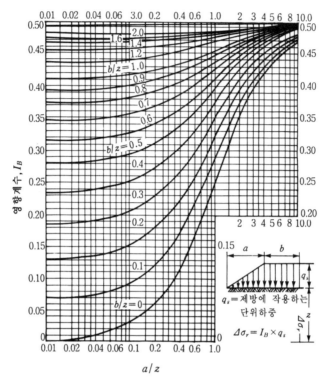

[그림 6-6] Osterberg의 연직응력 영향계수

그림 6-7과 같은 긴 제방이 지표면 위에 성토되었다. 지표면 아래 5m 깊이에 있는 O, P, Q, R점에서의 응력 증가량을 결정하여라. 단, 성토한 흙의 단위중량은 1.8tf/m^3이다.

풀 이

그림 6-6을 참고로 하여 O, P, Q, R점에 대한 I_B를 구하고 각각의 경우에 대한 σ_z를 식 (6.8)로 구한다($q = 1.8 \times 5.0 = 9.0\text{tf/m}^2$).

(1) O점의 σ_z

$I_B(\text{abcf}) = I_B(\text{cdef})$이므로 $a/z = 7.5/5 = 1.5$, $b/z = 5/5 = 1.0$

그림 6-6에서 $I_B = 0.464$

따라서,

$$\sigma_z = 2\,I_B(\mathrm{abcf})\cdot q = 2 \times 0.464 \times 9.0 = 8.35\,\mathrm{tf/m^2}$$

(2) P점의 σ_z

    $I_B(\mathrm{abg})$에 대한 $a/z = 7.5/5 = 1.5,\;\; b/z = 0$ 이므로 $I_B(\mathrm{abg}) = 0.315$

    $I_B(\mathrm{bdeg})$에 대한 $a/z = 7.5/5 = 1.5,\;\; b/z = 10/5 = 2$이므로 $I_B(\mathrm{bdeg}) = 0.487$

따라서,

$$\sigma_z = I_B(\mathrm{abg})\cdot q + I_B(\mathrm{bdeg})\cdot q = (0.315 + 0.487) \times 9.0 = 7.22\,\mathrm{tf/m^2}$$

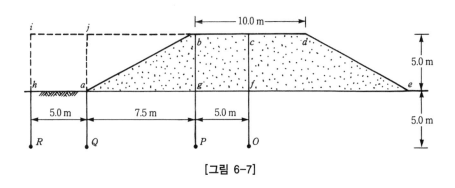

[그림 6-7]

(3) Q점의 σ_z

    $I_B(\mathrm{ajde})$에 대한 $a/z = 7.5/5 = 1.5,\;\; b/z = 17.5/5 = 3.5$이므로

    $I_B(\mathrm{ajde}) = 0.491$

    $I_B(\mathrm{ajb})$에 대한 $a/z = 7.5/5 = 1.5,\;\; b/z = 0$이므로 $I_B(\mathrm{ajb}) = 0.315$

따라서,

$$\sigma_z = I_B(\mathrm{ajde})\cdot q - I_B(\mathrm{ajb})\cdot q = (0.491 - 0.315) \times 9.0 = 1.58\,\mathrm{tf/m^2}$$

(4) R점의 σ_z

$\quad I_B(\text{hide})$에 대한 $a/z = 7.5/5 = 1.5, \quad b/z = 22.5/5 = 4.5$이므로

$\quad I_B(\text{hide}) = 0.495$

$\quad I_B(abih)$에 대한 $a/z = 7.5/5 = 1.5, \quad b/z = 5/5 = 1.0$이므로

$\quad I_B(\text{abih}) = 0.464$

따라서,

$$\sigma_z = I_B(\text{hide}) \cdot q - I_B(\text{abih}) \cdot q = (0.495 - 0.464) \times 9.0 = 0.28\,\text{tf/m}^2$$

6.5 영향원을 이용한 도해법

등분포하중이 작용할 때 z 깊이에 작용하는 연직응력 증가량을 구하는 방법으로 New Mark 영향원법이 있다.

식(6.9)에서 z를 기준선장($z = 1$)으로 놓고 $I_B = \sigma_z/q = 0.1, 0.2, 0.3, \cdots 0.8, 0.9, 1.0$을 대입하여 이들 각각의 값에 대한 반경 $r_{0.1}, r_{0.2}, r_{0.3} \cdots r_{0.8}, r_{0.9}, r_{1.0}$ 을 구하면 표 6-1과 같다.

$$\sigma_z = q \left[1 - \left\{ \frac{1}{1 + (r/z)^2} \right\}^{3/2} \right] = I_B \cdot q \tag{6.9}$$

[표 6-1] 영향원의 반경

$I_B = \sigma_z/q$	r	$I_B = \sigma_z/q$	r
0	0.0000	0.6	0.9176
0.1	0.2698	0.7	1.1097
0.2	0.4005	0.8	1.3871
0.3	0.5181	0.9	1.9083
0.4	0.6370	1.0	∞
0.5	0.7664		

이들 반경으로 동심원을 그리고 동심원을 분할하여 여러 개의 망을 만든다. 그림 6-8과 같이 방사선 간격을 18°로 하면 하나의 동심원에서 20개의 망을 얻게 되고 전체적으로는 $10 \times 20 = 200$개의 망이 구해진다. 1개의 망에 작용하는 연직응력은 $(1/200) \times \sigma_z = 0.005\sigma_z$로 되고 등분포하중 q가 작용하는 망의 수를 n이라 하면 하중으로 인한 연직응력 증가량은 다음 식으로 표시된다.

$$\sigma_z = 0.005\, n\, q \qquad\qquad (6.10)$$

영향원법으로 지중응력을 구하는 순서는 다음과 같다.

① 깊이 z에 대한 동심원의 반경을 구한다. 즉, 표 6-1의 각각의 r에 z를 곱하여 동심원 반경을 구한다.

② 축척을 결정하고 ①에서 구한 반경으로 동심원을 그리고 18° 간격으로 분할한다.

③ 동일한 축척으로 하중면의 형태를 투사지에 그린다.

④ 투사지를 영향원 위에 포개어서 구하고자 하는 점의 평면위치(O)와 영향원의 중심(O')을 일치시킨다.

⑤ 투사지 위의 하중면 안에 포함되어 있는 영향원의 망수(n)를 센다.

⑥ 망의 수(n)를 식(6.10)에 대입하여 σ_z를 계산한다.

영향원법은 연직응력을 구하려는 깊이 z가 달라지면 새롭게 도면을 작성해야 하는 번거로움은 있으나 형상이 불규칙한 경우에도 간편하게 구할 수 있다.

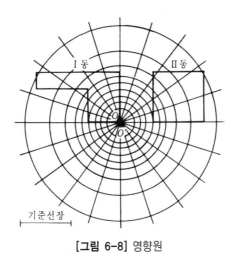

[그림 6-8] 영향원

[문 6.1] 5,000kgf의 집중하중이 지표면에 작용한다.

  (a) 이 하중의 바로 아래 3m 깊이와

  (b) 여기에서 4m 떨어진 위치에서의 연직응력 증가량은 얼마인가?

답) (a) 265.3kgf/m^2

(b) 20.6kgf/m^2

[문 6.2] 10m×10m의 부지를 3m의 깊이로 굴토하여 확대기초를 설치하려고 한다. 부지의 중심에 있는 기둥은 100tf의 하중을 받고 이 기초의 단면은 1.5m×1.5m로 설계하였다. 기둥의 기초바닥 중심 아래 3m 깊이에서의 연직응력 증가량은 얼마인가?

답) $\sigma_z = 4.97 \text{ tf/m}^2$

[문 6.3] 다음과 같은 긴 제방이 지표면에 놓여 있다. 제방 중심부에서 지표면 아래 3m와 6m 깊이에서의 응력증가량을 결정하여라. 제방재료의 단위중량은 2.0tf/m^3이다.

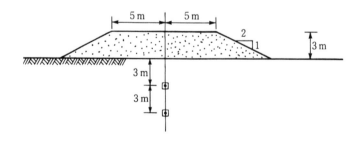

답) $\sigma_z = 5.88\text{tf/m}^2$, $\sigma_z = 5.28 \text{ tf/m}^2$

[문 6.4] 지표에 설치된 2×2m되는 정4각형 기초에 $3tf/m^2$의 등분포하중이 작용하고 있다. 하중면 아래 3m 깊이에 있어서의 연직응력 증가량을 2:1 분포법으로 구하여라.

답) $\sigma_z = 0.48 \text{ tf/m}^2$

[문 6.5] 아래와 같은 그림의 A 점 아래 깊이 5m에서의 연직응력 증가량을 구하여라. 이 직사각형 기초 위에는 100tf의 하중이 균등하게 작용하는 것으로 가정하여라.

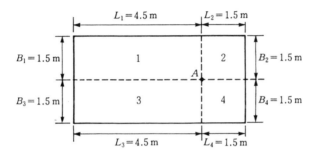

답) $\sigma_z = 3.7 \text{ tf/m}^2$

[문 6.6] 그림 6-8은 지표면 아래 10m 지점에 작용하는 응력증가량을 구하기 위하여 작도한 New Mark 영향원이다. 건물 I 동과 II동의 하중이 O점 아래 10 m 지점에 미치는 응력증가량을 구하여라. 단, 건물은 지표면 위에 놓여 있고, I 동의 등분포 하중은 $5tf/m^2$, II동은 $10tf/m^2$이다(힌트 I 동 망의 수 : 31, II동 : 11).

답) $\sigma_z = 1.325 \text{ tf/m}^2$

07

•

흙의 압밀침하

SOIL MECHANICS

흙의 압밀침하

흙의 표면에 하중이 가해지면 침하가 발생된다. 이 경우에 토립자나 간극을 채우고 있는 물의 탄성적 변형은 무시할 정도로 작다. 그러므로 침하의 발생은 흙 입자 사이의 간극을 채우고 있는 공기가 압축되거나 간극의 물이 빠져나가기 때문이라고 할 수 있다. 만일, 흙이 물로 포화되어 있다면 체적이 감소하기 위해서는 물이 배출되어야 하며, 압축속도는 물이 얼마나 빨리 빠져 나갈 수 있느냐에 달려 있다. 모래와 점토를 비교해보면, 모래는 간극비가 점토에 비해 작으므로 압축량도 작을 뿐만 아니라 투수계수가 커서 물이 순간적으로 빠져 나간다. 모래지반에 시공을 하는 경우, 건설과정에서 침하가 거의 모두 일어난다. 반면, 점토는 모래에 비하여 투수계수가 작고 간극비가 커서 오랜 기간에 걸쳐 압축되며 침하량도 모래에 비하여 대단히 크다.

위에서 언급한 바와 같이 물로 포화된 흙에 하중이 가해지면, 점토와 같은 세립토의 경우에는 간극을 채우고 있는 물이 서서히 빠져나가므로 오랜 기간 동안 침하를 하게 되는데, 이러한 침하를 **압밀침하**(壓密沈下, consolidation settlement)라고 한다. 또한 모래와 같이 조립토인 경우에는 순간적으로 침하를 하므로 **즉시침하**(卽時沈下, immediate settlement)라고 한다.

이 장(章)에서는 점토에 관련된 압밀에 관한 문제만을 취급하기로 하고 즉시침하는 뒤에 자세히 언급하기로 한다.

7.1 압밀의 원리

압밀현상을 설명하기 위하여 Terzaghi는 그림 7-1과 같이 실린더 속에 스프링을 넣고, 격리시킨 얇은 판자에 구멍을 뚫어놓는 피스톤 모형을 이용하였으며, 실린더의 내부는 물로 가득 채웠다. 최상부의 피스톤에 P의 압력이 가해지면 실린더 내부의 물은 피스톤에 뚫린 작은 구멍을 통하여 외부로 배출된다.

이 경우 압력 P에 대한 물의 저항력, 즉 외력 P에 의하여 실린더 속에 일어나는 수압의 크기와 수압의 시간적 감소비율은 피스톤에 뚫린 구멍의 개수와 직경에 관계된다. 이것은 실제의 흙에 있어서 투수성에 해당된다. 피스톤의 구멍이 작고 개수가 적으면 실린더 속의 물은 매우 서서히 배출된다. 그러나 최상부의 피스톤 위에 압력이 가해지는 순간에는 물이 외부로 배출되지 않고 스프링도 변형되지 않는다. 이때 피스톤 위에 가해진 압력 P는 아래로 전달되어 실린더 속의 물에는 정수압보다 P만큼 큰 수압이 발생한다.

이 수압을 **과잉간극수압**(過剩間隙水壓, excess pore water pressure)이라고 한다. 시간이 경과됨에 따라 실린더 속의 물은 서서히 구멍을 통하여 배출하게 되고, 스프링도 배출된 물의 양에 비례하여 변형하게 된다. 즉, 외압의 일부는 스프링이 부담하게 되며, 스프링이 부담하는 압력에 해당하는 과잉간극수압은 감소한다.

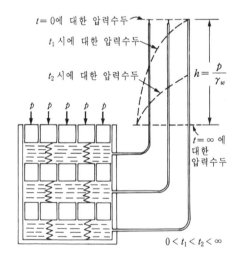

[그림 7-1] 압밀의 모형

이와 같이 스프링에 작용하는 압력을 **유효응력**(有效應力)이라 한다. 오랜 시간이 경과하면 실린더 속의 물은 더 이상 배수되지 않고 스프링도 변형을 중지한다.

이때 과잉간극수압은 모두 소멸되고 외부에서 가해진 압력 P는 스프링이 전담하게 된다. 이것으로 압밀은 완료된다.

실제의 흙에서도 압밀모형 실험에서와 같은 과정을 거쳐 압밀이 진행되고 있다. 점토층이 하중을 받으면 처음에는 하중을 간극수압이 모두 부담하며, 시간이 지남에 따라 물이 간극을 통해 빠져나가기 시작하여 과잉간극수압이 완전히 소실될 때까지 압밀이 진행된다.

7.2 압밀이론

점토층의 압밀은 3차원으로 진행하나 두께에 비하여 넓은 범위에 등분포하중이 작용하는 경우에는 압밀이 거의 일차원으로 이루어진다. Terzaghi는 간편한 해를 얻기 위하여 일차원압밀이론을 제시하였다. 그러나 이 이론은 많은 가정 하에 유도되었기 때문에 산정된 결과가 실제와 정확히 일치되지는 않는다.

Terzaghi의 1차원 압밀이론에 근거가 되는 중요한 가정은 다음과 같다.

① 흙은 전부 균질하고 완전히 포화되어 있다.
② 흙 입자와 물의 압축성은 무시한다.
③ 흙 속의 물의 이동은 Darcy법칙을 따르며 투수계수는 압력의 크기에 관계없이 일정하다.
④ 흙의 압축은 일축적으로 이루어진다.
⑤ 간극비는 유효응력 증가에 반비례하여 감소한다.

치수가 $dx \times dz \times 1$인 압축토층의 한 요소를 생각하기로 하자. 물이 연직방향으로만 흐른다고 할 때 물이 흐르는 속도를 Darcy 법칙에 의하여 구하면 $v = ki$이고 동수경사 $i = -\partial h/\partial z$이다. 여기에서 (−) 기호는 수두감소를 의미한다.

이 요소에 유입하는 유량과 유출하는 유량의 차이는 다음과 같다.

$$\Delta q = -\left(v_z + \frac{\partial v_z}{\partial z} dz\right) dx + v_z dx = -\frac{\partial v_z}{\partial z} dx \, dz$$

여기서, $v_z = -ki = -k\dfrac{\partial h}{\partial z}$ 이므로

$$\Delta q = k\frac{\partial^2 h}{\partial z^2}\,dx\,dz \tag{7.1}$$

간극의 체적은 이 요소의 체적($dx\,dz \times 1$)에 간극률을 곱한 값, 즉 $(dx\,dz)\dfrac{e}{1+e}$ 가 된다. 이 요소에 대한 시간적인 변화율은,

$$\frac{\partial V}{\partial t} = \frac{\partial}{\partial t}\left[(dx\,dz)\,\frac{e}{1+e}\right] = \frac{dx\,dz}{1+e}\,\frac{\partial e}{\partial t} \tag{7.2}$$

흙이 포화되어 있고 흙입자와 물이 비압축성이라고 가정하였으므로 간극의 감소율은 이 요소로부터 물의 유출량과 동일해야 한다. 따라서 식(7.1)과 식(7.2)를 등식으로 놓고 정리하면 식(7.3)과 같다.

$$k\,\frac{\partial^2 h}{\partial z^2} = \frac{1}{1+e}\,\frac{\partial e}{\partial t} \tag{7.3}$$

여기에서 수두(h)를 과잉간극수압(u_e)로 나타내면 $h = u_e/\gamma_\omega$이므로 이 값을 식(7.3)에 대입하고 정리하면

$$\frac{k\,\partial^2 u_e}{\gamma_\omega\,\partial z^2} = \frac{1}{1+e}\,\frac{\partial e}{\partial t} \tag{7.4}$$

Tezaghi의 가정에서 간극비는 유효응력의 증가에 반비례한다고 하였으므로 이를 정리하면

$$a_v = -\frac{\partial e}{\partial P} = \frac{e_1 - e_2}{P_2 - P_1} \tag{7.5}$$

여기서 a_v는 **압축계수**(壓縮係數, coefficient of compressibility)라고 한다. 식(7.4)에 압축계수의 개념을 적용하여 정리하면

$$\frac{k}{\gamma_\omega} \frac{\partial^2 u_e}{\partial z^2} = \frac{1}{1+e} \frac{\partial e}{\partial t} \left(- \frac{\partial p'}{\partial e} a_v \right)$$

$$= - \frac{a_v}{1+e} \frac{\partial(p - u_e)}{\partial t}$$

위 식에서 p는 일정한 값이므로 $\dfrac{\partial p}{\partial t} = 0$이다.

$$\frac{k}{\gamma_\omega} \frac{\partial^2 u_e}{\partial z^2} = \frac{a_v}{1+e} \frac{\partial u_e}{\partial t} = m_v \frac{\partial u_e}{\partial t} \tag{7.6}$$

여기서 m_v는 **체적변화계수**(體積變化係數, coefficient of volume change)라 한다.

$$\boldsymbol{m_v} = \frac{a_v}{1+e} \tag{7.7}$$

식(7.6)을 정리하면 다음과 같다.

$$\frac{\partial u_e}{\partial t} = \frac{k}{\gamma_\omega m_v} \frac{\partial^2 u_e}{\partial z^2} = C_v \frac{\partial^2 u_e}{\partial z^2} \tag{7.8}$$

$$\boldsymbol{c_v} = \frac{k}{\gamma_\omega m_v} \tag{7.9}$$

식(7.9)에서 C_v는 **압밀계수**(壓密係數, coefficient)라고 하며 그 단위는 $\mathrm{cm}^2/\mathrm{sec}$ 또는 $\mathrm{m}^2/\mathrm{year}$로 나타낸다. 식(7.8)은 일차원 압밀 미분방정식이다.

7.3 압밀도와 시간계수

압밀 미분방정식의 해는 응력과 배수조건을 고려하여 얻을 수 있다. 두께 H인 점토층이 모래층 사이에 존재할 때 초기조건과 경계조건은 다음과 같다.

지표면에 가해진 응력 Δp는 점토층 모든 점에서 간극수압으로 지지되므로

$$t = 0\text{에서} \quad u_e = u_0 = \Delta p$$

여기서 u_0는 초기과잉간극수압이다.

점투층 상면과 하면에는 배수층이 존재하므로 양면배수이며 이 두면에서의 과잉간극수압은 0이다.

$$z = 0 \text{ 에서} \quad u_e = 0$$
$$z = H \text{에서} \quad u_e = 0$$

이와 같이 초기조건 및 경계조건을 만족시키는 식(7.8)의 해는 다음과 같다.

$$u_e = \sum_{m=0}^{m=\infty} \frac{2\,u_o}{M} \left(\sin \frac{M_z}{h} \right) e^{-m^2 T} \tag{7.10}$$

여기서, $M = \dfrac{\pi}{2}(2m+1)$

$\quad m$: 정수

$\quad H$: 배수길이

$\quad z$: 점토층 상면으로부터 하향의 임의의 거리

$$T = \frac{C_v\,t}{H^2} \tag{7.11}$$

여기서, T : 시간계수(time factor : 무차원)

C_v : 압밀계수

H : 최대 배수거리(일면배수일 때는 H, 양면배수일 경우는 $H/2$)

압밀 진행 정도를 **압밀도**(壓密度, degree of consolidation)라고 정의하며 다음과 같이 표현된다.

$$U_z = \frac{u_o - u_e}{u_o} = 1 - \frac{u_e}{u_o} = \frac{e_1 - e}{e_1 - e_2} = \frac{p - p_1}{p_2 - p_1} = \frac{\Delta H_t}{\Delta H} \tag{7.12}$$

식(7.12)에서

$e_1,\ p_1$: 최초의 간극비, 유효응력

$e_2,\ p_2,\ \Delta H$: 압밀 종료 시의 간극비, 유효응력, 침하량

$u_e,\ e,\ p,\ \Delta H_t$: 임의의 경과시간 t에 있어서 간극수압, 간극비, 유효응력, 침하량

u_o : 최초의 과잉간극수압

식(7.10)을 식(7.12)에 대입하면 다음과 같이 정리된다.

$$U_z = 1 - \sum_{m=0}^{m=\infty} \frac{2}{M^2} e^{-m^2 T} \tag{7.13}$$

즉, 평균압밀도(U_z)는 시간계수(T)의 함수이고 시간계수는 압밀시간(t)의 함수라는 것을 알 수 있다.

초기 과잉간극수압이 점토층 깊이에 따라 일정한 경우에 대한 압밀도와 시간계수 및 점토층의 깊이 사이의 관계를 도표로 나타내면 그림 7-2와 같다. 또한 시간계수에 대한 평균압밀도를 식(7.13)으로 구하여 그 관계를 도시한 것이 그림 7-3에 나타나 있다.

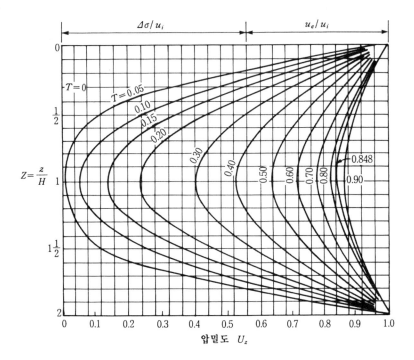

[그림 7-2] 점토층의 깊이와 압밀도의 관계

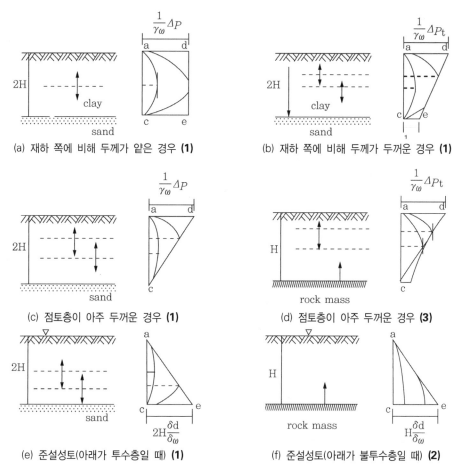

(a) 재하 쪽에 비해 두께가 얇은 경우 **(1)**

(b) 재하 쪽에 비해 두께가 두꺼운 경우 **(1)**

(c) 점토층이 아주 두꺼운 경우 **(1)**

(d) 점토층이 아주 두꺼운 경우 **(3)**

(e) 준설성토(아래가 투수층일 때) **(1)**

(f) 준설성토(아래가 불투수층일 때) **(2)**

[그림 7-3] 지반조건에 따른 평균압밀도

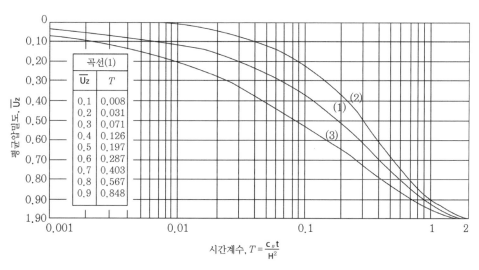

[그림 7-4] 시간계수와 평균압밀도

7.4 표준압밀시험(standard consolidation test)

표준압밀시험은 그림 7-4와 같은 압밀시험장치를 이용하여 실시한다. 하중의 전달은 가압판을 통하여 압밀링 내부의 점토시료에 전달되며 다공석판으로 간극수가 자유롭게 배수된다. 변형량 측정장치인 다이얼 게이지는 가압판의 하향 또는 상향의 수직변위를 측정한다. 흙시료는 압밀링에 의하여 횡방향 변위가 구속되어 있으므로 측정된 변위로부터 흙의 변화를 쉽게 계산할 수 있다.

압밀시험은 한국공업규격(KS F 2316)에 따르며 시험순서는 다음과 같다.

① 압밀링의 중량과 부피를 측정한다. 시료를 넣는 압밀링은 내경 60mm, 높이 20mm, 두께 2.5mm를 표준으로 한다.

② 현장에서 대표가 될 수 있는 시료를 샘플러로부터 준비한다.

③ 시료를 트리머와 줄톱을 이용하여 압밀링의 안쪽지름보다 2~3mm 크게 성형한다.

④ 비닐시트에 시료를 놓고 시료커터를 아래로 내려서 성형한다.

⑤ 성형한 시료를 압밀링에 잘 맞추어서 놓고 압축봉으로 조용히 밀어넣는다.

⑥ 압밀링 위에 솟아 있는 여분의 시료는 줄톱으로 조심스럽게 잘라낸다.

⑦ 시료가 들어 있는 압밀링의 무게를 측정한다.

⑧ 아래와 윗면에 여과지를 물에 적셔 붙인다.

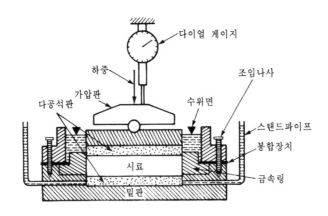

[그림 7-5] 압밀 시험 장치

⑨ 그림 7-4와 같이 압밀시험장치의 수침상자에 물을 넣고 다공석판을 놓는다.

⑩ 가압판을 놓고 다이얼 게이지를 장치한다.

⑪ 시료에 다음과 같은 하중을 단계적으로 가한다.

  0.05kgf/cm^2, 0.1kgf/cm^2, 0.2kgf/cm^2, 0.4kgf/cm^2, 0.8kgf/cm^2, 1.6kgf/cm^2,

  3.2kgf/cm^2, 6.4kgf/cm^2, 12.8kgf/cm^2

⑫ 각 하중 단계에 대한 침하량을 다음의 시간에 다이얼 게이지로 측정한다.

  8초, 15초, 30초, 1분, 2분, 4분, 8분, 15분, 30분, 1시간, 2시간, 4시간, 8시간, 24시간

⑬ 시험이 종료되면 역순으로 하중을 제거한다.

⑭ 압밀상자를 분해하여 압밀링과 시료를 꺼내어 시료의 손실이 없도록 여과지를 제거한 후 무게를 측정한다.

⑮ 시료를 건조로에 넣고 110°±5℃에서 24시간 건조시키고 건조토의 무게를 측정하여 함수비를 구한다.

이 시험 결과를 이용하여 하중단계별 시간-침하곡선과 하중-간극비를 구한다.

7.5 하중과 간극비의 관계

압밀시험은 하중을 단계별로 가하고 시간에 따라 침하량을 측정하는 시험이다. 재하판을 통하여 하중이 가해지면 시료의 간극 속에 존재하는 물이 배출되어서 간극의 감소와 함께 침하가 발생된다. 그러므로 압밀에 관한 성과를 얻기 위해서는 하중과 흙의 간극비에 대한 상호관계가 규명되어야 한다.

각 하중단계에서 침하가 종료된 후의 간극비는 다음과 같이 구한다.

$$e = \frac{H - H_s}{H_s} \tag{7.14}$$

여기서, H : 각 하중 P를 가하여 침하가 종료되었을 때의 시료 두께

  H_s : 시료의 고체 부분 두께

$$H_s = \frac{W_s}{G_s \, A \, \gamma_\omega} \tag{7.15}$$

여기서, A : 시료의 단면적

W_s : 시료의 건조무게

G_s : 흙의 비중

7.5.1 선행압축력(precompression load)

흙이 현재의 지반에서 과거에 최대로 받았던 압축력을 **선행압축력**(先行壓縮力)이라 하며, 이 것을 구하는 방법에는 A.Casagrande의 방법이 있다.

압밀시험에서 각 하중(P)에 대한 침하량을 식(7.14), (7.15)에 적용하여 간극비를 구하고 P, e의 값을 반대수용지에 도시하면 그림 7-5와 같다.

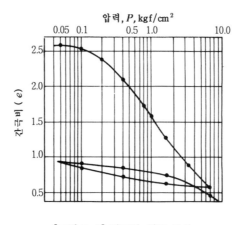

[**그림 7-6**] 간극비-하중 곡선

이 곡선을 살펴보면 어느 압력까지는 간극비의 감소가 크지 않아서 곡선의경사가 완만하지 만 어느 압력 이상에서는 간극비가 직선상으로 급격히 감소한다는 사실을 알 수 있다. 또한 압 력을 단계적으로 가하여 시험한 후, 역순으로 하중을 제거하여 최초의 하중에 이르게 하면 시료 가 팽창되므로 간극비는 약간 증가한다. 여기서 다시 하중을 단계별로 재하시키면 처음의 직선 부분과 거의 평행한 곡선이 되는데 이것을 **재압축곡선**(再壓縮曲線)이라고 한다. 그러나 과거에 받았던 압력 이상이 되면 처음의 경사와 일직선상으로 그려진다. 이 직선 부분은 과거에 받은적이 없는 압력과 간극비의 관계를 나타내는 것이며 이 곡선을 **처녀압축곡선**(處女壓縮曲線, vigrin compression curve)이라고 한다. 이와 같이 하중과 간극비의 곡선은 과거에 받았던 압력을 다시 받을 때까지는 완만하나 이 압력을 넘으면 경사가 급격히 변화되는데, 변화의 경계가 되는 압력이 **선행압축력**(先行壓縮力)이다.

그림 7-7은 선행압축력을 결정하는 방법을 나타낸 것이다. 곡선에서 곡율반경이 최소인 점 D를 정하고 이 점에 접선과 수평선을 긋는다. 이 두 선분으로 이루어지는 각도를 2등분한 선이 곡선의 직선부분 연장선과 만나는 교점(E)를 구한다. 이 때 점에 대응되는 하중이 선행압축력(P_0)이다.

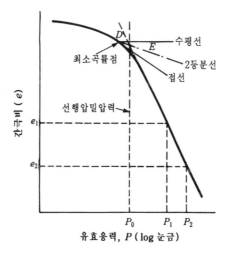

[그림 7-7] 선행 압축력(P_o)의 결정

점토의 응력에 대한 이력은 선행압축력으로부터 분석할 수 있다. 현재 흙이 받고 있는 압축력과 선행압축력이 일치하는 경우, 이 점토를 정규압밀점토(正規壓密粘土, normally consolidated soil)라 한다. 정규압밀 상태에 있는 점토지반은 자연적으로 퇴적되어 형성된 이후, 지층의 변화나 외력 등의 작용을 받지 않고 상재토압에 의하여 압밀을 완료한 상태에 있음을 의미한다. 현재 흙이 받고 있는 압축력보다 선행압축력이 클 경우에는 이 점토를 **과압밀점토**(過壓密粘土, over consolidated soil)라 하며 현장의 흙이 받고 있는 유효응력에 대한 선행압력응력의 비를 **과압밀비**(過壓密比, over consolidation ratio, OCR)라고 한다.

$$OCR = \frac{P_0}{P} \tag{7.16}$$

여기서, P : 유효수직응력

P_0 : 선행압축력

과압밀의 발생원인은 지질학적인 침식 또는 인공적인 굴착으로 인한 응력의 변화와 지하수의 변동으로 인한 간극수압의 변화 및 2차압밀로 인한 흙구조의 변화 등이다.

7.5.2 압축계수(coefficient of compressibility, a_v)

압밀시험의 단계별 하중(P)과 간극비(e)의 관계를 산술눈금의 그래프에 도시하면 이 $P-e$ 곡선의 기울기를 **압축계수**(壓縮係數)라 한다.

P_1의 압력을 받고 있던 시료가 ΔP 만큼 압력이 증가하여 P_2가 되었을 때 간극비는e_1에서 Δe 만큼 감소하여 e_2로 변화하였다면 압축계수는 다음 식으로 표시된다.

$$a_v = -\frac{\Delta e}{\Delta P} = \frac{e_1 - e_2}{P_2 - P_1} \tag{7.17}$$

7.5.3 체적변화계수(coefficient of volume change, m_v)

압력의 증가에 대한 시료체적의 감소비율을 **체적변화계수**(體積變化係數)라고 한다.

$$\begin{aligned} m_v &= \frac{\Delta n}{\Delta P} = \frac{\Delta V/V}{\Delta P} = \frac{\Delta V_v}{V \Delta P} \\ &= \frac{1}{1+e} \cdot \frac{e_1 - e_2}{P_2 - P_1} \\ &= \frac{a_v}{1+e} \end{aligned} \tag{7.18}$$

여기서, V : 시료의 체적(m^3)

ΔV : 시료의 체적 변화량(m^3)

ΔV_v : 시료의 간극체적 변화량(m^3)

ΔP : 압력의 변화량(kgf/cm^2)

7.5.4 압축지수(compression index, C_c)

압밀 시험의 단계별 하중과 간극비의 관계를 그림 7-5, 7-6과 같은 반대수 그래프에 도시한 경우, 이 곡선에서 직선부의 기울기를 **압축지수**(壓縮指數)라 하며 이것은 압밀침하량을 산정하는 데 쓰이는 중요한 값이다.

$$C_c = \frac{e_1 - e_2}{\log_{10} P_2 - \log_{10} P_1}$$

$$= \frac{e_1 - e_2}{\log_{10} \dfrac{P_2}{P_1}} \tag{7.19}$$

실험결과를 통하여 압축지수 얻으려면 많은 시간이 소요되므로 간편하게 추정할 수 있는 방법이 고안되었다. Skempton은 1944년에 액성한계를 이용하여 압축지수를 구하는 경험식을 발표하였다.

흐트러진 시료의 압축지수

$$C_c = 0.007\,(LL - 10) \tag{7.20}$$

흐트러지지 않은 시료의 압축지수

$$C_c = 0.009\,(LL - 10) \tag{7.21}$$

7.5.5 압밀침하량의 산정

압밀이론에서 압축은 일축적으로 진행된다고 가정하였으므로 **체적변화계수**는 압력 증가에 대한 시료높이의 변화량으로 나타낼 수 있다.

$$m_v = \frac{\Delta H/H}{\Delta P} = \frac{1}{H}\frac{\Delta H}{\Delta P}$$ (7.22)

식(7.22)에서 압밀침하량(壓密沈下量, ΔH)을 구하면

$$\Delta H = m_v \Delta P H = \frac{a_v}{1+e}\Delta P H$$ (7.23)

압축지수와 압밀침하량의 관계는 다음과 같다.

$$e_1 - e_2 = C_c \log_{10} P_2/P_1$$

$$a_v = \frac{e_1 - e_2}{P_2 - P_1} = \frac{C_c}{P_2 - P_1} log_{10} \frac{P_2}{P_1}$$

$$m_v = \frac{a_v}{1+e_1} = \frac{C_c}{(P_2 - P_1)(1+e_1)} \log_{10}\frac{P_2}{P_1}$$

$$\Delta H = m_v \Delta P H = \frac{C_c H}{1+e_1} log_{10}\frac{P_2}{P_1}$$ (7.24)

식(7.23), (7.24)에서 ΔP는 압력의 변화량이며 H는 시료의 높이 또는 토층의 두께를 나타낸다. 이 식에서 P_1과 ΔP는 점토층의 중앙단면에 대한 값을 평균치로 가정하여 사용한다.

예제 7-1

점토층의 두께가 10m인 지반의 흙을 채취하여 압밀시험을 하였더니 하중강도가 2.4kgf/cm^2 에서 3.6kgf/cm^{2}로 증가할 때 간극비는 1.8에서 1.5로 감소하였다. 이 흙의 압축계수, 체적변

화계수, 최종침하량을 구하여라.

풀 이

$$a_v = \frac{e_1 - e_2}{P_2 - P_1} = \frac{1.8 - 1.5}{3.6 - 2.4} = 0.25\,\mathrm{cm^2/kgf}$$

$$m_v = \frac{a_v}{1 + e} = \frac{0.25}{1 + 1.8} = 8.92 \times 10^{-2}\,\mathrm{cm^2/kgf}$$

$$\Delta H = m_v \Delta P H = 8.92 \times 10^{-2} \times (3.6 - 2.4) \times 1000 = 107.04\,\mathrm{cm}$$

예제 7-2

두께 15m의 점토지반에 구조물을 축조한 후 침하량을 측정한 결과 침하량이 6 cm에서 정지되었다. 이 구조물에 의해서 점토지반에 가해지는 평균압력이 0.5 kgf/cm²인 경우, 이 점토층의 체적변화계수를 구하여라.

풀 이

$$m_v = \frac{\Delta H / H}{\Delta P}$$
$$= \frac{6/1500}{0.5} = \frac{6}{1500 \times 0.5} = 8 \times 10^{-3}\,\mathrm{cm^2/kgf}$$

예제 7-3

어떤 점토시료에 대하여 압밀시험을 실시한 결과 각 하중 단계에서의 다이얼 게이지 읽음이 다음과 같다. $e - \log P$ 곡선을 작도하고 선행압축력과 압축지수를 구하여라. 단, 시료의 직경은 6.0cm, 높이 2.0cm, 비중 2.65, 습윤토의 중량 84.21gf, 건조토의 중량 55.964gf이다.

압밀하중 (kgf/cm²)	다이얼 게이지 읽음 (1/100mm)	압밀하중 (kgf/cm²)	다이얼 게이지 읽음 (1/100mm)	압밀하중 (kgf/cm²)	다이얼 게이지 읽음 (1/100mm)
0	0	0.8	29	3.2	15
0.05	2	1.6	45	0.8	21
0.1	19	3.2	86	0.1	50
0.2	20	6.4	109	0	44
0.4	23	12.8	118		

풀 이

각 하중 단계에서의 공시체 높이는 최초의 공시체 높이에서 누적 압밀침하량을 뺀 값이다. 하중 0.05kgf/cm^2일 때의 공시체 높이는

$$H = 2.0 - 0.002 = 1.998\text{cm}$$

$$H_s = \frac{W_s}{G_s\, A\, \gamma_\omega}$$

$$= \frac{55.964}{2.65 \times 28.26 \times 1} = 0.74729\text{cm}$$

압밀하중(kgf/cm²)	다이얼 게이지 읽음(1/100mm)	누적압밀침하량(cm)	공시체 높이(cm)	간극비
0	0	0	2.00	1.676
0.05	2	0.002	1.998	1.674
0.1	19	0.021	1.979	1.648
0.2	20	0.041	1.959	1.616
0.4	23	0.064	1.936	1.590
0.8	29	0.093	1.907	1.552
1.6	45	0.138	1.862	1.491
3.2	86	0.224	1.776	1.376
6.4	109	0.333	1.667	1.230
12.8	118	0.451	1.549	1.073
3.2	15	0.436	1.564	1.093
0.8	21	0.415	1.585	1.121
0.1	50	0.365	1.635	1.188
0	44	0.321	1.679	1.247

$$e = \frac{H - H_s}{H_s} = \frac{H}{H_s} - 1 = \frac{H}{0.74729} - 1$$

하중 0.05kgf/cm^{2}일 때의 간극비는

$$e = \frac{1.998}{0.74729} - 1 = 1.674$$

그림 7-8의 $e - \log P$ 곡선에서 선행압축력을 구하면

$$P_0 = 2.1 \, \text{kgf/cm}^2$$

$$압축지수 = \frac{e_1 - e_2}{\log_{10} \dfrac{P_2}{P_1}} = \frac{1.40 - 1.073}{\log_{10} \left(\dfrac{12.8}{3} \right)} = 0.52$$

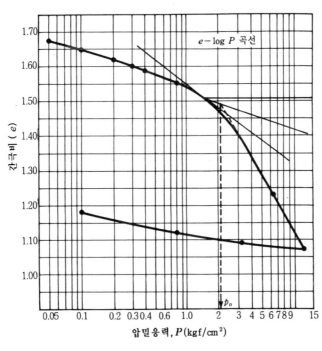

[그림 7-8] $e - \log P$ 곡선

7.6 압밀계수의 결정

지반의 압밀침하 기간을 측정하기 위해서는 압밀계수의 값을 알아야 한다. 압밀계수의 값은 압밀시험에서 측정되는 시간과 침하량에 의하여 구하며 다음과 같은 방법이 있다.

7.6.1 $\sqrt{t}$ 방법

이 방법은 Taylor에 의해서 제안된 것으로 시간의 평방근(平方根)과 침하량을 그림 7-9와 같이 도시한다.

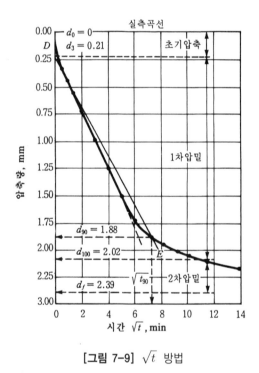

[그림 7-9] $\sqrt{t}$ 방법

그림에서 초기부분은 곡선이므로 직선부분을 연장하여 세로축과 만나는 점을 초기보정치(初期補正値, ds)로 한다. 다음에 d_s를 통하고 초기 직선의 1/1.15배의 기울기를 가진 직선을 그어서 실측곡선과 만나는 점을 압밀도 90%에 해당하는 침하량 d_{90}과 시간 $\sqrt{t_{90}}$으로 한다. 이 실측곡선에서 읽은 $\sqrt{t_{90}}$ 의 값에 제곱을 하면 t_{90} 이 구해지며 압밀계수는 다음 식으로 산정한다.

$$C_v = \frac{T H^2}{t_{90}} = \frac{0.848 H^2}{t_{90}} \tag{7.25}$$

7.6.2 log t 방법

log t 방법은 casagrande가 1940년에 제안한 것으로 그림 7-10에 보이는 바와 같이 가로축은 대수눈금을 나타내고 세로축은 산술눈금으로 하여 측정시간과 다이얼 게이지의 읽음을 도시한다. 여기에서 t_1(1분 정도)에 대응하는 점 A와 4배 되는 시간($t_2 = 4 t_1$)에 대응하는 점 B의 다이얼 게이지 읽음차 Δd를 A점에서 위쪽으로 취하여 세로축과의 교점을 d_s로 한다.

다음에 2개의 직선 부분을 연장하여 만나는 점에 대응하는 세로축의 읽음이 d_{100}이다. d_0와 d_{100}의 중간점 d_{50}을 취하고 이에 대응하는 시간이 t_{50}이며 압밀계수는 다음 식으로 산정한다.

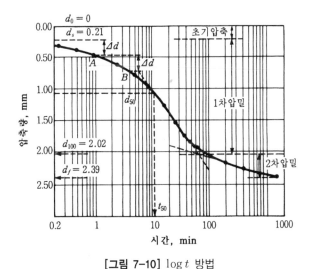

[그림 7-10] log t 방법

$$C_v = \frac{T H^2}{t_{50}} = \frac{0.197 H^2}{t_{50}} \tag{7.26}$$

$\sqrt{t}$ 방법과 $\log t$ 방법으로 계산한 압밀계수의 값은 반드시 일치하지는 않는다. 일반적으로 $\log t$ 방법으로 구한 값이 정규압밀 범위 내에서는 더 작게 나타나는데 이 방법으로 구한 값이 실제와 더 부합된다고 알려져 있다.

7.7 2차압밀(secondary consolidation)

점토층이 하중을 받아 압밀되는 양은 과잉간극수압이 완전히 소산되면서 이루어 지는 **1차압밀**(primary consolidation)과 1차압밀이 완료된 후 압축되는 **2차압밀**(secondary consolidation)로 나누어 생각할 수 있다. 2차압밀에 대해서는 많은 학자들이 연구 중에 있으나 정립된 이론은 아직 없다.

그림 7-9에서 압밀도 100%에 해당하는 1차압밀 이후에도 침하는 계속해서 일어나며 거의 직선으로 나타난다는 것을 알 수 있다. 이직선의 기울기를 **2차 압밀지수**(2次壓密指數, secondary compression index, C_α)라 하며 다음과 같이 정의한다.

$$C_\alpha = \frac{변\ 형\ 률}{대수로\ 계산한\ 시간차} = \frac{\Delta H_s / H_p}{\Delta \log t} \qquad (7.27)$$

여기서, ΔH_s : 2차압밀 침하량

$\qquad\quad H_p$: 1차압밀이 완료된 후의 흙시료 두께

2차 압밀량을 구하는 공식을 식(7.27)로부터 구하면 다음과 같다.

$$\Delta H_s = C_\alpha H_p \Delta \log t \qquad (7.28)$$

1차 압밀량과 전 압밀량과의 비를 1차압밀비(primary consolidation ratio, r)라 하며 다음과 같이 구한다.

$\sqrt{t}$ 방법에서는

$$r = \frac{10\,(d_s - d_{90})}{9\,(d_0 - d_f)} \tag{7.29}$$

$\log t$ 방법에서는

$$r = \frac{d_s - d_{100}}{d_0 - d_f} \tag{7.30}$$

여기서, d_0 : 다이얼 게이지의 최초 실측 읽음

$\quad\quad\quad d_s$: 다이얼 게이지의 초기 보정치

$\quad\quad\quad d_f$: n번째 하중단계에서의 최종 다이얼 게이지 읽음

7.8 압밀침하 시간의 계산

점토지반에 하중이 작용하였을 때 어느 압밀도에 도달하는 데 소요되는 시간(t)은 다음의 식으로 계산한다.

$$t = \frac{TH^2}{C_v} \tag{7.31}$$

여기에서, T : 시간계수

$\quad\quad\quad H$: 배수거리(양면배수인 경우에는 점토층 두께의 1/2, 일면배수인 경우에는 점토층 두께와 같다).

$\quad\quad\quad C_v$: 압밀계수

점토층이 C_v가 다른 n개의 토층으로 이루어진 경우, 이 점투층의 대표적인 압밀계수를 $C_v{}'$라 하면 토층의 환산두께(H)는 다음과 같이 구한다.

$$H = H_1 \sqrt{\frac{C_v{'}}{C_{v1}}} + H_2 \sqrt{\frac{C_v{'}}{C_{v2}}} + \cdots\cdots + H_n \sqrt{\frac{C_v{'}}{C_{vn}}} \qquad (7.32)$$

7.9 점증하중으로 인한 압밀침하

식(7.8)의 일차원 압밀 미분방정식은 하중이 순간적으로 작용했다고 가정하고 유도되었다. 그러나 실제에서 구조물을 완성하기까지는 상당한 시간이 소요되고 이 기간 동안 점차적으로 하중이 증가하여 최종의 설계하중에 이른다. 그러므로 순간하중으로 계산된 침하량을 점증하중(漸增荷重)이 작용할 때의 침하량으로 수정할 필요가 있다.

이 수정방법은 Terzaghi에 의하여 다음과 같이 제안되었다. 점증하중이 일정치에 도달한 시간 내에서의 압밀침하량은 순간하중으로 인해 생긴 시간의 1/2에서 발생된 침하량과 같다고 가정한다. 임의의 시간에 대한 침하량은 순간 점증하중이 작용한 그 시간의 반에 발생된 침하량에 최종하중에 대한 점증하중의 비율을 곱한 값과 같다.

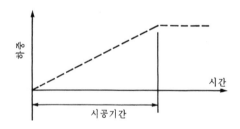

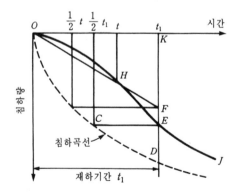

[그림 7-11] 점증하중으로 인한 침하량의 수정

그림 7-11에서 점증하중이 최종치에 도달했을 때의 시간을 t_1이라 하면 $t_1 / 2$되는 시간에서의 침하량이 점증하중으로 인한 침하량 KE가 된다. 임의의 시간 t에서의 침하량은 $t / 2$에서의 순간하중에 대한 침하량 KF에다 t / t_1를 곱하여 H점을 얻는다. 이와 같은 방법으로 여러 시간에 대한 침하량을 작도하여 점증하중으로 인한 실제의 압밀침하곡선을 구한다.

예제 7-4

어느 점토지반에서 채취한 점토시료의 압밀시험 결과 간극비 $e = 1.2$, 압밀계수 $C_v = 4.5 \times 10^{-4} \mathrm{cm}^2/\mathrm{sec}$, 압축계수 $a_v = 2.5 \times 10^{-3} \mathrm{cm}^2/\mathrm{kgf}$ 이었다. 이 흙의 투수계수를 구하여라.

풀 이

$$k = C_v\, m_v\, \gamma_\omega = C_v\, \frac{a_v}{1 + e}\, \gamma_\omega$$

$$= \frac{4.5 \times 10^{-4} \times 2.5 \times 10^{-3} \times 1 \times 10^{-3}}{1 + 1.2} = 5.11 \times 10^{-10} \mathrm{cm/sec}$$

여기서 $\gamma_\omega = 1\,\mathrm{gf/cm}^3 = 1 \times 10^{-3} \mathrm{kgf/cm}^3$

예제 7-5

상하면이 모래층에 접한 5m의 점토층이 있다. 단위면적당 $4\,\mathrm{tf/m}^2$의 하중이 작용하여 압밀침하량이 30cm가 되었으며 이 흙의 압밀계수는 $5 \times 10^{-3} \mathrm{cm}^2/\mathrm{sec}$이었다. 압밀도 50%, 90%일 때의 압밀소요시간을 구하여라. 그리고 재하 후 80일 경과했을 때의 압밀침하량을 산정하여라.

풀 이

$$t_{50} = \frac{0.197\,H^2}{C_v}$$

$$= \frac{0.197 \left(\dfrac{500}{2} \right)^2}{5 \times 10^{-3} \times 60 \times 60 \times 24} = 28.5\,\text{일}$$

$$t_{90} = \frac{0.848 \, H^2}{C_v}$$

$$= \frac{0.848 \left(\dfrac{500}{2}\right)^2}{5 \times 10^{-3} \times 60 \times 60 \times 24} = 122.7\,\text{일}$$

여기서 배수거리는 양면배수이므로 재하 후 80일 경과했을 때의 압밀침하량을 산정하기 위해서 시간계수를 식(7.11)로 구하면

$$T = \frac{C_v \, t}{H^2} = \frac{5 \times 10^{-3} \times 80 \times 24 \times 60 \times 60}{\left(\dfrac{500}{2}\right)^2} = 0.553\,\text{일}$$

그림 7-3에서 $T = 0.553$일 때 평균압밀도 $U = 0.81$

$$\therefore \;\; \Delta H_t = U \times \Delta H = 0.81 \times 30 = 24.3\,\text{cm}$$

예제 7-6

두께 2.0cm의 점토시료에 대하여 압밀시험을 하였더니 50% 압밀에 소요되는 시간이 54분이었다. 같은 조건 하에서 점토층의 두께가 6m인 지반에 구조물을 축조하는 경우, 이 점토층이 최종침하량의 절반에 이르는 데 소요되는 시간을 구하시오.

풀 이

점토시료의 두께 $H_1 = 2.0\,\text{cm}$

점토지반의 두께 $H_2 = 6\,\text{m}$

점토시료에 대한 t_{50}을 구하면,

$$t_{50(1)} = \frac{0.197}{C_v} \left(\frac{H_1}{2}\right)^2$$

$$t_{50(2)} = \frac{0.197}{C_v} \left(\frac{H_2}{2} \right)^2$$

$$t_{50(1)} : t_{50(2)} = t_1 : t_2 = H_1^2 : H_2^2$$

$$t_2 = \left(\frac{H_2}{H_1} \right)^2 t_1$$

$$= \left(\frac{600}{2} \right)^2 \times 54 \times \frac{1}{60 \times 24} = 3{,}375 \text{ 일} = 9 \text{ 년 } 3 \text{ 개월}$$

예제 7-7

예제 7-6과 동일한 조건의 지반이 압밀도 90%에 이르는 데 소요되는 시간을 구하여라.

풀 이 1

$t_{50} = \dfrac{0.197\, H_1^2}{C_v}$ 에서 C_v 를 구하면,

$$C_v = \frac{0.197\, H_1^2}{t_{50}} = \frac{0.197\,(1)^2}{54 \times 60} = 6.08 \times 10^{-5} \text{cm}^2/\text{sec}$$

C_v 가 계산되었으므로 6m의 점토지반에 대한 t_{90} 을 구하면,

$$t_{90} = \frac{0.848\, H_2^2}{C_v}$$

$$= \frac{0.848 \left(\dfrac{600}{2} \right)^2}{6.08 \times 10^{-5}} \times \frac{1}{24 \times 60 \times 60} = 14{,}528 \text{ 일}$$

$$= 39 \text{년 } 9 \text{개월 } 23 \text{일}$$

풀 이 2

예제 7-6의 풀이에서 6m 지반의 t_{50} 을 구했으므로 이것을 이용하여 t_{90} 을 구하면 다음과 같다.

$$t_{50} = \frac{0.197\,H^2}{C_v}, \qquad t_{90} = \frac{0.848\,H^2}{C_v}$$

$$t_{50} : t_{90} = 0.197 : 0.848$$

$$t_{90} = \frac{0.848}{0.197}\,t_{50}$$

$$= \frac{0.848}{0.197} \times 3,375 = 14,528\ 일$$

$$= 14,528\ 일 = 39\ 년\ 9\ 개월\ 23일$$

예제 7-8

3층으로 되어 있는 점토지반이 있다. 각 층의 두께와 압밀의 계수는 2m와 $3.2 \times 10{-}3\mathrm{cm}^2/\mathrm{sec}$, 2m와 $4.6 \times 10^{-3}\mathrm{cm}^2/\mathrm{sec}$, 3m와 $1.8 \times 10^{-3}\mathrm{cm}^2/\mathrm{sec}$이었다. 점토지반 전체의 압밀계수가 $3.2 \times 10^{-3}\mathrm{cm}^2/\mathrm{sec}$와 같다고 생각할 때 이 점토층의 환산두께를 계산하여라. 또한 일면배수 조건일 때 압밀도 50%에 소요되는 시간을 구하여라.

풀 이

식(7.32)를 이용하면

$$H = H_1 \sqrt{\frac{C_v{'}}{C_{v1}}} + H_2 \sqrt{\frac{C_v{'}}{C_{v2}}} + H_3 \sqrt{\frac{C_v{'}}{C_{v3}}}$$

$$= 2 \times 1 + 2 \sqrt{\frac{3.2 \times 10^{-3}}{4.6 \times 10^{-3}}} + 3 \sqrt{\frac{3.2 \times 10^{-3}}{1.8 \times 10^{-3}}} = 7.65\mathrm{m}$$

$$t_{50} = \frac{0.197\,H^2}{C_v{'}} = \frac{0.197 \times (765)^2}{3.2 \times 10^{-3}} \times \frac{1}{24 \times 60 \times 60} = 417\ 일$$

예제 7-9

어떤 점성토에서 어느 압밀도에 도달할 때까지의 소요시간이 양면배수일 때 5년이 소요되었다. 일면배수 조건에서는 몇 년이 걸리겠는가?

풀 이

양면배수일 때, 어느 압밀도에 소요되는 시간을 t_1이라 하고 일면배수일 때의 소요시간을 t_2라고 하면 다음과 같은 식이 성립된다.

$$t_1 : t_2 = \frac{T}{C_v} \left(\frac{H}{2} \right)^2 : \frac{T}{C_v} H^2$$

$$t_1 : t_2 = 1 : 4$$

여기에서, $t_1 = 5$년이므로 t_2를 구하면 $t_2 = 4 \times 5 = 20$년

예제 7-10

그림과 같이 재하중이 작용할 때 점토지반의 최종침하량을 계산하여라. 단, 하중 P로 인하여 점토층에 전달되는 증가응력 ΔP는 2:1 응력분포법을 적용하여라.

풀 이

하중재하 전의 점토층 중앙단면에서의 유효응력

$$P_1 = 1.6 \times 1 + (2.0 - 1) \times 2 + (1.8 - 1) \times 1.5 = 4.8 \mathrm{tf/m^2}$$

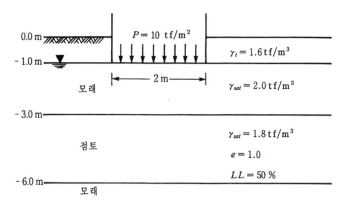

[그림 7-12]

하중 재하로 인하여 점토층 중앙단면에 전달되는 증가응력을 2:1 응력분포법으로 구하면 다음과 같다.

$$\Delta P = \frac{P B^2}{(B+z)^2}$$

그림 7–12를 보면 지표면으로 부터 1m를 굴착하여 하중을 재하시켰으므로 $1.6 \times 1 \mathrm{tf/m^3}$의 흙 무게가 재하로 인하여 감소되었다. 그러므로 재하 하중 $10\mathrm{tf/m^2}$에서 굴착된 흙무게 $1.6\mathrm{tf/m^2}$을 뺀 값을 다음과 같이 적용한다.

$$\Delta P = \frac{(10 - 1.6 \times 1) \times 2^2}{(2+3.5)^2} = 1.11 \mathrm{tf/m^2}$$

$$\therefore P_2 = P_1 + \Delta P = 4.8 + 1.11 = 5.91 \mathrm{tf/m^2}$$

점토의 압축지수는 식(7.21)로부터

$$C_c = 0.009\,(LL - 10) = 0.009\,(50 - 10) = 0.36$$

따라서 최종 침하량은 식(7.24)로부터

$$\Delta H = \frac{C_c}{1 + e_1}\left(\log \frac{P_2}{P_1}\right) H$$

$$= \frac{0.36}{1 + 1.0}\left(\log \frac{5.91}{4.8}\right) \times 300 = 4.9\mathrm{cm}$$

·· 연습문제 ··

[문 7.1] 두께 15m의 점토지반 위에 구조물을 건설한 후 침하량을 관측한 결과 침하량이 7.4cm 에 달하여 정지하였다. 이 구조물에 의하여 증가된 응력은 0.86kgf/cm^{2}라고 할 때 이 점토 층의 체적변화계수를 구하여라.

답) $m_v = 0.0057\,\mathrm{cm}^2/\mathrm{kgf}$

[문 7.2] 두께 3m의 점토층에서 시료를 채취하여 압밀시험한 결과 압축지수가 0.37, 간극비는 1.24였다. 이 점토층 위에서 구조물을 축조하는 경우, 축조 이전의 유효압력은 10tf/m^{2}이 고 구조물에 의한 증가응력은 5tf/m^{2}이다. 이 점토층이 구조물 축조로 인하여 생기는 압밀 침하량은 얼마인가?

답) $\Delta H = 8.73\,\mathrm{cm}$

[문 7.3] 아래 윗면에 모래층을 가진 6m 두께의 점토층이 있다. 이 점토층의 압밀계수가 $C_v = 2.56 \times 10^{-3}$ cm^2/sec라 하면 압밀도 50%에 이르는 데 소요되는 시간은 얼마인가?

답) $t = 80$일

[문 7.4] 어떤 점토의 압밀계수는 1.92×10^{-3} cm^2/sec, 압축계수는 2.86×10^{-2} cm^2/gf이었 다. 이 점토의 투수계수를 구하여라. 단, 간극비는 1.00이었다.

답) $k = 2.75 \times 10^{-5}$cm/sec

[문 7.5] 양면 배수조건에 있는 두께 4m의 점토층이 있다. 이 점토층에서 시료를 채취하여 압밀시험을 하여 두께 2cm의 공시체가 50% 압밀에 요하는 시간이 14분 걸렸다. 이 점토층이 90% 압밀되려면 며칠 걸리겠는가?

답) $t_{90} = 1,674$ 일

[문 7.6] 상하면이 모래층에 접한 두께 10m의 점토층이 있다. 구조물에 의해서 점토 중앙단면에 $\Delta P = 8\,\text{tf/m}^2$의 압밀하중을 받을 때 1년 반에 50%의 압밀도를 보였다. 이 점토의 투수계수를 1×10^{-7}cm/sec라 하면

1) 점토의 압밀계수는 얼마인가?
2) 3년 후의 압밀도는 몇 %인가?
3) 이 점토층의 체적변화계수를 구하고 최종 침하량을 구하여라.

답) $C_v = 1.04 \times 10^{-3}\,\text{cm}^2/\text{sec},\ U = 69\%,\ m_v = 9.62 \times 10^{-2}\,\text{cm}^2/\text{kgf},\quad \Delta H = 77\text{cm}$

[문 7.7] 어떤 점토층에서 어느 압밀도에 달할 때까지의 소요시간은 양면배수라고 생각하여 계산할 때 4년이라고 하면 일면배수라고 생각할 때는 몇 년이 소요되겠는가?

답) 16년

[문 7.8] 두께 2cm의 시료로서 어느 압밀도에 달하는 데 4시간 걸렸다. 두께 10m의 점토층이 같은 압밀도에 달할 때까지의 소요시간은 얼마인가?

답) 114년

[문 7.9] 2층으로 된 점토지반이 있다. 층의 두께와 평균압밀계수는 각각 위층이 2m, $2.4 \times 10^{-5}\mathrm{cm^2/sec}$이고, 아래층은 4m, $3.6 \times 10^{-6}\mathrm{cm^2/sec}$다. 점토지반 전체를 위층과 같은 압밀계수로 생각할 때 점토층의 전 두께는 얼마로 하면 되겠는가?

답) $H = 12.33\mathrm{m}$

[문 7.10] $2\mathrm{m} \times 2\mathrm{m}$의 정사각형 기초에 $10\mathrm{tf/m^2}$의 압력이 재하될 때 기초면 아래로 깊이에 있어서의 증가압력을 2:1 분포법으로 구하여라.

답) $\Delta P = 1.11\mathrm{tf/m^2}$

08

·

흙의 전단강도

SOIL MECHANICS

제8장

흙의 전단강도

8.1 전단강도의 개념

흙의 자중이나 외력의 작용에 의해서 흙 속에 전단응력(shearing stress)이 생기면 흙은 형상의 변화를 일으키는 변형이 생긴다. 전단응력이 증가하면 변형도 진전되어 어느 한도를 넘게되면 파괴된다.

일반적으로 흙 속에 전단응력이 생기면 이 응력의 크기에 따라 활동에 저항하려는 힘이 생기게 되는데 이 힘을 **전단저항**(剪斷抵抗, shearing resistance)이라 한다. 이 전단저항은 변형(starin)에 따라 증가해서 한계점에 이르고 그 후에는 감소하기 시작하여 파괴에 도달하는데, 이 점을 파괴점(failure point)이라 하고 전단저항의 한계치를 **전단강도**(剪斷强度, shearing strength)라 부른다.

Coulomb(1776년)은 흙의 전단강도를 다음과 같은 직선식으로 표시하였다.

$$s = \tau = c + \sigma \tan \phi \tag{8.1}$$

여기서, $\tau,\ s$: 흙의 전단강도($\mathrm{kgf/cm^2}$)

　　　　c : 점착력(粘着力, $\mathrm{kgf/cm^2}$)

　　　　σ : 전단면에 작용하는 수직응력($\mathrm{kgf/cm^2}$)

　　　　ϕ : 흙의 내부마찰각(內部摩擦角, angle of internal fruction)

전응력(全應力)으로 표시된 식(8.1)을 유효응력(有效應力)으로 나타내면 다음과 같다.

$$s = \tau = c' + (\sigma - u)\tan \phi' = c' + \sigma' \tan \phi' \tag{8.2}$$

여기서, $c',\ \phi'$: 유효응력에 대한 점착력 및 내부마찰각

　　　　σ' : 전단면에 수직으로 작용하는 유효응력

점착력과 마찰각은 토질에 따라 거의 일정한 값을 나타내므로 **강도정수**(強度定數)라 한다. 흙의 전단강도는 흙의 공학적 성질 중에서 가장 중요한 성질 중의 하나이다. 즉, 자연지반을 깎아내어 만든 사면이나 도로, 제방 및 흙댐 등의 성토사면이 안정을 유지하는 것은 흙이 전단 강도를 가졌기 때문이며, 기초지반의 지지력(支持力)과 구조물에 작용하는 토압(土壓)도 흙의 전단강도에 따라 크게 영향을 받는다.

8.2 주응력과 Mohr의 응력원

지반 내의 어떤 요소가 응력을 받는다고 하면 그 요소에는 전단응력이 직교하는 평면이 존재 한다. 이러한 면들을 **주응력면**(主應力面)이라 부르고 이 면에 작용하는 법선방향의 응력을 **주 응력**(主應力)이라 한다. 이 응력 중에서 최대인 것을 **최대주응력**(σ_1), 최소인 것을 **최소주응력** (σ_3)이라고 한다.

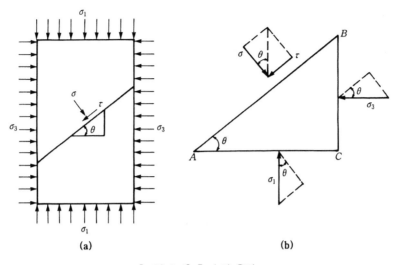

[그림 8-1] 흙 속의 응력

지표면에서 z 깊이에 있는 임의의 미소사각형을 그림 8-1의 (a)라고 하자.

그림 8-1의 (b)는 미소사각형 내의 임의의 면에 작용하는 응력을 나타낸 것이다. 여기서 최대 주응력면과 θ만큼 경사져 있는 AB면에는 수직응력 σ 외에 전단응력 τ 가 반드시 작용하게 된다. 그림 8-1(b)에 작용하는 각 방향의 힘의 평형을 고려하여 수직응력과 전단응력을 유도하면 다음과 같다.

σ방향의 평형을 생각하면

$$\sigma \cdot A\,B = \sigma_1 \cos \theta \cdot A\,C + \sigma_3 \sin \theta \cdot B\,C$$

$$\sigma = \sigma_1 \cos^2 \theta + \sigma_3 \sin^2 \theta$$

$$\sigma - \frac{\sigma_1 + \sigma_3}{2} = \sigma_1 \cos^2 \theta + \sigma_3 \sin^2 \theta - \frac{1}{2}(\sigma_1 + \sigma_3)(\sin^2 \theta + \cos^2 \theta)$$

$$= \frac{1}{2}(\sigma_1 - \sigma_3) \cos 2\theta$$

$$\therefore \sigma = \frac{\sigma_1 + \sigma_3}{2} + \frac{\sigma_1 - \sigma_3}{2} \cos 2\theta \qquad (8.3)$$

τ방향의 평형을 생각하면

$$\tau \cdot A\,B = \sigma_1 \sin \theta \cdot A\,C - \sigma_3 \cos \theta \cdot B\,C$$

$$\tau = \sigma_1 \sin \theta \cos \theta - \sigma_3 \cos \theta \sin \theta$$

$$= (\sigma_1 - \sigma_3) \sin \theta \cos \theta$$

$$\therefore \tau = \frac{\sigma_1 - \sigma_3}{2} \sin 2\theta \tag{8.4}$$

식(8.3)과 식(8.4)를 각각 제곱하여 더하면 다음과 같은 식으로 정리된다.

$$\left(\sigma - \frac{\sigma_1 - \sigma_3}{2}\right)^2 + \tau^2 = \left(\frac{\sigma_1 - \sigma_3}{2}\right)^2 \tag{8.5}$$

이 식은 중심이 $(\sigma_1 + \sigma_3)/2$이고 반경이 $(\sigma_1 - \sigma_3)/2$인 원의 방정식이며 이것을 Mohr의 응력원이라고 한다.

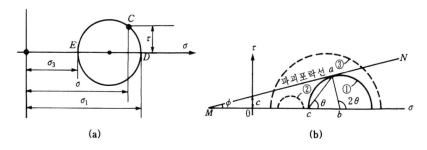

[그림 8-2] Mohr의 응력원과 파괴포락선

앞에서 말한 Columb의 식에서 파괴 시 전단강도를 나타내는 선을 **파괴포락선**(failure envelope)이라고 하며 그림 8-2(b)에 M, N으로 표시되어 있다.

그림 8-2(b)의 ①에서 a점의 좌표값 $\sigma \, \tau$가 주어졌을 때 흙은 최대의 주응력면과 θ의 경사를 이루면서 파괴되는 것이다. 이와 같은 파괴의 조건을 만족시켜주는 응력원을 Mohr의 파괴원이라 한다.

또한 ②와 같이 M, N에 접하지 않는 원은 아직 파괴에 이르지 않은 평형상태에 있음을 뜻하고 ③과 같이 M, N에 교차되는 원은 전단응력이 전단강도를 초과한 것이므로 실제상 존재할 수 없는 것이다.

여기서 최대 주응력면과 파괴면이 이루는 각 θ를 식으로 나타내면 다음과 같다.

$$\angle\ a b M = 90^o - \phi$$

$$\therefore 2\theta = 180 - (90^o - \phi) = 90^o + \phi$$

$$\therefore \theta = 45^o + \frac{\phi}{2} \tag{8.6}$$

Mohr의 응력원으로부터 구하고자 하는 응력과 응력작용면의 방향을 알려면 **평면기점**(平面起点, origin of plane, O_p)을 찾는 것이 중요하다. 평면기점을 찾는 방법과 임의의 면에 작용하는 수직응력 및 전단응력을 구하는 방법은 다음의 예제에서 설명하고자 한다.

예제 8-1

그림 8-3의 D-D 단면에 작용하는 수직응력과 전단응력을 구하여라.

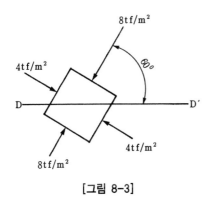

[그림 8-3]

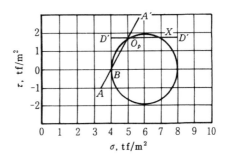

[그림 8-4] 그림 8-3의 풀이

이 그림을 보면 최대주응력 σ_1은 8tf/m^2, 최소주응력 σ_3는 4tf/m^2임을 알 수 있다. 따라서, 좌표 $(8,0)$과 $(4,0)$을 통하는 원을 그리면 이것이 이 그림의 모든 응력 상태를 표시하는 Mohr원이 된다(그림 8-4 참조). 다음에 Mohr원의 B점에서 최소주응력면과 평행한 선분이 Mohr원과 교차하는 점이 O_p가 되므로 이 O_p점에서 다시 $D-D$면에 평행한 선분을 그었을 때 Mohr원과 만나는 점 X의 좌표가 구하고자 하는 응력이다. 즉,

$$\sigma = +7\,\text{tf/m}^2 \qquad \tau = +1.8\,\text{tf/m}^2$$

여기서 + 부호는 수직응력일 때에는 압축을 의미하고, 전단응력일 때에는 이것이 반시계 방향으로 작용한다는 것을 의미한다.

예제 8-2

그림 8-5(a)에 나타낸 요소가 받는 응력상태에 대하여 주응력의 크기와 방향을 결정하여라.

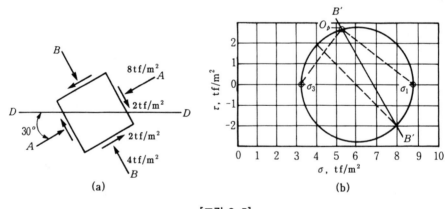

[그림 8-5]

풀 이

주응력의 크기와 방향을 단계적으로 결정하는 방법은 다음과 같다.

(1) 그림 8-5(b)에 점$(8.0\ -2.0)$과 점$(4.0,\ 2.0)$을 표시한다.

(2) 두 점을 연결하고 이 길이를 직경으로 하는 Mohr원을 그린다.

(3) 점$(8.0, -2.0)$에서 그림 8-5(a)의 BB와 평행하게 선을 긋고 Mohr원과 만나는 점을 표시하면 이것이 O_p가 된다.

(4) O_p점에서 Mohr원의 횡축과 만나는 점까지 선을 그으면 그 중 큰 값이 최대주응력이 되고 작은 값이 최소주응력이 된다. 즉, $\sigma_1 = 8.8\text{tf}/\text{m}^2$, $\sigma_3 = 3.2\text{tf}/\text{m}^2$ 이다.

(5) O_p점에서 σ_1과 연결한 선이 최대주응력면의 방향이고 σ_3와 연결한 선이 최소주응력면의 방향이 된다.

8.3 전단시험

흙의 전단강도를 정확히 측정하는 일은 쉽지 않다. 어떤 흙의 전단강도는 흙의 종류에 의해서만 정해지는 것이 아니라 밀도, 함수비, 응력의 이력 및 시험시의 배수조건에 따라서도 변화되기 때문이다. 그러므로 전단시험은 흙이 실제로 받고 있는 조건과 동일한 상태로 실시하는 것이 바람직하다. 그러나 이와 같은 점을 예상하여 시험시에 적용하기에는 시험방법에 대한 기술상의 문제가 뒤따르게 된다.

전단강도를 시험적으로 결정하는 근본원리는 흙시료에 몇 가지 다른 조건의 하중을 가하여 파괴가 생길 때의 응력원을 그리는 것이다. 이러한 Mohr의 응력원에 접선을 그으면 이것이 파괴포락선이며 이 포락선의 경사각과 절편을 측정하여 그 흙의 마찰각 ϕ과 점착력 c를 결정한다.

흙의 강도정수를 결정하기 위해 보편적으로 사용되고 있는 방법으로는

(a) 직접전단시험(直接剪斷試驗, direct shear test)

(b) 삼축압축시험(三軸壓縮試驗, triaxial compression test)

(c) 일축압축시험(一軸壓縮試驗, unconfined compression test)

의 세 가지 방법이 있다. 또 원위치 시험으로서는 **베인시험**(vane shear test) 등이 있다. 베인시험은 보링구멍을 이용하여 실시하는 것으로, 지반이 비교적 연약한 점토질의 흙에 사용되며 깊은 위치에 있는 흙의 전단강도를 직접 구하는 방법이다.

8.3.1 직접전단시험(direct shear test)

이 시험기구는 그림 8-6에 나타낸 것처럼 흙 시료를 담을 수 있는 전단상자와 수평 및 연직력을 가할 수 있는 가압장치(加壓裝置), 수평 및 연직의 변위를 측정할 수 있는 다이얼 게이지 등으로 구성되어 있다. 전단상자는 두 쪽으로 나누어지며 아래쪽은 고정되어 있으나 위쪽의 것은 수평으로 움직이게 되어 있다. 수직력을 위에서 가한 상태에서 수평력을 가하면 전단상자의 갈라진 면을 따라 흙이 전단되는데, 이때의 전단력은 측정용 다이얼 게이지를 읽어서 구한다. 수직력을 증가시키면 전단력도 증가하므로 수직력의 크기를 여러 번 바꾸어서 전단력을 측정하고 이 결과를 도시하면 그림 8-7과 같은 파괴포락선을 얻을 수 있다. 여기에서 파괴포락선의 경사각이 ϕ이며 절편이 c이다.

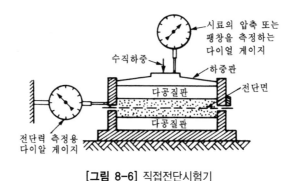

[그림 8-6] 직접전단시험기

시험순서는 다음과 같다.

① 현장에서 대표가 될 수 있는 시료를 sampler로 채취한다.

② 공시체 지름보다 2~3mm 정도 크게 트리머에서 줄톱으로 깎는다.

③ 시료커터의 무게를 측정한 후 시료를 놓고 시료커터를 아래로 내려서 성형한다.

④ 시료커터 외부에 돌출된 여분의 시료를 조심스럽게 잘라낸다.

⑤ 시료와 시료커터의 무게를 측정한 후 공시체를 전단상자에 밀어넣는다.

⑥ 전단상자를 시험기에 장치한다(가압판, 재하중, 수직변위용 다이얼 게이지를 설치한다).

⑦ 소요의 수직하중에 따라 압밀시킨다. 목적에 따라서는 압밀시키지 않고 시험하기도 한다.

⑧ 압밀이 끝나면 상하 전단상자의 간격을 조절하고 수평변위 측정용 다이얼 게이지를 설치한다.

⑨ 잠금핀을 뺀 다음 소정의 전단속도로 전단을 시작한다.

⑩ 시간에 따라 다이얼 게이지를 측정하여 기록하고 전단응력 측정용 게이지가 정점을 넘었거나 전단변위가 8mm에 이르면 시험을 종료한다.

⑪ 같은 종류의 흙에 대하여 수직하중을 달리한 시험을 4회 정도 실시하여 결과를 정리한다.

수직응력 σ와 전단응력 τ는 다음 식으로 구한다.

$$\sigma = \frac{P}{A} \tag{8.7}$$

$$\tau = \frac{S}{A}\left(2\text{면전단일 때에는 } \tau = \frac{S}{2A}\right) \tag{8.8}$$

여기서, σ : 수직응력(kgf/cm^2)

P : 수직하중(kgf)

A : 시료의 단면적(cm^2)

τ : 전단응력(kgf/cm^2)

S : 전단력(kgf)

직접전단 시험에서는 시료 상하에 놓이는 다공질판(porous stone)으로 배수조건을 조절할 수 있다. 비배수시험에서는 다공질판 대신에 배수되지 않는 판을 사용하면 된다. 그러나 이 시험에서는 배수조건을 충분히 조절할 수 없을 뿐 아니라 시료의 경계에 응력이 집중되는 등의 결함이 있다. 이러한 결함에도 불구하고 이용되고 있는 것은 시험이 간단하고 신속한 결과를 얻을 수 있다는 이점 때문이며, 주로 사질토에 활용되고 있다.

예제 8-3

어떤 시료에 대하여 일면 직접전단 시험을 하여 다음과 같은 결과를 얻었다. 이 흙의 강도정수 c, ϕ를 구하여라. 공시체는 직경 6cm, 두께 2cm이다.

시험횟수	1	2	3	4
수직하중(kgf)	20	30	40	50
전단력(kgf)	23.4	27.6	31.9	35.2

풀 이

시료의 단면적 $A = \dfrac{\pi d^2}{4} = \dfrac{3.14 \times 6^2}{4} = 28.26 \text{cm}^2$

식(8.7), (8.8)을 이용하여 σ, τ를 계산하면 다음 표와 같다.

시험횟수	1	2	3	4
수직응력(kgf/cm^2)	0.708	1.062	1.415	1.769
전단응력(kgf/cm^2)	0.828	0.977	1.129	1.246

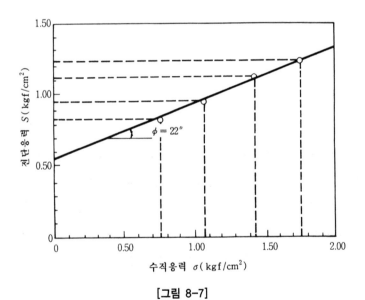

[그림 8-7]

그림 8-7에서 $c = 0.55 \text{kgf/cm}^2$, $\phi = 22^\circ$를 얻는다.

σ, τ를 다음과 같은 통계식으로 구할 수도 있다.

$$\tan \phi = \frac{n[\sigma s] - [\sigma][s]}{n[\sigma^2] - [\sigma]^2}$$

$$c = \frac{[\sigma^2][s] - [\sigma][\sigma s]}{n[\sigma^2] - [\sigma]^2}$$

$$[\sigma] = \sigma_1 + \sigma_2 + \sigma_3 + \sigma_4 = 4.954 \mathrm{kgf/cm^2}$$

$$[s] = s_1 + s_2 + s_3 + s_4 = 4.180 \mathrm{kgf/cm^2}$$

$$[\sigma s] = \sigma_1 s_1 + \sigma_2 s_2 + \sigma_3 s_3 + \sigma_4 s_4 = 5.426 \mathrm{kgf/cm^2}$$

$$[\sigma^2] = \sigma_1^2 + \sigma_2^2 + \sigma_3^2 + \sigma_4^2 = 6.760 \mathrm{kgf/cm^2}$$

$$\tan \phi = \frac{4 \times 5.426 - 4.954 \times 4.180}{4 \times 6.760 - 4.954^2} = 0.399$$

$$\therefore \phi = 21.8^o$$

$$c = \frac{6.760 \times 4.180 - 4.954 \times 5.426}{4 \times 6.760 - 4.954^2} = 0.551 \mathrm{kgf/cm^2}$$

8.3.2 삼축압축시험(triaxial compression test)

삼축압축시험은 응력과 배수조건을 조절할 수 있으므로 현장지반상태의 재현이 가능하여 신뢰성 있는 시험결과를 얻을 수 있으나, 시료의 제작과 시험과정이 복잡하여 실험자의 숙련이 요구된다.

이 시험의 측정장치는 압축실, 가압장치, 간극수압측정장치 및 체적변화측정장치로 이루어져 있다. 시험의 절차를 요약하면 시료를 원주 모양으로 성형하고 이를 얇은 고무막(membrane)으로 싸서 압축실(confining cell)에 넣는다. 다음에는 가압장치를 이용하여 압축실에 수압을 가하는데, 시료를 압밀시키고자 할 때에는 시료 상하부의 다공질판을 통하여 배수를 허용한다. 이때의 수압은 최소주응력에 해당하며 시료에 가해지는 압력이 동일하므로 $\sigma_2 = \sigma_3$ 이다. 이와 같은 구속응력이 가해진 상태에서 피스톤을 통해 시료가 파괴될 때까지 **축차응력**(軸差應力) $\Delta \sigma = \sigma_1 - \sigma_3$ 을 증가시킨다. 축차응력을 가하는 과정에서 시료에 발생되는 간극수압이나 부

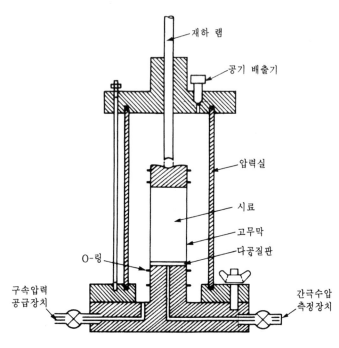

[그림 8-8] 삼축압축시험장치 개략도

피변화는 간극수압계와 체적변화 측정장치로부터 얻는다.

이와 같은 시험을 실시하면 시료 파괴 시의 최대주응력($\sigma_1 = \Delta\sigma + \sigma_3$)과 최소주응력($\sigma_3$)을 알 수 있으므로 Mohr의 응력원을 작도할 수 있으며, 서로 다른 구속압력(σ_3)에 대해 실험을 3~4회 반복하여 일련의 Mohr의 응력원들을 그린다. 이 원들에 접하는 직선을 그으면 이것이 **Mohr의 파괴포락선**이며, 이 직선의 절편과 경사각으로부터 점착력과 마찰각을 구한다.

삼축압축시험에서 배수조건에 따라 시험하는 방법은 UU시험, CU시험, CD시험으로 분류된다.

(1) 비압밀 비배수 전단시험(Unconsolided Undrained Shear Test, UU)

흙 시료에서 물이 빠져 나가지 못하도록 하고 구속응력을 가한 다음 비배수 상태로 시료를 파괴시키는 시험이다.

이 시험에서는 간극수압을 측정하지 않고 시료가 전응력으로 파괴될 때의 σ_1과 σ_3으로 Mohr의 응력원을 그린다. 만일 완전히 포화된 시료에 대하여 시험을 했다면 구속응력을 바꾸어도 그림 8-9에 나타낸 것처럼 동일한 원이 그려진다. 이와 같은현상은 압밀을 하지 않았기 때문에 구속압력의 증가량만큼 간극수압이 증가하기 때문이다. 따라서 파괴포락선은 수평선이

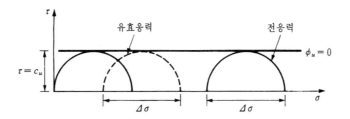

[그림 8-9] UU시험의 Mohr 응력원과 파괴포락선

되므로 강도정수는 다음과 같다.

$$\phi_u = 0, \quad c_u = \frac{1}{2}(\sigma_1 - \sigma_3) \tag{8.9}$$

만일 포화되지 않은 시료에 대하여 UU시험을 실시하면 축차응력은 최소주응력의 증가와 함께 커지므로 포화토에서와 같이 수평선이 되지 않는다.

UU시험에서 구한 강도정수는 시공 직후의 안정검토, 즉 구조물의 시공속도가 과잉간극수압의 소산속도보다 빠른 경우의 안정계산에 이용된다. 예를 들면 점토지반에 성토나 구조물 등의 하중을 급격히 재하하는 경우의 단기간 안정성 검토에 이용된다.

(2) 압밀 비배수 전단시험(Consolidated Undrained Shear Test, CU, $\overline{CU}$)

시료에 구속압력을 가하고 간극수압이 완전히 소산될 때까지 압밀시킨 다음 비배수 상태로 축응력을 가하여 전단시킨다. 이때의 간극수압은 간극수압계를 통하여 측정할 수 있으며, 강도정수를 전응력으로 구하면 CU시험이라 하고 유효응력으로 구하면 $\overline{CU}$시험이라고 한다.

압밀 비배수 전단시험에서는 전응력과 유효응력으로 구한 강도정수의 값이 다르므로 어떻게 구별해서 적용하는가를 알아야 한다. 전응력으로 구한 강도정수는 지반이 외력의 작용으로 완전히 압밀되어 평형을 유지하고 있다가 외력이 추가로 작용할 때의 안정계산에 이용된다. 예를 들면 흙댐의 심벽(心壁)이나 연약한 지반 위에 오랫동안 놓였던 제방이 수위급강하(水位急降下)로 인하여 추가로 하중이 작용되는 경우, 또는 연약지반(軟弱地盤) 위에 놓였던 안정된 제방 위에 다시 제방을 쌓는 경우 등이다. 유효응력으로 구한 강도정수는 CD시험으로 구한 값과 실제로 동일하며 간극수압과 함께 유효응력으로 안정해석을 하는 데 쓰인다.

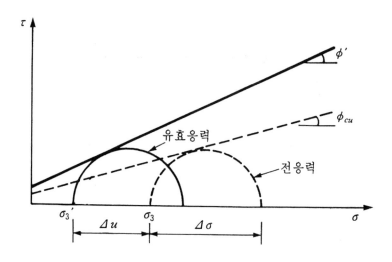

[그림 8-10] CU, $\overline{CU}$시험의 Mohr 응력원과 파괴포락선

(3) 압밀 배수 전단시험(Consolidated Drained Shear Test, CD)

시료에 구속응력을 가하여 간극수압이 완전히 소산될 때까지 압밀시킨 다음 축응력을 가할 때 간극수압이 발생하지 않도록 하중을 천천히 증가시켜서 전단시키는 시험이다.

CD시험은 시료를 전단하는 동안 간극수압의 발생이 전혀 없어야 하므로 오랜 시간이 소요된다. 일반적으로 $\overline{CU}$ 시험으로 구한 값과 동일하며, 사질지반의 안정문제나 점토지반에서는 재하 후 장기간에 대한 안정을 검토하는 경우에 이용된다.

예제 8-4

포화된 점토를 직경 3.8cm, 길이 7.6cm로 성형하여 UU시험을 하였다. 시험결과가 다음과 같을 때, 이 시료의 강도정수를 구하여라.

구속압력(kgf/cm^2)	축하중(kgf)	축변형(mm)	체적변화(ml)
2.0	22.2	9.83	0
4.0	21.5	10.06	0
6.0	22.6	10.28	0

$$\text{축차응력} \ (\Delta\sigma) = \frac{\text{축하중} \ (P)}{\text{면적} \ (A)}$$

시료에 축하중이 가해지면 축방향으로 단면적이 증가한다. 그러므로 축차응력을 계산할 때에는 축력을 다음과 같은 수정된 단면적으로 나누어야 한다.

$$A = A_0 \frac{1 - \Delta V / V_0}{1 - \Delta l / l_0}$$

여기서, A : 수정된 단면적

$\quad\quad A_0$: 초기의 단면적

$\quad\quad \Delta V$: 전단 시 체적변화량

$\quad\quad V_0$: 초기의 체적

$\quad\quad \Delta l$: 전단 시 시료의 길이 변화량

$\quad\quad l_0$: 초기의 시료길이

UU시험은 비압밀 비배수 상태에서 시험하므로 체적변화가 없다. 그러므로 수정된 단면적 A 는 다음과 같다.

$$A = \frac{A_0}{1 - \Delta l / l_0}$$

여기에서,

$$A_0 = \frac{\pi D^2}{4} = \frac{3.14 \times 3.8^2}{4} = 11.35 \, \text{cm}^2$$

계산결과를 요약하면 다음과 같다.

σ_3(kgf/cm^2)	$\dfrac{\Delta l}{l_0}$	A(cm^2)	$\Delta\sigma = \sigma_1 - \sigma_3$ (kgf/cm^2)	$\sigma_1 = \Delta\sigma + \sigma_3$ (kgf/cm^2)
2.0	0.129	13.04	1.70	3.70
4.0	0.132	13.09	1.64	5.64
6.0	0.135	13.12	1.72	7.72

위의 계산결과를 이용하여 Mohr의 응력원을 그리면 그림 8-11과 같고 이 그림으로부터 강도정수를 구하면 $c_u = 0.85$kgf/cm^2, $\phi_u = 0$이다.

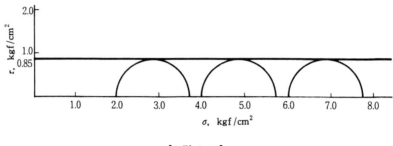

[그림 8-11]

예제 8-5

예제 8-4와 동일한 시료로 CD시험을 실시하여 다음과 같은 결과를 얻었다. 강도정수를 구하여라.

구속응력(kgf/cm^2)	축하중(kgf)	축변형(mm)	체적변화(cm^3)
2.0	46.7	10.81	6.6
4.0	84.8	12.26	8.2
6.0	126.5	14.17	9.5

시료의 초기 단면적 $A_0 = 11.35$cm^2

시료의 초기 부피 $V_0 = 11.35 \times 7.6 = 86$cm^3

수정된 단면적(A)은

$$A = A_0 \frac{1 - \Delta V / V_0}{1 - \Delta l / l_0} = 11.35 \times \frac{1 - \Delta V / 86}{1 - \Delta l / 7.6}$$

계산결과를 요약하면 다음과 같다.

σ_3 (kgf/cm²)	$\dfrac{\Delta l}{l_0}$	$\dfrac{\Delta V}{V_0}$	A (cm²)	$\Delta\sigma = \sigma_1 - \sigma_3$ (kgf/cm²)	$\sigma_1 = \Delta\sigma + \sigma_3$ (kgf/cm²)
2.0	0.142	0.077	12.22	3.82	5.82
4.0	0.161	0.095	12.25	6.91	10.91
6.0	0.186	0.110	12.40	10.20	16.20

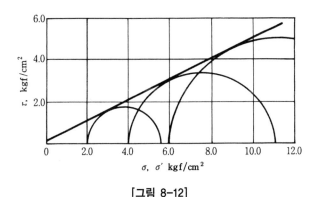

[그림 8-12]

위의 계산 결과를 이용하여 Mohr의 응력원을 그리면 그림 8-12와 같고 CD시험에 의한 강도 정수는 $c' = 0.2\,\mathrm{kgf/cm^2}$, $\phi' = 26°$이다.

8.3.3 일축압축시험(unconfined compression test)

일축압축시험은 축방향의 하중만을 가하여 파괴시키는 시험으로 삼축압축시험에서 $\sigma_3 = 0$ 인 조건으로 시험하는 것과 동일한 것이다. 주로 내부마찰각이 작은 점토질의 흙에 적용되며, 시험시 시료 내부에 있는 간극수의 배출 없이 급속히 압축하기 때문에 압밀 비배수 시험의 특별한 형태라 할 수 있다.

Mohr의 응력원은 그림 8-13과 같으며 강도정수는 다음과 같이 유도된다.

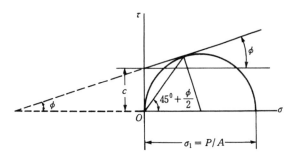

[그림 8-13] 일축압축시험에 대한 Mohr의 응력원

$$\sin \phi = \frac{\sigma_1/2}{c \cot \phi + \sigma_1/2} = \frac{\sigma_1}{2 c \cot \phi + \sigma_1}$$

$$c = \frac{\sigma_1 (1 - \sin \phi)}{2 \cos \phi} = \frac{\sigma_1}{2 \tan \left(45^o + \dfrac{\phi}{2}\right)} \tag{8.10}$$

여기에서 σ_1은 시료가 파괴될 때의 축응력이므로 이를 일축압축강도(q_u)라고 하며 점착력 c는 다음 식으로 나타난다.

$$c = \frac{q_u}{2 \tan \left(45^o + \dfrac{\phi}{2}\right)} \tag{8.11}$$

만일 $\phi = 0$인 연약점토에서는

$$\tau = c = \frac{q_u}{2} \tag{8.12}$$

예제 8-6

어떤 점토시료를 일축압축시험한 결과 일축압축강도가 1.2kgf/cm², 파괴면과 수평면이 이루는 각은 47°였다. 이 시료의 강도정수를 구하여라.

풀 이

$\theta = 47^o$이므로 식(8.6)에서

$$\phi = 2\theta - 90^o = 2 \times 47 - 90 = 4^o$$

$$c = \frac{q_u}{2\tan\left(45^o + \dfrac{\phi}{2}\right)}$$

$$= \frac{1.2}{2\tan 47^o} = 0.56\,\mathrm{kgf/cm^2}$$

8.3.4 베인전단시험(vane shear test)

베인시험은 비교적 연약한 점토지반의 비배수 강도를 측정하는 **원위치 현장시험**이다. 시험기는 그림 8-14에서 보는 바와 같이 얇은 놋쇠로 만든 4개의 직사각형 날개가 달린 베인(vane)을 롯드(rod)의 선단에 붙인 것으로 베인의 직경과 높이의 비는 1:2이다.

이 시험은 지반 속에 베인을 밀어넣고, 로드의 정상부에서 회전력을 주어서 흙의 전단저항을 측정하는 것이다. 실내시험으로부터 구한 비배수 강도와 비교하면 베인으로 구한 값이 크게 나타나는데, 이것은 파괴전단면의 차이에서 발생되는 것으로 보고 있다. 비배수 조건에서의 사면안정 해석이나 구조물 기초의 지지력 산정에 널리 이용되고 있다.

전단 시에 가한 우력은 전단된 원주형 흙의 상하단면과 원통 주면의 전단저항력을 합한 값과 같으므로 다음의 식이 성립된다.

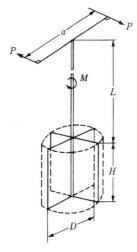

[그림 8-14] 베인시험기

$$c = \frac{M_{\max}}{\pi D^2 \left(\dfrac{H}{2} + \dfrac{D}{6} \right)} \tag{8.13}$$

여기에서, $M_{\max}$: 로드에 가해진 최대 우력(kgf·cm)

c : 점착력(kgf/cm^2)

D : 베인의 폭(cm)

H : 베인의 높이(cm)

8.3.5 표준관입시험(standard penetration test)

표준관입시험(標準貫入試驗)은 그림 8-15와 같은 스플리트 스푼 샘플러(split spoon sampler)를 드릴로드(drill rod)에 연결해서 원지반에 관입시킨 후, 63.5kgf의 해머로 낙하고 75cm에서 자유낙하시켜서 샘플러가 30cm 관입하는 데 요구되는 타격횟수를 구하는 시험이다. 이때의 타격횟수를 표준관입 시험치 또는 N치라고 하며 이 값은 모래의 상대밀도나 점토의 컨시스턴시 추정에도 이용된다.

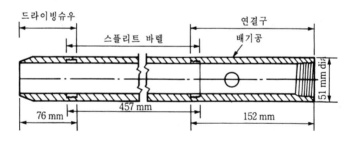

[그림 8-15] 스플리트 스푼 샘플러

측정된 N치는 횡방향 구속응력의 영향으로 지표면 부근에서는 실제보다 작게 측정되고 아래로 갈수록 크게 측정된다. 이와 같은 점을 보완하기 위하여 Peck(1974)은 그림 8-16에 나타나 있는 바와 같이 N치의 수정방법을 도표로 제시하였다. 현장에서 측정한 N치는 다음 식으로 수정한다.

$$N_{\mathrm{cor}} = C_n \, N_f \tag{8.14}$$

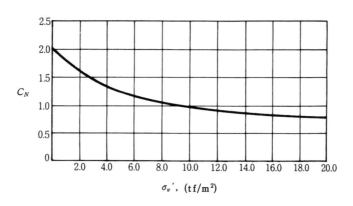

[그림 8-16] N치의 수정계수

여기서, N_{cor} : 수정된 N치

　　　　C_n : 수정계수

　　　　N_f : 현장에서의 측정치

(1) 모래의 내부마찰각 ϕ과 N치와의 관계

Dunham의 식

$$\phi = \sqrt{12\,N} + C \tag{8.15}$$

여기에서, 흙입자가 둥글고 입경이 균일한 모래　　　$C = 15$

　　　　　흙입자가 둥글고 입도분포가 좋은 모래　　$C = 20$

　　　　　흙입자가 모나고 입경이 균일한 모래　　　$C = 20$

　　　　　흙입자가 모나고 입도분포가 좋은 모래　　$C = 25$

Terzaghi-Peck의 식

$$\phi = 0.3\,N + 27 \tag{8.16}$$

(2) 점토질 지반에 있어서 점착력 c와 N치의 관계

Terzaghi의 식

$$c = 0.0625\,N \tag{8.17}$$

Dunham의 식

$$c = 0.066\,N$$

(3) 점토의 일축압축강도 q_u와 N치의 관계

Terzaghi-Peck의 식

$$q_u = \frac{N}{8}\,(\text{kgf/cm}^2) \tag{8.18}$$

8.4 흙의 전단특성

8.4.1 사질토의 전단특성

사질토의 전단강도는 밀도나 전단시험의 배수조건에 따라 변화되지만 응력이력의 영향은 거의 받지 않는다. 일반적으로 건조한 모래는 점착력이 거의 없으므로 전단강도식은 다음과 같이 된다.

$$\tau = \sigma' \tan\phi \tag{8.19}$$

느슨한 상태에 있는 사질토의 내부마찰각은 안식각(安息角, angle of repose)과 거의 같다고 한다.

전단시험 시 전단상자를 채우고 있는 시료가 조밀한 경우에는 모래입자가 전단면을 따라 이

동하게 되고, 입자는 다른 입자를 누르고 넘어야 되기 때문에 체적팽창 현상이 일어나게 된다. 이와 같이 전단변형에 수반되는 체적변화를 **다일러턴시**(dilatancy)라고 한다.

시료의 밀도 여하에 따라 전단파괴에 도달하기 전의 느슨한 모래는 체적이 감소하고 조밀한 모래는 체적이 증가하는 경향이 있다. 한편, 전단 파괴 시에 체적이 증가도 감소도 하지 않는 경우가 발생될 수 있는데 이때의 밀도와 간극비를 **한계밀도**(限界密度, critical density), **한계간극비**(限界間隙比, critical void ratio)라 한다. 이것은 Cassagrande가 제안한 것으로 모래질 흙의 성토(盛土) 또는 기초지반의 안정성 고찰에 하나의 척도가 된다.

모래의 전단에 따르는 체적변화와 한계간극비의 개념은 특히 모래질 지반에 있는 구조물 또는 모래질 흙이 침수되어 있을 때의 안정성에 중요한 의미를 갖는다. 물로 포화된 느슨한 모래가 간극수 유출이 되지 못하는 상태에서 전단하중을 받으면 강도가 급격히 감소하는 결과를 초래할 수 있다. 느슨하게 쌓인 포화된 모래에 갑자기 충격을 가하면 입자들은 재배열되어 약간 수축할 것이다. 이로 말미암아 모래에는 과잉간극수압이 유발되어 유효응력의 감소를 초래한다. 유효응력이 감소하면 전단강도가 감소하므로 모래 위에 있는 하중은 상당한 깊이까지 가라앉게 되는데, 이와 같은 현상을 액상화현상(液狀化現象, Liquefaction)이라고 한다.

실제로 느슨한 지반 위에 세워진 구조물은 지진이나 폭파, 진동 등으로 충격을 받았을 때 액화현상으로 파괴될 수 있다. 현재로서는 액화현상이 일어나는 기준이 분명하지 않지만 이것을 방지하기 위해서는 자연간극비를 한계간극비보다 더 작게 하여야 한다.

8.4.2 점토의 전단특성

함수비를 변화시키지 않고 재성형한 시료는 일반적으로 자연상태에서의 값보다 전단강도가 상당히 저하한다. 이것은 입자의 흡착층(吸着層)이 흐트러지고 흙의 조성구조가 파괴되기 때문이다. 이러한 현상을 **예민성**(銳敏性, sensitivity)이라 한다.

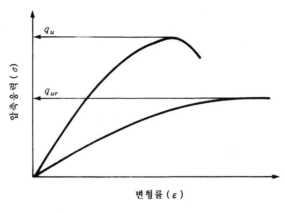

[그림 8-17] 예민비 설명도

자연상태의 일축압축강도를 q_u 라 하고 함수비를 변하지 않게 재성형한 인공시료의 일축압축 강도를 q_{ur} 이라고 하면 예민비(銳敏比, sensitivity ratio, S_t)는 다음과 같이 표시된다.

$$S_t = \frac{q_u}{q_{ur}} \tag{8.20}$$

만약 일축압축시험에서 응력의 정점이 나타나지 않을 때는 변형률 15~20%에 대한 강도의 비를 구하는 것이 보통이다.

예민비의 크기에 따라서 점토를 분류하면 예민비가 1보다 작을 때에는 비 예민성 점토라 하고, 1~8은 예민성 점토, 8~64는 quick clay, 64 이상은 extra quick clay라고 한다.

재성형으로 인하여 강도가 저하된 시료는 시간이 경과함에 따라 강도의 회복현상을 보이게 되는데 이러한 현상을 틱스트로피(**Thixotropy**)라고 한다. 이것은 복잡한 전기 화학적 또는 콜로이드 화학적 성질에 의하여 입자 접촉면에 새로운 부착력이 생겼기 때문인 것으로 생각된다.

8.4.3 변형계수(modulus of deformation)

흙은 탄성체가 아니므로 탄성계수는 존재하지 않기 때문에 이에 상당하는 변형계수라는 개념을 도입하고 있다.

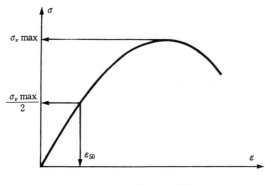

[그림 8-18] 변형계수 설명도

변형계수(E_{50})는 주응력차 최대치의 절반 값과 이에 대응하는 변형률의 비로 정의된다.

$$E_{50} = \frac{(\sigma_1 - \sigma_3)_{max}/2}{\varepsilon_{50}/100} \tag{8.21}$$

여기서, E_{50} : 흙의 변형계수

$(\sigma_1 - \sigma_3)_{max}$: 주응력차의 최대치

ε_{50} : 주응력차 최대치의 절반 값에 대응하는 변형률

8.4.4 간극수압계수(pore pressure parameter)

점토에 압력이 가해지면 과잉간극수압이 발생한다. 전응력에 대한 간극수압 변화량의 비, 즉 $\Delta u/\Delta \sigma$를 **간극수압계수**(間隙水壓係數)라고 한다.

1축압축 시의 간극수압계수는 다음과 같다.

$$D = \frac{\Delta u}{\Delta \sigma_1} \tag{8.22}$$

여기서, D : 1축압축 시의 간극수압계수

$\Delta \sigma_1$: 1축압축 시의 축응력

Δu : 간극수압

3축압축 때의 하중상태는 등방압축과 1축압축이 합친 것이므로 3축압축 시의 간극수압의 변화는 각 경우에 대한 간극수압의 변화를 합쳐서 계산할 수 있다. 다만 앞에서 언급한 1축압축 시의 $\Delta \sigma_1$은 $(\Delta \sigma_1 - \Delta \sigma_3)$로 대치되어야 할 것이다.

$$\Delta u = B \Delta \sigma_3 + D (\Delta \sigma_1 - \Delta \sigma_3)$$

여기에서 B는 등방압력 $\Delta \sigma_3$가 가해졌을 때의 간극수압계수이다. 이것을 Skempton (1948)이 제안한 식으로 나타내면 다음과 같다.

$$\Delta u = B [\Delta \sigma_3 + A (\Delta \sigma_1 - \Delta \sigma_3)] \tag{8.23}$$

따라서 $A = D / B$이며 A를 3축압축 시의 간극수압계수라고 한다. 포화된 흙에서는 $B = 1$이므로 위의 식은 식(8.24)와 같이 표시된다.

$$\Delta u = \Delta \sigma_3 + A (\Delta \sigma_1 - \Delta \sigma_3) \tag{8.24}$$

표준 3축압축시험에서는 구속응력을 일정하게 두고 시험하므로 축차응력과 이로 인하여 발생된 간극수압을 측정할 수 있어서 A를 쉽게 계산할 수 있다.

$$A = \frac{\Delta u - \Delta \sigma_3}{\Delta \sigma_1 - \Delta \sigma_3} = \frac{\Delta u}{\Delta \sigma_v} \tag{8.25}$$

예제 8-7

교란되지 않은 어떤 점토시료에 대하여 일축압축시험을 한 결과 일축압축강도 $4.8 \, \text{kgf/cm}^2$를 얻었다. 같은 시료를 재성형하여 시험한 결과 일축압축강도 2.4kgf/cm^2를 얻었다. 자연상태의 점착력과 이 점토의 예민비를 구하여라.

점토이므로 마찰각 $\phi = 0$이다. 그러므로 식(8.12)를 이용하여 자연상태의 시료에 대한 점착력을 구하면,

$$c = \frac{q_u}{2} = \frac{4.8}{2} = 2.4 \mathrm{kgf/cm^2}$$

식(8.20)으로 예민비(S_t)를 구하면,

$$S_t = \frac{q_u}{q_{ur}} = \frac{4.8}{2.4} = 2$$

8.5 응력경로(stress path)

삼축압축시험의 결과는 응력경로(應力經路)라는 선에 의해서 나타낼 수 있다. 응력경로는 시험이 진행되는 동안 시료의 연속적인 응력상태를 표시하는 점을 연속적으로 표시하는 선이다.

Lambe(1964)는 응력이 변하는 동안 각 응력상태에 대한 Mohr 응력원의 (p, q)점을 연결하여 그 응력 변화의 이력을 연속적으로 표시하는 방법을 제안하였다.

$$p = \frac{\sigma_1 + \sigma_3}{2} \tag{8.26}$$

$$q = \frac{\sigma_1 - \sigma_3}{2} \tag{8.27}$$

좌표(p, q)는 Mohr 응력원의 최대전단응력을 나타내는 점이며 응력경로는 여러 개의 Mohr 응력원에 대한 좌표(p, q)를 연결한 선분이다. 응력경로는 전응력으로 표시할 수도 있고 유효응력으로 표시할 수도 있다. 전자를 전응력경로(total stress path), 후자를 유효응력경로

(effective stress path)라고 한다. 유효응력 경로는 전응력에서 간극수압을 뺀 값(p', q')을 연결한 선분이다.

　응력경로는 최대전단응력을 따라 그려지므로 Mohr-coulomb의 파괴포락선과는 일치하지 않는다. 그림 8-19는 각 원의 (p, q)점을 연결한 선이며 이것을 K_f선이라고 한다.

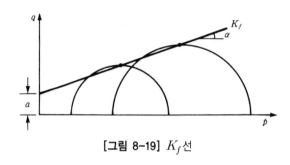

[그림 8-19] K_f 선

K_f선의 방정식은 다음과 같이 표시된다.

$$q_f = a + p_f \tan \alpha \tag{8.28}$$

여기서, a : q축과의 절편
　　　　p_f : 수직응력
　　　　α : K_f선의 경사각

K_f선과 Mohr-coulomb의 파괴포락선의 강도정수는 다음과 같은 관계가 있다.

$$\phi = \sin^{-1}(\tan \alpha) \tag{8.29}$$

$$c = a / \cos \phi \tag{8.30}$$

[문 8.1] 원주상의 흙 공시체에 수직응력이 10kgf/cm^2, 수평응력이 2kgf/cm^2로 작용하고 있다. 공시체 내의 $60°$ 각도 경사면에 작용하는 수직응력, 전단응력을 구하여라.

답) $\sigma = 4\text{kgf/cm}^2,\ \tau = 3.46\text{kgf/cm}^2$

[문 8.2] 문제 1에서 경사면의 각도가 몇 도이면 전단응력이 최대가 되는가?

답) $\theta = 45°,\ \tau_{\max} = 4\text{kgf/cm}^2$

[문 8.3] 어떤 건조모래에 대해서 직접 전단시험을 실시한 바, 수직응력이 4.2kgf/cm^2일 때, 2.4kg/cm^2의 전단저항을 얻었다. 이 모래의 내부마찰각을 구하고 또한 수직응력이 6.0kgf/cm^2일 때의 전단저항을 구하여라.

답) $\tau = 3.43\text{kgf/cm}^2,\ \phi = 29°44'$

[문 8.4] 내부마찰각 $30°$, 점착력 0.8kgf/cm^2로 측정된 흙이 있다. 흙 속의 어떤 면에 수직응력이 8kgf/cm^2, 전단응력이 5kgf/cm^2 작용할 때 이 면에서의 파괴 여부를 판정하여라.

답) $s = 5.42\text{kgf/cm}^2 > 5.0\text{kgf/cm}^2$

파괴되지 않음

[문 8.5] 건조 모래를 배수 전단시험한 결과 수직응력이 32.4kgf/cm²에서 전단강도가 24.6kgf/cm²였다. Mohr의 응력원을 이용하여 이때의 최대주응력과 최소주응력을 구하여라.

답) $\sigma_1 = 82\mathrm{kgf/cm}^2$, $\sigma_3 = 20.2\,\mathrm{kgf/cm}^2$

[문 8.6] 포화점토의 공시체를 일축압축시험한 결과 압축강도가 2.4kgf/cm²였다. 이 흙의 강도정수를 구하여라.

답) $c = 1.2\mathrm{kgf/cm}^2$

[문 8.7] 어떤 흙의 원주형 공시체에 최대주응력 $\sigma_1 = 5\,\mathrm{kgf/cm}^2$, 최소주응력 $\sigma_3 = 1\mathrm{kgf/cm}^2$를 가하였더니 흙의 경사면이 60° 각으로 파괴하였다. 이때에

① 이 흙의 c, ϕ값을 구하여라.
② 파괴면에 작용하는 수직응력 σ, 전단응력 τ를 구하여라.
③ 이 공시체 내에 최대전단응력 $\tau_{\max}$를 구하여라.

답) ① $\phi = 30°$, $c = 0.58\mathrm{kgf/cm}^2$

② $\sigma = 2\mathrm{kgf/cm}^2$, $\tau = 1.73\mathrm{kgf/cm}^2$

③ $\tau_{\max} = 2\mathrm{kgf/cm}^2$

[문 8.8] 어떤 점토에 대하여 CU 조건으로 삼축압축시험을 한 결과, 액압 $\sigma_3 = 3.0\,\mathrm{kgf/cm^2}$ 일 때, 파괴 시의 piston의 압력은 $\sigma_v = 2.3\,\mathrm{kgf/cm^2}$ 로 측정되었다. 또한 파괴 시의 간극수압은 $u = 1.6\,\mathrm{kgf/cm^2}$ 이다. 이 점토의 간극수압 계수 A_f 를 구하여라.

답) $A_f = 0.696$

[문 8.9] 어떤 점토지반에서 깊이 4m의 위치에 베인시험을 실시하여 최대 회전모멘트 $M_{\max} = 140\,\mathrm{kgf \cdot cm}$ 를 얻었다. 이 흙의 점착력 c 를 구하여라. 단 vane의 직경은 5cm, 높이는 10cm이다.

답) $c = 0.31\,\mathrm{kgf/cm^2}$

[문 8.10] 어떤 점토에 대하여 자연 상태와 다시 이긴 상태에서 각각의 일축압축 강도를 측정하였더니 $2.54\mathrm{kgf/cm^2}$ 와 $0.96\mathrm{kgf/cm^2}$ 였다. 이 점토의 예민비를 구하여라.

답) $S_t = 2.65$

[문 8.11] 어떤 시료토의 전단시험에서 20kgf의 수직하중을 가하여 전단력과 수평 변위를 측정한 결과, 다음 결과를 얻었다. 여기서 전단응력과 수평변위와의 관계 그림을 그리고, 또 시료의 전단강도를 구하여라.

전단력 S (kgf)	수평변위 ΔL(1/100mm)	전단력 S (kgf)	수평변위 ΔL(1/100mm)
0.56	3	9.54	53
1.33	10	10.91	71
3.31	26	11.02	86
6.72	42	10.18	123

답) $s = 0.67 \text{kgf}/\text{cm}^2$

[문 8.12] 문제 8.11에서 수직하중을 변화시켜 각 수직응력에 대한 전단강도를 구해본 결과 다음 값을 얻었다. 이것으로부터 점착력과 내부마찰각을 구하여 보아라.

수직응력 $\sigma (\text{kgf}/\text{cm}^2)$ 0.84   1.22   2.46

전단강도 $s \ (\text{kgf}/\text{cm}^2)$ 0.53   0.67   1.13

답) $c = 0.22 \text{kgf}/\text{cm}^2, \ \phi = 20° \ 10'$

09

·

토 압

SOIL MECHANICS

토 압

자연지반 위에 건설되는 구조물에는 옹벽, 지하연속벽, 가설 흙막이벽, 널말뚝 등이 있으며, 이들을 통털어 **흙막이 구조물**(earth retaining structure)이라고 말한다. 이와 같은 구조물을 설계할 때에는 흙에 의해 횡방향으로 작용하는 힘, 즉 **토압**(土壓, earth pressre)이 결정되어야 한다.

토압을 계산하는 방법은 오래 전부터 연구되어 왔으며 대표적인 것으로는 Coulomb의 토압 론과 Rankine 토압론이 있다. 전자는 1773년에 Coulomb이 발표한 것으로서 쇄기형태의 흙이 평면 활동면을 따라 구조물에 작용하는 압력을 구하는 것이며 일명 흙 **쇄기이론**(Earth wedge theory)이라고도 한다. 후자는 1856년 Rankine에 의해 제안한 것으로서 중력만이 작용하는 반 무한의 흙이 **소성평형상태**에 있을 경우의 응력으로부터 토압을 산정한 것이다.

토압의 크기는 흙의 종류나 다짐의 정도에 따라 다르고 벽체의 변위나 변형에 따라서도 크게 변화한다. 벽체에 흙을 뒤채움한 뒤에도 벽체가 전혀 변위를 일으키지 않으면 그때의 토압을 **정 지토압**(靜止土壓, earth pressure at rest)이라고 한다.

벽체를 뒤채움한 곳으로부터 외측으로 서서히 움직이면 뒤채움 흙의 일부가 벽을 향하여 움직이다가 활동상태에 이르면 미끄러져서 떨어지게 된다. 이 사이에 토압은 그림 9-1에서 보여주는 바와 같이 감소하기 시작하여 최소치에 도달한다. 이와 같이 뒤채움한 흙이 벽체를 외측으로 움직이려 할 때의 토압을 **주동토압**(主動土壓, active earth pressure)이라 한다.

이와는 반대로 뒤채움한 쪽으로 벽체를 밀면 뒤채움한 흙의 일부가 활동면을 따라 위로 들어올려지게 된다. 이 사이에 토압은 흙쐐기가 들어올려질 때 최대치가 된다. 이 경우와 같이 벽체의 외측에서 외력의 작용으로 뒤채움흙을 들어올리려고 할 때의 토압을 **수동토압**(受動土壓, passive earth pressure)이라 한다.

정지토압은 그림 9-1에서 보는 바와 같이 주동토압과 수동토압의 중간이며 이 중간의 상태를 **탄성평형상태**(彈性平衡狀態, state of elastic equilibrium)라 한다.

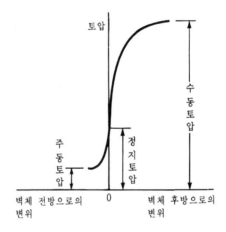

[그림 9-1] 벽체의 변위와 토압

9.1 정지토압(earth pressure at rest)

지표면이 수평이고 흙이 균질한 지반의 연직응력은 지표면으로부터의 깊이에 따라 일정하게 증가한다.

$$\sigma_z = \sigma_v = \gamma z \tag{9.1}$$

지표면 아래에 있는 흙의 한 요소가 수평방향으로 이동이 없을 때의 토압을 결정하기 위해 탄성론(彈性論)을 적용하기로 한다. 한 탄성체에 z축 방향으로 힘이 작용한다면 Hook의 법칙에 따라 변형하므로,

$$\varepsilon_z = \frac{\sigma_z}{E} \tag{9.2}$$

$$\varepsilon_x = \varepsilon_y = -\mu\,\varepsilon_z \tag{9.3}$$

여기서, ε_x, ε_y, ε_z : x, y, z 방향의 변형률

　　　　E : 탄성계수

　　　　μ : Poisson의 비

만일, 이 탄성체에 모든 방향에서 힘이 작용한다면 중첩의 원리에 의하여,

$$\varepsilon_x = \frac{1}{E}\left[\sigma_x - \mu\,(\sigma_y + \sigma_z)\right] \tag{9.4}$$

$$\varepsilon_y = \frac{1}{E}\left[\sigma_y - \mu\,(\sigma_z - \sigma_x)\right] \tag{9.5}$$

$$\sigma_z = \frac{1}{E}\left[\sigma_z - \mu\,(\sigma_x + \sigma_y)\right] \tag{9.6}$$

y, z방향으로 변위가 없으면 식(9.5)에서 $E_y = 0$이므로

$$\sigma_y = \mu\,(\sigma_x + \sigma_z) \tag{9.7}$$

또한 $\varepsilon = 0$으로 하고 식(9.7)을 식(9.4)에 대입하여 정리하면 다음과 같다.

$$\sigma_x = \frac{\mu}{1-\mu} \sigma_z \tag{9.8}$$

이 식에서 $\sigma_x = \sigma_h$ 이고 $\sigma_z = \sigma_v = \gamma z$ 이므로 다음과 같이 표시된다.

$$\sigma_h = \frac{\mu}{1-\mu} \sigma_z = K_o \gamma z \tag{9.9}$$

$$K_o = \frac{\sigma_h}{\sigma_z} \tag{9.10}$$

여기서 σ_h 는 수평방향으로 변위가 없을 때의 토압이므로 이것을 **정지토압**(靜止土壓)이라 하고, K_o 는 Poisson 비의 함수로 나타나며 이것을 **정지토압계수**(靜止土壓係數, K_o)라고 한다. K_o 의 값은 3축압축시험에서 수평방향의 변위가 발생되지 않도록 조절하면서 결정할 수 있다.

학자들의 실험결과에 의하면 정지토압계수는 흙의 마찰각(ϕ)과 일정한 관계가 있다고 한다.

$$K_o = 1 - \sin \phi' \tag{9.11}$$

위의 공식은 Jaky가 제안한 것으로 이론적으로 유도한 것과 잘 부합하고 있음이 입증되었다. 정지토압은 도로제방의 아래를 관통하는 박스 구조물과 같이 변위가 허용되지 않는 경우에 적용한다.

9.2 랭킨의 토압이론

Rankine은 지반을 균질한 분체(粉體)로 이루어진 것으로 생각하고 반무한으로 펼쳐진 지반이 자중에 의하여 소성평형상태에 있을 때의 응력을 구하였다. 여기서 소성평형 상태는 Mohr의 응력원이 파괴 포락선에 접한 상태이다. 이 이론은 몇 가지의 가정 하에서 토압을 구하기 때문에 실제와 다소 차이가 있으나 계산의 간편성 때문에 널리 이용되고 있다.

9.2.1 지표가 수평인 모래질 흙의 토압

(1) 주동토압(active earth pressure)

벽체가 뒤채움 흙으로부터 멀어지면 수평응력은 계속 감소하게 되며, 결국 흙 요소의 응력상태는 그림 9-2에 나타나 있는 소성평형 상태가 되어 Mohr-coulomb 포락선에 접하게 된다. 이를 Pankine의 주동상태(Rankine active state)라 하며 다음과 같은 관계가 성립한다.

$$
\begin{aligned}
\sin \phi &= \frac{BO}{AO} = \frac{BO}{AC + CO} \\
&= \frac{(\sigma_v - \sigma_a)/2}{\sigma_a + (\sigma_v - \sigma_a)/2} = \frac{\sigma_v - \sigma_a}{\sigma_v + \sigma_a}
\end{aligned}
\tag{9.12}
$$

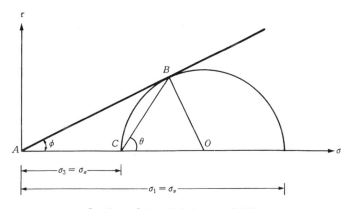

[그림 9-2] 주동상태의 Mohr 응력원

식(9.12)를 정리하면

$$
\frac{\sigma_a}{\sigma_v} = \frac{1 - \sin \phi}{1 + \sin \phi} = \tan^2 \left(45^o - \frac{\phi}{2} \right) = K_a
\tag{9.13}
$$

여기서 K_a를 **주동토압계수**(主動土壓係數, cofficient of active pressure)라 한다.

따라서 깊이 z 되는 곳의 **주동토압**(σ_a)과 높이 H인 연직벽에 작용하는 **주동토압의 합력**(合力, P_a)을 구하면 다음과 같다.

$$\sigma_a = \gamma z \, K_a = \gamma z \tan^2 \left(45^o - \frac{\phi}{2} \right) \tag{9.14}$$

$$P_a = \int_o^H \sigma_a \, dz = \int_o^H \gamma z \, K_a \, dz$$

$$= \frac{1}{2} \gamma H^2 \, K_a = \frac{1}{2} \gamma H^2 \tan^2 \left(45^o - \frac{\phi}{2} \right) \tag{9.15}$$

주동상태에서 활동면의 방향은 최소주응력이 작용하는 면, 즉 수평면과 $45^o + \dfrac{\phi}{2}$ 의 각을 이루고 있다.

(2) 수동토압(passive earth pressure)

흙을 수평방향으로 균등하게 압축시키고자 한다면 수평응력을 증가시켜야 할 것이다. 이때에는 정지상태에 있는 Mohr의 응력원이 σ_3 의 증가로 인하여 점차 작아져서 $\sigma_1 = \sigma_3$ 가 되었다가, 이번에는 반대로 수평응력이 연직응력을 초과하게 된다. 수평응력을 더욱 증가시켜서 파괴상태에 이르면 그림 9-3에 나타나 있는 것처럼 Mohr의 응력원이 파괴포락선에 접하게 된다. 이때의 응력은 Rankine의 수동상태에 도달되었다고 하며, 다음의 관계가 성립한다.

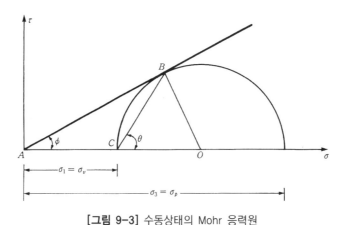

[그림 9-3] 수동상태의 Mohr 응력원

$$\sin \phi = \frac{BO}{AO} = \frac{BO}{AC + CO}$$

$$= \frac{(\sigma_p - \sigma_v)/2}{\sigma_v + (\sigma_p - \sigma_v)/2} = \frac{\sigma_p - \sigma_v}{\sigma_p + \sigma_v}$$

위의 식을 정리하면

$$\frac{\sigma_p}{\sigma_v} = \frac{1 + \sin\phi}{1 - \sin\phi} = \tan^2\left(45^o + \frac{\phi}{2}\right) = K_p \tag{9.16}$$

여기서 K_p를 **수동토압계수**(受動土壓係數, coefficient of passive earth pressure)라 하며 활동면은 최대주응력면과 $45^o - \dfrac{\phi}{2}$ 이다.

깊이 z 되는 곳의 수동토압(σ_p)과 높이 H 인 연직벽에 작용하는 **수동토압의 합력**(P_p)을 구하면 다음과 같다.

$$\sigma_p = \gamma\,z\,K_p = \gamma\,z \tan^2\left(45^o + \frac{\phi}{2}\right)$$

$$P_p = \int_o^H \sigma_p\,dz = \int_o^H \gamma\,z\,K_p\,dz$$

$$= \frac{1}{2}\gamma\,H^2\,K_p = \frac{1}{2}\gamma\,H^2\tan^2\left(45^o + \frac{\phi}{2}\right) \tag{9.17}$$

예제 9-1

그림 9-4에 보인 옹벽에서 지표면 아래 9m 지점의 주동토압을 구하고 옹벽면에 작용하는 주동토압의 합력과 작용점 위치를 계산하여라.

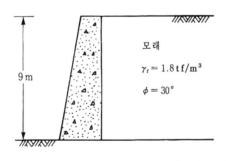
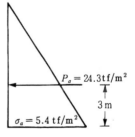

[그림 9-4]

$$주동토압계수\ K_a = \frac{1 - \sin\phi}{1 + \sin\phi} = \frac{1 - \sin 30^o}{1 + \sin 30^o} = \frac{1}{3}$$

지표면 아래 9m 지점에 작용하는 주동토압

$$\sigma_a = \gamma z K_a = 1.8 \times 9 \times \frac{1}{3} = 5.4\,\mathrm{tf/m^2}$$

주동토압의 합력

$$P_a = \frac{1}{2}\gamma H^2 K_a = \frac{1}{2} \times 1.8 \times 9^2 \times \frac{1}{3} = 24.3\,\mathrm{tf/m}$$

작용점의 위치는 옹벽 바닥에서 높이의 $\frac{1}{3}$ 되는 위치에 작용한다.

$$y = 3\,\mathrm{m}$$

파괴면의 경사각

$$\theta = 45^o + \frac{\phi}{2} = 45^o + \frac{30}{2} = 60^o$$

파괴면은 수평면과 60°의 경사를 이룬다.

예제 9-2

그림 9-5에 나타낸 옹벽에서 지표면 아래 9m 지점에 작용하는 주동토압과 옹벽면에 작용하는 주동토압의 합력 및 작용위치를 구하여라.

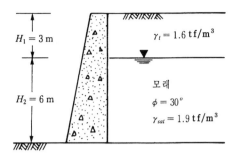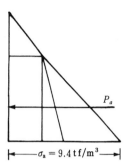

[그림 9-5]

풀 이

주동토압계수 $K_a = \dfrac{1 - \sin \phi}{1 + \sin \phi} = \dfrac{1 - \sin 30^o}{1 + \sin 30^o} = \dfrac{1}{3}$

지표면 아래 9m 지점에 작용하는 주동토압

$$\sigma_a = \gamma_t\, H_1\, K_a + \gamma_{\mathrm{sub}}\, H_2\, K_a + \gamma_\omega\, H_2$$

$$= 1.6 \times 3 \times \dfrac{1}{3} + (1.9 - 1) \times 6 \times \dfrac{1}{3} + 1 \times 6 = 9.4\,\mathrm{tf/m^2}$$

주동토압의 합력

$$P_a = \dfrac{1}{2}\, \gamma_t\, H_1^2\, K_a + \gamma_t\, H_1\, H_2\, K_a + \dfrac{1}{2}\, \gamma_{\mathrm{sub}}\, H_2^2\, K_a + \dfrac{1}{2}\, \gamma_\omega\, H_2^2$$

$$= \dfrac{1}{2} \times 1.6 \times 3^2 \times \dfrac{1}{3} + 1.6 \times 3 \times 6 \times \dfrac{1}{3} + \dfrac{1}{2} \times 0.9 \times 6^2 \times \dfrac{1}{3} + \dfrac{1}{2} \times 1.0 \times 6^2$$

$$= 2.4 + 9.6 + 5.4 + 18 = 35.4\,\mathrm{tf/m}$$

제9장 토 압 **241**

합력의 작용점 위치

$$y = \frac{2.4 \times 7 + 9.6 \times 3 + 5.4 \times 2 + 18 \times 2}{35.4} = 2.61\text{m}$$

(3) 등분포하중이 작용할 때의 토압

그림 9-6에서와 같이 지표면에 등분포하중(q)이 작용할 때, 임의의 깊이 Z에서의 토압은 흙으로 인하여 발생된 토압($\gamma z K$)과 하중에 의한 토압($q K$)을 합하여 구한다. 그러므로 높이 H인 옹벽에 작용하는 주동 및 수동토압의 합력은 다음 식과 같이 된다.

$$P_a = \int_o^H \sigma_a \, dz = \left(\frac{1}{2}\gamma H^2 + q H\right) \tan^2 \left(45^o - \frac{\phi}{2}\right) \tag{9.18}$$

$$P_p = \int_o^H \sigma_p \, dz = \left(\frac{1}{2}\gamma H^2 + q H\right) \tan^2 \left(45^o + \frac{\phi}{2}\right) \tag{9.19}$$

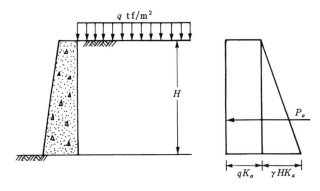

[그림 9-6] 등분포하중이 작용할 때의 토압

식(9.18), 식(9.19)에서 흙으로 인한 토압(P_1)과 등분포하중에 의한 토압(P_2)은 다음과 같다.

$$P_1 = \frac{1}{2}\gamma H^2 K_a \tag{9.20}$$

$$P_2 = q H K_a \tag{9.21}$$

위의 식으로부터 옹벽면에 작용하는 주동토압 합력의 작용점 위치 y를 구하면 식(9.22)가 된다.

그림 9-6에서 P_1은 삼각형 모양, P_2는 사각형 모양의 토압분포이므로 각각의 토압분포에 대하여 옹벽바닥에서부터 작용점 위치를 y_1, y_2라 하면

$$P_1 y_1 = \left(\frac{1}{2} \gamma H^2 K_a \right) \frac{1}{3} H$$

$$P_2 y_2 = (qHK_a) \frac{1}{2} H \text{ 가 된다.}$$

토압의 합력 $P = P_1 + P_2$이므로 각각의 토압분포에 대하여 옹벽바닥에 대한 1차모멘트를 취하면 $Py = P_1 y_1 + P_2 y_2$가 되고 옹벽바닥에서부터 합력의 작용점 위치 y를 구할 수 있다.

$$y = \frac{(P_1 y_1 + P_2 y_2)}{P} = \frac{\left(\frac{1}{2} (\gamma H^2 K_a) \frac{1}{3} H + (qHK_a) \frac{1}{2} H \right)}{\left(\frac{1}{2} (\gamma H^2 K_a) + qHK_a \right)}$$

$$= \frac{H \left(\frac{1}{6} \gamma H + \frac{1}{2} q \right)}{\left(\frac{1}{2} \gamma H + q \right)} = \frac{H(\gamma H + 3q)}{3(\gamma H + 2q)} \tag{9.22}$$

예제 9-3

그림 9-7에 나타낸 옹벽에 작용하는 주동토압의 합력과 작용위치를 구하여라.

풀 이

주동토압계수 $K_a = \dfrac{1 - \sin \phi}{1 + \sin \phi} = \dfrac{1 - \sin 30^o}{1 + \sin 30^o} = \dfrac{1}{3}$

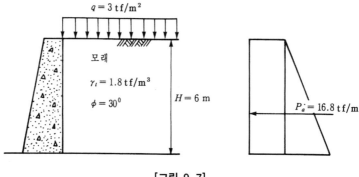

[그림 9-7]

주동토압의 합력

$$P_a = \frac{1}{2} \gamma H^2 K_a + q H K_a$$

$$= \frac{1}{2} \times 1.8 \times 6^2 \times \frac{1}{3} + 3 \times 6 \times \frac{1}{3}$$

$$= 10.8 + 6 = 16.8 \text{tf/m}$$

주동토압 합력의 작용점 위치

$$y = \frac{10.8 \times 2 + 6 \times 3}{16.8} = 2.36\text{m}$$

$$y = \frac{H(\gamma H + 3 q)}{3 (\gamma H + 2 q)} = \frac{6 (1.8 \times 6 + 3 \times 3)}{3 (1.8 \times 6 + 2 \times 3)} = 2.36\text{m}$$

(4) 뒤채움 흙이 여러 층인 경우의 토압

단위중량과 전단저항각이 다른 여러 층의 흙으로 뒤채움이 이루어져 있었을 때에는 다음과 같은 방법으로 토압을 계산할 수 있다. 가장 위층에 대해서는 이미 언급한 방법으로 토압을 구하고 두 번째 층이나 그 아래에 있는 층에 대해서는 그 층 위에 있는 흙의 무게를 상재하중(上載荷重)으로 간주하고 토압을 구하여 합하면 된다.

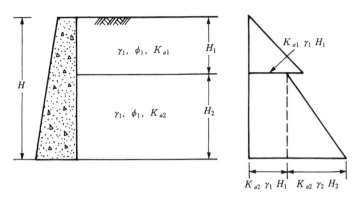

[그림 9-8] 뒤채움 흙이 여러 층인 경우의 토압

    그림 9-8에서 알 수 있는 바와 같이 위층의 무게는 $\gamma_1 H_1$ 이므로 이 무게를 상재하중으로 간 주하면 이 하중이 아래층에서는 $k_{a2} \gamma_1 h_1$ 이 되며 균등하게 추가된다. 이와 같은 방법으로 토압 을 계속해서 구하면 토압분포의 형상은 마치 톱니와 같다.

예제 9-4

    모래지반에 6m의 옹벽을 세우려 한다. 지표면 아래 3m까지는 느슨한 모래층이고 그 아래는 조밀한 사질토층이다. 주동토압 분포도를 그리고 합력을 구하여라. 단, 느슨한 모래층의 내부 마찰각은 30°이고 습윤단위중량은 1.7tf/m³이다. 또한 조밀한 토층의 내부마찰각은 38°이며 습윤단위중량은 2.0tf/m³이다.

풀 이

상층의 토압계수 $K_{a1} = \dfrac{1 - \sin 30}{1 + \sin 30} = 0.333$

하층의 토압계수 $K_{a2} = \dfrac{1 - \sin 38}{1 + \sin 38} = 0.24$

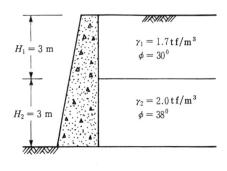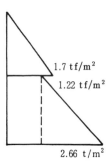

[그림 9-9]

3m 깊이 경계면(위)에서의 주동토압

$$\sigma_a = \gamma_1 H_1 K_{a1} = 1.7 \times 3 \times 0.333 = 1.7 \text{tf/m}^2$$

3m 깊이 경계면(아래)에서의 주동토압

$$\sigma_a = \gamma_1 H_1 K_{a2} = 1.7 \times 3 \times 0.24 = 1.22 \text{tf/m}^2$$

6m 깊이에서의 주동토압

$$\sigma_a = (\gamma_1 H_1 + \gamma_2 H_2) K_{a2} = (1.7 \times 3 + 2.0 \times 3) \times 0.24 = 2.66 \text{tf/m}^2$$

주동토압의 합력

$$P_a = \frac{1}{2} \gamma_1 H_1^2 K_{a1} + \gamma_1 H_1 H_2 K_{a2} + \frac{1}{2} \gamma_2 H_2^2 K_{a2}$$

$$= \frac{1}{2} \times 1.7 \times 3^2 \times 0.333 + 1.7 \times 3 \times 3 \times 0.24 + \frac{1}{2} \times 2.0 \times 3^2 \times 0.24$$

$$= 8.38 \text{tf/m}$$

9.2.2 지표가 경사진 모래질 흙의 토압

Rankine의 토압이론에서는 토압의 방향이 지표면과 평행하다고 가정하고 있다. 그러므로 그림 9-10(a)에 나타낸 바와 같이 지표면에 평행한 두면과 연직인 두면으로 이루어진 마름모꼴의 한 요소를 생각해보자. 각 응력은 다른 쪽의 면에 평행하게 작용하기 때문에 공액응력(conjugate stress)이다. 이 경우의 토압은 마름모꼴의 연직면에 작용하는 응력이며 조건에 따라서 주동토압과 수동토압이 된다.

지표면에 평행한 면에 작용하는 연직응력 σ_v는 다음과 같이 계산된다.

$$\sigma_v = \gamma z \cos i \tag{9.23}$$

그림 9-10(b)에서 수평면과 i의 기울기로 A점을 표시하면 연직응력 σ_v는 OA가 되며, $c = 0$인 흙이 주동상태가 되었을 때를 나타내는 Mohr의 응력원은 파괴포락선에 접할 것이다. 그러면 B'점이 평면기점 O_p가 되므로 O_p점에서 연직선을 그어서 Mohr의 응력원과 만나는 B점의 좌표가 연직면에 작용하는 응력을 나타낸다. 즉, OB의 길이가 바로 주동토압 σ_a의 값이 된다. 그러므로 그림 9-10(b)에서 주동토압계수 K_a는 다음과 같이 표시된다.

$$K_A = \frac{\sigma_a}{\sigma_v} = \frac{OB}{OA} = \frac{OB'}{OA} = \frac{OD - AD}{OD + AD} \tag{9.24}$$

그림 9-10(b)에서

$$OC \sin \phi = CH = AC$$

$$OC \sin i = CD$$

이므로

$$AD^2 = AC^2 - CD^2$$

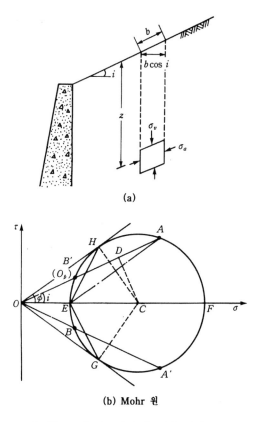

(a)

(b) Mohr 원

[그림 9-10] 지표면이 경사졌을 때의 토압

$$AD = OC\sqrt{\sin^2\phi - \sin^2 i} = OC\sqrt{\cos^2 i - \cos^2\phi} \tag{9.25}$$

또한 $OD = OC\cos i$ 이며 식(9.24)를 정리하면 다음 식으로 유도된다.

$$K_a = \frac{\cos i - \sqrt{\cos^2 i - \cos^2\phi}}{\cos i + \sqrt{\cos^2 i - \cos^2\phi}} \tag{9.26}$$

식(9.23)과 (9.26)으로부터 주동토압을 구하면

$$\sigma_a = K_a\sigma_v = K_a\gamma z\cos i \tag{9.27}$$

이며 주동토압의 합력은 지표면에 평행하게 작용하며 그 크기는

$$P_a = \frac{1}{2} K_a \gamma H^2 \cos i \tag{9.28}$$

수동상태인 경우에는 연직응력 σ_v가 그림 9-10(b)에서 OB'로 표시되며 수동토압 σ_p는 $OA' = OA$가 되므로 수동토압계수는

$$K_p = \frac{\cos i + \sqrt{\cos^2 i - \cos^2 \phi}}{\cos i - \sqrt{\cos^2 i - \cos^2 \phi}} \tag{9.29}$$

로 표시된다. 수동토압은

$$\sigma_p = K_p \gamma z \cos i \tag{9.30}$$

이다. 수동토압 합력의 작용방향은 지표면에 평행하며 크기는 다음과 같다.

$$P_p = \frac{1}{2} K_p \gamma H^2 \cos i \tag{9.31}$$

9.2.3 벽면이 경사진 경우의 토압

그림 9-11(a)에서와 같이 벽면 AB가 경사져 있을 때에는 B점에서 연직선을 그어 지표와 만나는 점 C를 결정한 후에 BC면에 작용하는 토압 $P_a{'}$를 구한다.

다음에는 $\triangle ABC$의 흙무게 W를 구하고 $P_a{'}$와 W의 합력을 구하면 이것이 벽면이 경사져 있는 경우의 토압 P_a가 된다.

$$P_a{'} = \frac{1}{2} \gamma H^2 K_a \cos i \tag{9.32}$$

$$W = \frac{1}{2} \gamma H H_0 \cot \alpha \tag{9.33}$$

여기서, H_0 : 옹벽의 높이

$\qquad$ H : 옹벽 끝점(B)에서 연직선을 그어 지표면과 만나는 점(C)까지의 거리

$\qquad$ α : 옹벽의 경사각

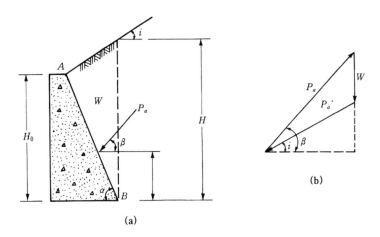

[그림 9-11] 벽면이 경사진 경우의 토압

그림 9-11(b)로부터 벽면에 작용하는 주동토압의 합력(P_a)을 구하면 다음과 같은 식이 성립된다.

$$P_a = \sqrt{(P_a{}' \cos i)^2 + (P_a{}' \sin i + W)^2} \tag{9.34}$$

주동토압의 합력은 옹벽바닥에서 $H_0 / 3$에 작용하며, 방향은 수평면과 β 각을 이루고 있다.

$$\tan \beta = \frac{P_a{}' \sin i + W}{P_a{}' \cos i} \tag{9.35}$$

9.2.4 점성토의 토압

(1) 주동토압(active earth pressure)

점착력이 있는 점성토로 뒤채움한 경우에는 Mohr의 응력원과 파괴포락선이 그림 9-12와 같이 표시된다.

주동토압 σ_a를 구하기 위하여 $\triangle ABO$를 생각하자.

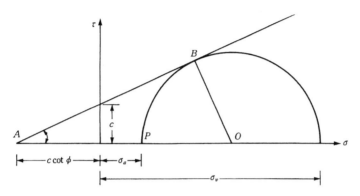

[그림 9-12] 점성토의 주동상태에 대한 Mohr 응력원

$$\sin \phi = \frac{BO}{AO} = \frac{BO}{AP + PO}$$

여기서 $AP = c \cot \phi + \sigma_a$ 이고, $BO = PO = (\sigma_v - \sigma_a)/2$ 이므로

$$\sin \phi = \frac{(\sigma_v - \sigma_a)/2}{c \cot \phi + \sigma_a + (\sigma_v - \sigma_a)/2} \tag{9.36}$$

이 식을 정리하면 주동토압은 다음과 같다.

$$\sigma_a = \frac{1 - \sin \phi}{1 + \sin \phi} \sigma_v - 2c \frac{\cos \phi}{1 + \sin \phi}$$

$$= \frac{1 - \sin \phi}{1 + \sin \phi} \gamma z - 2c \sqrt{\frac{1 - \sin \phi}{1 + \sin \phi}}$$

$$= \gamma z \tan^2\left(45^o - \frac{\phi}{2}\right) - 2 c \tan\left(45^o - \frac{\phi}{2}\right)$$

$$= \gamma z K_a - 2 c \sqrt{K_a} \tag{9.37}$$

여기서,

$$K_a = \frac{1 - \sin\phi}{1 + \sin\phi} = \tan^2\left(45^o - \frac{\phi}{2}\right) \tag{9.38}$$

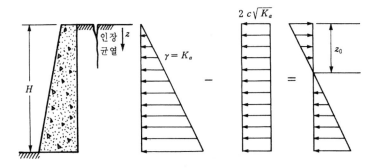

[그림 9-13] 점성토의 주동상태

이 식에서 K_a는 주동토압계수가 아니다. $K_a = \sigma_a / \sigma_v$의 관계가 성립될 때 주동토압계수라고 하는데 이 경우는 점착력으로 인하여 토압과 연직응력이 비례하지 않는다. 다만 식의 간단한 표현을 위하여 이용한 것이다.

높이 H인 연직옹벽에 작용하는 주동토압의 합력은 다음과 같이 표시된다.

$$P_a = \int_0^H \sigma_a \, dz = \frac{1}{2} \gamma H^2 \tan^2\left(45^o - \frac{\phi}{2}\right) - 2 c H \tan\left(45^o - \frac{\phi}{2}\right) \tag{9.39}$$

점착력이 있는 흙의 토압 식을 살펴보면 (−)압력이 발생하는데 이것은 점착력으로 인한 인장력 때문이다. 그림 9-13에 나타나 있는 인장응력이 미치는 깊이를 알기 위해서는 식(9.37)의 주동토압을 0으로 놓고 z를 구하면 된다.

$$\gamma z \tan^2 \left(45^o - \frac{\phi}{2}\right) - 2cH \tan\left(45^o - \frac{\phi}{2}\right) = 0$$

$$\therefore z_0 = \frac{2c}{\gamma \tan\left(45^o - \dfrac{\phi}{2}\right)} = \frac{2c}{\gamma} \tan\left(45^o + \frac{\phi}{2}\right) \tag{9.40}$$

여기에서 z_0는 점착력으로 인한 인장응력이 작용하는 한계깊이이므로 **점착고**(粘着高, cohesion height)라 한다.

토압은 깊이에 따라 비례하여 커지므로 $2z_0$까지는 (−)의 토압과 (+)의 토압이 같게 되어 토압의 합은 0이 된다. 따라서 $2z_0$까지는 흙을 굴착하여도 안정을 유지할 수 있으며 이때의 깊이 ($2z_0$)를 **한계고**(限界高, critical height, H_c)라고 한다.

$$H_c = 2z_0 = \frac{4c}{\gamma} \tan\left(45^o + \frac{\phi}{2}\right) \tag{9.41}$$

점성토로 뒤채움을 한 경우에 이론적으로는 식(9.39)로 토압을 간단히 계산할 수 있으나 인장균열이 지표면에 생겼다면 실제로는 그 깊이까지 인장력이 발생하지 않기 때문에 계산치와 상당히 다르다. 그러므로 인장균열까지의 (−)토압은 무시하고 상재토압으로 간주하여 계산한다.

$$P_A = \gamma z_0 (H - z_0) K_a + \frac{1}{2} \gamma (H - z_0)^2 K_a \tag{9.42}$$

인장균열 깊이까지 물이 채워지면 수압($0.5\gamma_\omega z_0^2$)을 위의 식에 합산한다.

(2) 수동토압(passive earth pressure)

점성토에 대한 수동토압도 앞에서 행해진 주동토압의 경우와 동일한 방법으로 유도된다. 유도과정은 생략하고 결과만을 기록하면 다음과 같다.

$$\sigma_p = \gamma\, z \tan^2\left(45^o + \frac{\phi}{2}\right) + 2c \tan\left(45^o + \frac{\phi}{2}\right)$$

$$= \gamma\, z\, K_p + 2c\,\sqrt{K_p} \tag{9.43}$$

주동토압의 합력은 다음의 공식으로 산정한다.

$$P_p = \frac{1}{2}\,\gamma\, H^2\, K_p + 2c\, H\,\sqrt{K_p} \tag{9.44}$$

높이 5m의 연직옹벽이 지표가 수평인 점토를 지지하고 있다. 이 점토의 내부마찰각은 6°, 점착력 0.1kgf/cm², 단위중량 1.6tf/m³일 때 이 옹벽에 작용하는 토압과 작용위치 및 점착고, 한계고를 구하여라.

풀 이

식(9.39)로 옹벽에 작용하는 주동토압의 합력을 구하면

$$P_a = \frac{1}{2}\gamma H^2 \tan^2\left(45^o - \frac{\phi}{2}\right) - 2c\, H \tan\left(45^o - \frac{\phi}{2}\right)$$

$$P_1 = \frac{1}{2}\gamma H^2 \tan^2\left(45^o - \frac{\phi}{2}\right)$$

$$= \frac{1}{2} \times 1.6 \times 5^2 \times \tan^2 42 = 16.21\,\mathrm{tf/m}$$

P_1의 작용위치는 옹벽저면으로부터 $H/3$이므로

$$y_1 = 5/3 = 1.67\mathrm{m}$$

$$P_2 = 2c\, H \tan\left(45^o - \frac{\phi}{2}\right)$$

$$= 2 \times 1 \times 5 \times \tan 42 = 9.0 \mathrm{tf/m}$$

P_2의 작용위치는 옹벽저면으로부터 $H/2$이므로

$$y_2 = 5/2 = 2.5 \mathrm{m}$$

$$P_a = P_1 + P_2 = 16.21 - 9.0 = 7.21 \mathrm{tf/m}$$

합력의 작용위치 y를 구하면

$$y = \frac{P_1 y_1 - P_2 y_2}{P_a} = \frac{16.21 \times 1.67 - 9.0 \times 2.5}{7.21} = 0.63 \mathrm{m}$$

식(9.40)으로 점착고를 구하면

$$z_0 = \frac{2 c}{\gamma} \tan \left(45^o + \frac{\phi}{2} \right)$$

$$= \frac{2 \times 1}{1.6} \times \tan 48^o = 1.39 \mathrm{m}$$

한계고(H_c)는 점착고의 2배이므로

$$H_c = 2 z_0 = 2 \times 1.39 = 2.78 \mathrm{m}$$

9.3 쿨롬의 토압이론

쿨롬(coulomb)은 1773년에 토압에 대한 이론을 최초로 발표하였다. 이 이론에서는 벽마찰이 고려되었고 파괴면을 평면으로 가정하였으며 옹벽의 뒤채움 흙이 점착력이 없는 흙, 즉 $\tau = \sigma \tan \phi$로 정의된 흙으로 가정하고 토압이론을 전개하였다.

9.3.1 쿨롬이론의 주동토압

그림 9-14에서 흙쐐기 ABC는 평면인 파괴면을 따라 활동하며 흙쐐기가 아래로 움직이면 BC를 따르는 반력 F에 의해 저항된다고 가정하였다. 힘 P_a 의 극한치는 AB면과 BC면을 따라 저항력이 전단응력과 동일할 때 생기며 이것이 주동토압이다.

흙의 극한평형상태를 고려해 보면 AB면에 작용하는 힘 P_a는 흙의 벽마찰각 δ만큼 기울어져 작용하고 힘 F는 ϕ만큼 기울어져 작용한다. 흙쐐기 $\triangle ABC$ 에 작용하는 힘의 평형을 생각해보면 흙쐐기의 무게 W는 크기와 방향을 알며 힘 P_a와 F는 방향만을 알고 있으나 그림 9-14(b)에 나타나 있는 힘의 삼각형으로부터 힘의 크기를 구할 수 있다.

sin법칙으로부터 다음과 같은 관계를 얻을 수 있다.

$$\frac{W}{\sin(90^o + \beta + \delta - \theta + \phi)} = \frac{P_a}{\sin(\theta - \phi)} \tag{9.45}$$

$$\therefore P_a = \frac{\sin(\theta - \phi)}{\sin(90^o + \beta + \delta - \theta + \phi)} \cdot W \tag{9.46}$$

그림 9-14(a)에서 흙쐐기의 무게는

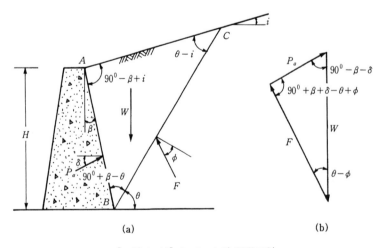

[그림 9-14] Coulomb의 주동토압

$$W = \frac{1}{2} \overline{AD} \times \overline{BC} \times \gamma \tag{9.47}$$

여기서,

$$\overline{AD} = \overline{AB} \sin (90^o + \beta - \theta)$$

$$= \frac{H}{\cos \beta} \cdot \sin (90^o + \beta - \theta) = H \cdot \frac{\cos (\beta - \theta)}{\cos \beta} \tag{9.48}$$

$\overline{BC}$를 구하기 위하여 sin법칙을 적용하면

$$\frac{\overline{AB}}{\sin (\beta - i)} = \frac{\overline{BC}}{\sin (90^o - \beta + i)}$$

$$\therefore BC = \frac{\cos (\beta - i)}{\sin (\theta - i)} \cdot AB = \frac{\cos (\beta - i)}{\cos \beta \sin (\theta - i)} \cdot H \tag{9.49}$$

식(9.48)과 식(9.49)를 식(9.47)에 대입하여 다음 식을 얻는다.

$$W = \frac{1}{2} \gamma H^2 \frac{\cos (\beta - \theta) \cdot \cos (\beta - i)}{\cos \beta^2 \sin (\theta - i)} \tag{9.50}$$

식(9.46)에 W를 대입하여 P_a를 구하면

$$P_a = \frac{1}{2} \gamma H^2 \left[\frac{\cos (\beta - \theta) \cdot \cos (\beta - i) \cdot \sin (\theta - \phi)}{\cos^2 \beta \cdot \sin (\theta - i) \cdot \sin (90^o + \beta + \delta - \theta + \phi)} \right] \tag{9.51}$$

여기에서 γ, H, β, i, ϕ와 δ의 값들은 상수이고 θ만이 변수이다. P_a가 최대가 되는 θ의 한계값을 다음 식으로 구한다.

$$\frac{dP_a}{d\theta} = 0$$

위의 식에서 θ를 구하여 식(9.51)에 대입하면 Coulomb의 주동토압은 다음과 같다.

$$P_a = \frac{1}{2}\gamma H^2 C_a \tag{9.52}$$

여기서 C_a는 Coulomb의 주동토압계수이며 다음과 같다.

$$C_a = \frac{\cos^2(\phi - \beta)}{\cos^2\beta \cdot \cos(\delta + \beta)\left[1 + \sqrt{\dfrac{\sin(\delta + \phi)\cdot\sin(\phi - i)}{\cos(\delta + \beta)\cdot\cos(\beta - i)}}\right]^2} \tag{9.53}$$

$i = 0°$, $\beta = 0°$, $\delta = 0°$일 때 Coulomb의 주동토압계수는 모래지반에서의 Rankine 토압계수와 동일하다. 옹벽의 배면이 연직($\beta = 0$)이고 뒤채움이 수평($i = 0$)인 경우의 토압계수를 나타내면 표 9-1과 같다.

[표 9-1] $\beta = 0$, $i = 0$일 때의 C_a값

ϕ	δ					
	0°	5°	10°	15°	20°	25°
28°	0.361	0.345	0.333	0.325	0.320	0.319
30°	0.333	0.319	0.309	0.301	0.298	0.296
32°	0.307	0.295	0.285	0.279	0.276	0.275
34°	0.283	0.271	0.263	0.258	0.255	0.254
36°	0.260	0.250	0.243	0.238	0.235	0.235
38°	0.238	0.230	0.223	0.219	0.217	0.217
40°	0.217	0.210	0.205	0.201	0.199	0.199
42°	0.198	0.192	0.187	0.184	0.183	0.183

연직옹벽에서 뒤채움 흙의 지표면이 수평인 경우 벽마찰각을 무시하고, 주동토압 합력을 Coulomb 이론으로 유도하여라.

삼각형 흙쐐기에 작용하는 힘의 다각형은 그림 9-15와 같다. 그림에서 sin 법칙을 이용하면

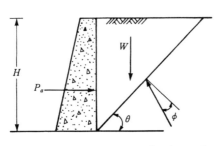

[그림 9-15]

$$\frac{P_a}{\sin{(\theta - \phi)}} = \frac{W}{\sin{[90^o - (\theta - \phi)]}} = \frac{W}{\cos{(\theta - \phi)}}$$

$$\therefore P_a = W \tan{(\theta - \phi)}$$

여기에서,

$$W = \frac{1}{2} \gamma H^2 \cot \theta$$

그러므로

$$P_a = \frac{1}{2} \gamma H^2 \cot \theta \cdot \tan{(\theta - \phi)}$$

P_a의 최댓값은

$$\frac{d\,P_a}{d\,\theta} = 0 = \frac{1}{2}\,\gamma\,H^2\,[\cot\theta\cdot\sec^2(\theta-\phi) - \tan(\theta-\phi)\cdot\csc^2\theta]$$

위의 식을 정리하면

$$\cot\theta\cdot\sec^2(\theta-\phi) = \tan(\theta-\phi)\cdot\csc^2\theta$$

$$\frac{\cot\theta}{\csc^2\theta} = \frac{\tan(\theta-\phi)}{\sec^2(\theta-\phi)}$$

$$\frac{\tan(90^o-\theta)}{\sec^2(90^o-\theta)} = \frac{\tan(\theta-\phi)}{\sec^2(\theta-\phi)}$$

위의 식으로부터 다음의 관계를 알 수 있다.

$$90^o - \theta = \theta - \phi$$

즉, $\theta = 45^o + \dfrac{\phi}{2}$

이 값을 P_a를 구하는 식에 대입하고 정리하면

$$P_a = \frac{1}{2}\,\gamma\,H^2\cot\left(45^o + \frac{\phi}{2}\right)\tan\left(45^o + \frac{\phi}{2} - \phi\right)$$

$$= \frac{1}{2}\,\gamma\,H^2\tan^2\left(45^o - \frac{\phi}{2}\right)$$

이 결과에서 뒤채움 흙의 지표면이 수평($i = 0$)이고 벽마찰을 무시하는 경우($\delta = 0$), 연직 옹벽의 주동토압 합력은 Rankine의 공식과 동일함을 알 수 있다.

9.3.2 쿨롬이론의 수동토압

벽마찰을 고려한 수동토압은 앞에서 행한 주동토압의 경우와 동일한 방법으로 유도된다. 유도과정은 생략하고 결과만을 나타내면 다음과 같다.

$$P_p = \frac{1}{2} \gamma H^2 C_p \qquad (9.54)$$

여기서 C_p는 Coulomb의 수동토압계수이다.

$$C_p = \frac{\cos^2 (\phi + \beta)}{\cos^2 \beta \cdot \cos (\delta - \beta) \left[1 - \sqrt{\dfrac{\sin (\phi + \delta) \cdot \sin (\phi + i)}{\cos (\delta - \beta) \cdot \cos (\beta - i)}} \right]^2} \qquad (9.55)$$

지표면이 수평이고 벽마찰을 무시하는 경우 연직옹벽에서의 수동토압 합력은 다음 식으로 표시된다($\beta = 0$, $i = 0$, $\delta = 0$인 경우).

$$P_p = \frac{1}{2} \gamma H^2 \tan^2 \left(45^o + \frac{\phi}{2} \right) \qquad (9.56)$$

이 식은 Rankine의 식과 동일한 값을 나타낸다.

$\beta = 0$이고 $i = 0$ 조건에서 ϕ와 δ에 따른 C_p의 값이 표 9-2에 나타나 있다.

[표 9-2] $\beta = 0$, $i = 0$일 때의 C_p값

ϕ	δ				
	0°	5°	10°	15°	20°
15°	1.70	1.90	2.13	2.41	2.74
20°	2.04	2.31	2.64	3.03	3.53
25°	2.46	2.83	3.29	3.86	4.60
30°	3.00	3.50	4.14	4.98	6.11
35°	3.69	4.39	5.31	6.85	8.32
40°	4.60	5.59	6.95	8.87	11.77

9.4 쿨만의 도해법

Coulomb의 이론에 따라 도해적으로 토압을 구하는 방법이 Culmann에 의해 제시되었다. 이 방법은 뒤채움과 상재하중 등이 불규칙하게 작용해도 해결할 수 있으므로 토압을 추정하는 데 매우 유용하다.

Culmann의 도해법은 다음과 같은 과정으로 주동토압의 합력(P_a)을 구한다.

① 적당한 축척으로 뒤채움과 옹벽의 형태를 작도한다.

② 수평과 ϕ각도를 이루는 BD선을 그린다.

③ $\psi = 90^o - \beta - \delta$를 구하고 BD선과 ψ각도를 이루는 BE 선을 그린다. 여기에서β는 연직면에 대한 옹벽배면의 경사이고 δ는 벽마찰각이다.

④ 임의의 가상파괴면을 고려하여 BC_1, BC_2, $\cdots\cdots$, BC_n을 그린다.

⑤ 삼각형 ABC_1, ABC_2, $\cdots\cdots$, ABC_n의 면적을 구하고 단위폭당 가상의 파괴 흙쐐기 무게 W를 구한다.

$$W_1 = \Delta ABC_1 \times \gamma \times 1$$
$$W_2 = \Delta ABC_2 \times \gamma \times 1$$
$$\vdots$$
$$W_n = \Delta ABC_n \times \gamma \times 1$$

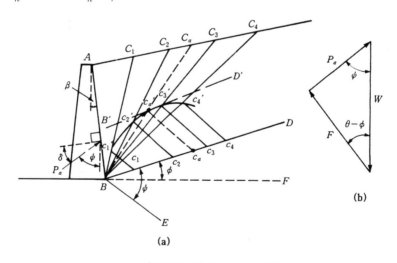

[그림 9-16] Culmann 도해법

⑥ 적당한 하중축척으로 W_1, W_2, ……, W_n의 무게를 BD선에 표시한다. 그림 9–16에서 보면 W_1은 c_1점에, W_2는 c_2에, W_3는 c_3에 표시하였다.

⑦ 가상의 파괴흙쐐기 무게 W를 표시한 c_1, c_2, c_3, ……, c_n의 각 점에서 BE선에 평행한 선분을 그려서 가상파괴면 BC_1, BC_2, ……, BC_n과의 교점 c_1', c_2', c_3', ……, c_n' 를 구한다.

⑧ c_1', c_2', c_3', ……, c_n'점들을 통과하는 곡선을 작도한다.

⑨ 이 곡선에서 직선 BD와 평행한 접선 $B'D'$를 작도하고 접점 c_a'를 구한다.

⑩ 옹벽에 작용하는 단위폭당 주동토압의 합력은 다음과 같이 결정한다.

$$P_a = c_a c_a' \text{의 길이} \times \text{하중축척}$$

⑪ Bc_a'를 연장하여 BC_a선을 그린다. BC_a는 파괴면을 나타내는 것이며 ABC_a가 파괴흙 쐐기이다.

Culmann의 도해법은 옹벽의 단위폭당 주동토압 합력의 크기를 구할 수 있으나 작용위치는 알 수 없다. 작용위치를 정확히 구하는 방법은 복잡하므로 일반적으로 근사적인 방법이 사용된다. 그림 9–16에서 결정된 파괴 흙쐐기 ABC_a의 무게중심을 구하고, 중심점에서 BC_a와 평행한 선분을 그려서 옹벽 배면과의 교차점을 찾으면 이 점이 주동토압 합력(P_a)의 작용점이다. 그러므로 P_a는 옹벽 배면의 법선과 δ의 각도로 교차점에 작용한다.

9.5 옹벽의 안정

옹벽은 자연사면을 깎아서 도로나 철도 또는 건물 등을 축조하기 위한 공간을 확보할 목적으로 만들어지는 구조물이다.

옹벽에 많이 이용되고 있는 방식으로는 중력식과 캔틸레버식이 있다. 중력식은 옹벽자중에 의하여 토압을 저항하도록 한 구조물이므로 재료가 많이 소요되는 단점이 있는 반면에, 캔틸레버식은 저판 위에 있는 흙의 무게도 중력식 옹벽의 자중과 같은 역할을 하기 때문에 경제적이다.

옹벽설계에서 가장 중요한 것은 옹벽이 토압에 대하여 안정해야 한다는 것이며 안정하기 위해서는 다음의 조건을 만족하여야 한다.

① 활동(滑動)에 대해 안전해야 한다. 활동에 대한 안전율은 다음의 식으로 구한다.

$$F = \frac{R_v \tan \delta}{R_h} \tag{9.57}$$

여기서, δ : 옹벽의 저판과 그 아래에 있는 흙과의 마찰각

R_v : 옹벽의 자중과 토압의 연직분력 등을 포함하는 연직력의 합계

R_h : 수평력의 합계

옹벽의 앞부리(toe)에 작용하는 수동토압 합력은 안전한 설계를 위하여 무시하거나 반값 (1/2)을 수평력에 합산하는 것이 일반적이다. 활동에 대하여 옹벽이 안전하기 위해서는 안전율 이 1.5 이상이 되어야 한다.

② 전도에 대하여 안전해야 한다. 옹벽이 전도되지 않기 위해서는 전도에 대한 저항모멘트 (M_r)가 전도모멘트(M_0)의 1.5배 이상이어야 한다.

$$F = \frac{M_r}{M_0} \tag{9.58}$$

주동토압 합력을 연직성분과 수평성분으로 나누고 이 분력으로 전도모멘트를 계산하면 식 (9.58)은 다음과 같이 쓸 수 있다.

$$F = \frac{W\,x + P_{av}\,y + 0.5\,P_p\,f}{P_{ah}\,z} \tag{9.59}$$

여기서, W : 옹벽의 무게, 켄틸레버식 옹벽일 때에는 저판 위에 있는 흙의 무게까지 포함

x : 옹벽의 앞부리 A 점에서 W까지의 거리

P_{av} : 주동토압 합력의 연직분력

y : 옹벽의 앞부리 A 점에서 P_{av}까지의 거리

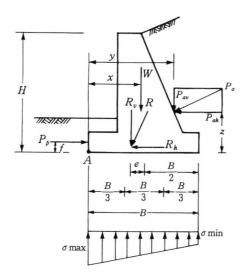

[그림 9-17] 옹벽에 작용하는 힘

P_p : 수동토압의 합력

f : 옹벽 앞부리 A 점에서 P_p 까지의 거리

P_{ah} : 주동토압 합력의 수평분력

z : 옹벽의 앞부리 A 점에서 P_{ah} 까지의 거리

전도에 대한 안정은 안전율로 판단하는 것 외에도 합력의 작용점 위치로도 알 수 있다. 즉, 외력의 합력이 저판(底版) 길이의 중앙 1/3(middle third) 이내에 작용하도록 설계하여야 한다. 그림 9-17에서 합력의 작용점 x 를 구하고 이 값이 다음의 조건을 만족해야 한다.

$$\frac{1}{3} B \leq x < \frac{2B}{3}, \quad e \leq \frac{B}{6} \tag{9.60}$$

여기서, B : 저판의 폭

e : 편심거리

③ 지지력에 대하여 안전해야 한다. 옹벽 저판에 작용하는 압력은 허용지지력 이내의 값이어야 한다.

옹벽 저판이 받는 최대 및 최소응력은 다음 식으로 계산한다.

$$\sigma = \frac{R_v}{B} \left(1 \pm \frac{6e}{B} \right) \tag{9.61}$$

예제 9-7

그림 9-18에 보인 옹벽에 대한 안정을 검토하여라. 단 흙의 점착력은 0, 마찰각 40°, 습윤단
위중량 1.7tf/m^3, 흙과 옹벽 저판의 마찰각 30°, 콘크리트 단위중량은 2.4tf/m^3, 저판 아래 지
반의 허용 지지력은 20tf/m^2이다.

풀 이

마찰각 40°에 대한 $K_a = 0.22$이며 토압분포는 그림 9-18의 (1), (2), (3)과 같다. A점을 중
심으로 한 모멘트는 다음 표와 같다.

단위 m당 하중(tf)		모멘트 팔(m)	모멘트(tf·m)
벽체	$5.0 \times 0.3 \times 2.4 = 3.6$	$0.95 + 0.3/2 = 1.1$	3.96
저판	$3.0 \times 0.4 \times 2.4 = 2.88$	$3.0/2 = 1.5$	4.32
흙	$5.0 \times 1.75 \times 1.70 = 14.88$	$1.25 + (1.75/2) = 2.125$	31.62
상재하중	$1.75 \times 4.0 = 7.0$	$1.25 + (1.75/2) = 2.125$	14.875
	Rv=28.36		
P_{a1}	$\frac{1}{2} \times 0.22 \times 1.7 \times 5.4^2 = 5.45$	1.8	9.81
P_{a2}	$0.22 \times 4 \times 5.4 = 4.75$	2.7	12.83
P_p	$-\frac{1}{2} \times 4.6 \times 1.7 \times 1.5^2 = -8.80$	0.5	−4.40

전도에 대한 검토 :

$$e = \frac{M}{R_v} - \frac{B}{2} = \frac{48.61}{28.36} - 1.5 = 0.21 < \frac{B}{6} = 0.5$$

따라서 저판길이의 중앙 1/3 이내에 있으므로 전도에 대해서 안전하다.

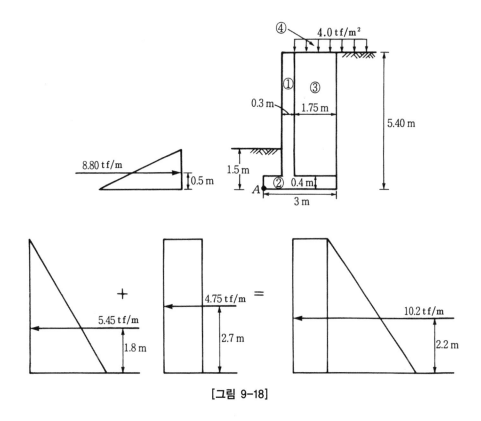

[그림 9-18]

활동에 대한 검토 :

안전측으로 설계를 하기 위하여 수동토압 합력의 반을 적용하면

$$R_h = 4.75 + 5.46 - 0.5 \times 8.7 = 5.86 \, \text{t f} (여기에서 F = 1/2 = 0.5)$$

$$F = \frac{R_v \tan \delta}{R_h} = \frac{28.36 \tan 30^o}{5.86} = 2.78 > 1.5$$

활동에 대해서도 안전하다.

지지력에 대한 검토 :

옹벽 저판이 받는 응력을 식(9.61)로 구하면

$$\sigma = \frac{R_v}{B}\left(1 \pm \frac{6\,e}{B}\right) = \frac{28.36}{3}\left(1 \pm \frac{6 \times 0.21}{3.0}\right) = 9.45\,(1 \pm 0.42)$$

$$\sigma_{max} = 13.42 \text{tf}/\text{m}^2 \qquad \sigma_{min} = 5.48 \text{tf}/\text{m}^2$$

$\sigma_{max} = 13.42 \text{tf}/\text{m}^2 < 20 \text{tf}/\text{m}^2$ 이므로 지지력에 대해서도 안전하다.

9.6 흙막이 벽에 작용하는 토압

건물의 지하실을 만들기 위하여 굴토할 때에는 일정기간 동안 흙을 지지하기 위하여 흙막이 벽(토류구조물, 土留構造物)을 이용한다. 일반적으로 H형강을 두 줄로 박고 그 사이의 흙을 파내면서 굴토의 진행에 따라 나무판자를 말뚝사이에 끼워서 계획된 깊이까지 흙막이벽을 설치한다.

토류벽에 작용하는 토압은 옹벽과 같이 삼각형으로 분포하지 않고 포물선 행태라는 것이 Terzaghi(1943)에 의하여 알려졌다. 옹벽은 앞부리 끝을 중심으로 회전하여 한꺼번에 파괴되는 데 반하여 토류구조물은 버팀목(지주, 支柱, shrut)이 파괴되는 곳에서 점진적으로 파괴가 일어난다.

Peck은 1969년 토류구조물(bracing system)의 설계를 위해서 그림 9-19 에 나타나있는 토압분포를 경험적으로 제안하였다. 버팀목에 작용하는 하중은 그림 9-20(b)와 같이 단순보를 만들어서 지점에 작용하는 반력을 구하고 지점이 겹치는 곳은 반력을 합산한다. 띠장은 수평방향으로 인접한 지점 사이의 보로 생각하여 모멘트를 저항할 수 있도록 설계한다.

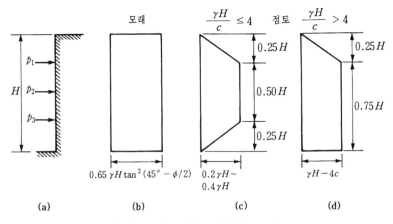

[그림 9-19] 토류벽에 작용하는 토압

[표 9-3] 강재의 허용 응력 (단위 : MPa(≒ 10kgf/cm²))

종류		일반구조용 압연강재 SS - 400, SWS400	SWS - 490	비고
축방향인장 (순 단 면)		210	285	$140 \times 1.5 = 210$ $190 \times 1.5 = 285$
축방향압축 (총 단 면)		$\dfrac{l}{\gamma} \leq 20$일 경우 210	$\dfrac{l}{\gamma} \leq 15$일 경우 285	
		$20 < \dfrac{l}{\gamma} \leq 93$일 경우 $210 - 1.30\left(\dfrac{l}{\gamma} - 20\right)$	$15 < \dfrac{l}{\gamma} \leq 80$일 경우 $285 - 1.95\left(\dfrac{l}{\gamma} - 15\right)$	l(cm) : 유효좌굴장 γ(cm) : 단면 2차반경
		$\dfrac{l}{\gamma} > 93$일 경우 $\left[\dfrac{1,800,000}{6,700 + \left(\dfrac{l}{\gamma}\right)^2}\right]$	$\dfrac{l}{\gamma} > 80$일 경우 $\left[\dfrac{1,800,000}{5,000 + \left(\dfrac{l}{\gamma}\right)^2}\right]$	
휨 응 력	인장연 (순단면)	210	285	
	압축연 (총단면)	$\dfrac{l}{\beta} \leq 4.5$; 210	$\dfrac{l}{\beta} \leq 4.0$; 285	l : 플랜지의 고정점 간 거리 β : 압축플랜지 폭
		$4.5 < \dfrac{l}{\beta} \leq 30$ $210 - 3.6\left(\dfrac{l}{\beta} - 4.5\right)$	$4.0 < \dfrac{l}{\beta} \leq 30$ $285 - 5.7\left(\dfrac{l}{\beta} - 4.0\right)$	
전단응력 (총단면)		120	165	
지압응력		315	420	강관과 강판
용접 강도	공 장 현 장	모재의 100% 모재의 100%		

구조물기초 설계기준 해설(2009), 가시설 설계기준(2013)

예제 9-8

그림 9-20과 같이 모래지반을 연직으로 굴착하여 토류구조물을 설치하려고 한다. 모래의 단위중량이 1.8tf/m³이고 마찰각이 30°라고 할 때 각 버팀목(지주)이 지지하는 힘을 결정하여라. 단, 버팀목의 간격은 2.5m로 한다.

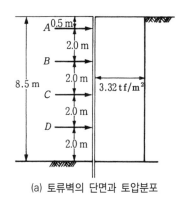

(a) 토류벽의 단면과 토압분포

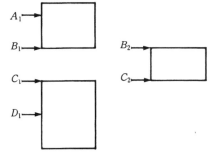

(b) 단순보에 작용하는 토압

[그림 9-20]

풀 이

$$K_a = \frac{1 - \sin \phi}{1 + \sin \phi} = \frac{1 - \sin 30}{1 + \sin 30} = 0.333$$

$$\sigma_a = 0.65 \, \gamma \, H \, K_a = 0.65 \times 1.8 \times 8.5 \times 0.333 = 3.32 \, \text{tf/m}^2$$

지주가 놓인 지점을 끊어서 그림 9-20(b)와 같은 단순보로 만들고 토압을 보에 작용하는 등분포하중으로 가정한다.

B_1이 작용하는 지점에 대하여 모멘트를 취하면

$$2.0 \, A = 3.32 \times 2.5 \times 2.5 / 2$$

그러므로

$$A = 5.19 \text{tf/m}$$

$$B_1 = 3.32 \times 2.50 - 5.19 = 3.11 \text{tf/m}$$

$$B_2 = C_2 = 3.32 \times 2/2 = 3.32 \text{tf/m}$$

C_1이 작용하는 지점에 대하여 모멘트를 취하면

$$2.0 D = 3.32 \times 4.0 \times 2.0$$

$$D = 13.28 \text{tf/m}$$

$$C_1 = 0 \text{tf/m}$$

그러므로 각 지주에 작용하는 m당 하중은 아래와 같다.

$$A = 5.19 \text{tf/m}$$

$$B = B_1 + B_2 = 3.11 + 3.32 = 6.43 \text{tf/m}$$

$$C = C_1 + C_2 = 3.32 \text{tf/m}$$

$$D = 13.28 \text{tf/m}$$

버팀목(지주)의 중심간격을 2.5m로 하면 버팀목의 설계하중은 다음과 같다.

$$A = 5.19 \times 2.5 = 12.98 \text{tf}$$

$$B = 6.43 \times 2.5 = 16.08 \text{tf}$$

$$C = 3.32 \times 2.5 = 8.3 \text{tf}$$

$$D = 13.28 \times 2.5 = 33.2 \text{tf}$$

9.7 지중매설관에 작용하는 토압

지중에 1m 전후의 판을 매설하는 경우, 관에 작용하는 토압은 관의 설치방법에 따라 다르다.
그림 9-21(a)와 같이 지반을 굴착하여 관을 설치한 후 되메우기를 하는 경우에는 다음의 식
으로 연직토압을 산정한다.

$$W = \gamma B_d^2 C_d \tag{9.62}$$

$$C_d = \frac{1 - e^{-\alpha H}}{2 K_a \tan \delta}$$

$$\alpha = \frac{2 K_a \tan \delta}{B_d}$$

여기서, $K_a = \tan^2(45^o - \phi/2)$

γ : 되메우기 흙의 단위중량

B_d : 굴착한 도랑의 폭

δ : 도랑의 측면과 되메우기 흙 사이의 마찰각($\delta = 0.8\phi \sim \phi$)

H : 지표면에서 관의 정상까지 거리

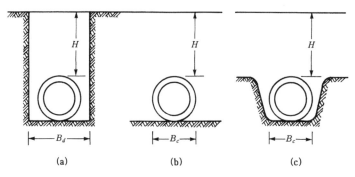

[그림 9-21] 매설관의 설치형태

그림 9-21(b)와 같이 자연지반 위에 관을 설치하고 그 위에 성토를 하는 경우에는 다음의 식으로 연직토압을 구한다.

$$W = \gamma B_c^2 C_c \qquad\qquad (9.63)$$

$$C_c = \frac{e^{\beta H} - 1}{2 K_a \tan \delta}$$

$$\beta = \frac{2 K_a \tan \delta}{B_c}$$

여기서, B_c : 관의 직경(원형단면일 때는 외경)

β : 성토한 흙의 마찰각으로 한다($\delta = \phi$).

그림 9-21(c)와 같이 자연지반을 굴착하여 관을 설치하고, 굴착된 부분을 되메우기한 후에 성토하는 경우에는 관 위에 있는 흙의 전체중량이 관에 작용하는 것으로 계산한다.

$$W = \gamma B_c H \tag{9.64}$$

수평토압은 무시하는 것이 안전측이 되므로 단면이 작은 소형관에서는 무시하며 대형관에서는 수평토압을 무시하면 비경제적이므로 고려한다. 실제에서는 정지토압으로 계산하여야 하지만 안전성을 고려하여 주동토압을 적용하고 있다.

예제 9-9

자연 지반을 폭 1.5m, 깊이 3m로 굴착하여 외경 100cm의 관을 설치한 후 되메우기를 하였다. 이 관에 작용하는 연직토압을 구하여라. 단, 되메우기 흙의 단위중량은 1.8tf/m³이고 마찰각은 30°이다.

풀 이

$$K_a = \frac{1 - \sin 30}{1 + \sin 30} = 0.333$$

식(9.62)에서

$$\delta = 0.8\,\phi = 0.8 \times 30^o = 24^o$$

$$\alpha = \frac{2\,K_a \tan \delta}{B_d}$$

$$= \frac{2 \times 0.333 \times \tan 24^o}{1.5} = 0.198$$

$$C_d = \frac{1 - e^{-\alpha H}}{2\,K_a \tan \delta}$$

$$= \frac{1 - e^{-0.198 \times 2}}{2 \times 0.333 \times \tan 24^o} = 1.105$$

따라서 연직토압은

$$W = \gamma B_d^2 C_d$$

$$= 1.8 \times 1.5^2 \times 1.105 = 4.48 \mathrm{tf/m}$$

•• 연습문제 ••

[문 9.1] 단위중량이 1.8tf/m^3인 수평토층에서 깊이 5m 위치에서의 연직응력은 얼마인가? 또한 이 흙의 정지토압계수가 0.5일 때 정지토압을 구하여라.

답) $\sigma_v = 9\text{tf/m}^2, \quad \sigma_0 = 4.5\text{tf/m}^2$

[문 9.2] 6m 높이의 연직옹벽이 있다. 뒤채움 토층이 수평인 경우 이 옹벽에 작용하는 주동토압 합력을 Rankine과 Coulomb 식으로 구하여라. 단, 흙의 단위중량은 1.6tf/m^3, 내부마찰각 30°, 흙과 벽체의 마찰은 20°이다.

답) Rankine 식 $P_a = 9.6\text{tf/m}$

Coulomb 식 $P_a = 8.56\text{tf/m}$

[문 9.3] 지표가 10° 경사진 곳에 높이 6m, 수평면과의 경사각이 80°인 옹벽을 설치했을 때 이 옹벽에 작용하는 주동토압 합력과 작용점 위치를 구하여라. 단 흙의 단위중량은 1.6tf/m^3, 내부마찰각 30°, 흙과 벽체와의 마찰각 20°이다.

답) Rankine $P_a = 12.13\text{tf/m}$

Coulomb $P_a = 12.61\text{tf/m}, \ y = 2.0\text{m}$

[문 9.4] 지표가 10° 경사진 곳에 높이 6m의 연직옹벽을 설치한 경우 이 옹벽에 작용하는 주동토압 합력을 구하여라. 단 흙의 단위중량은 1.8tf/m^3, 내부마찰각 30° 흙과 벽체와의 마찰각은 10°이다.

답) $P_a = 11.32\text{tf/m}$

[문 9.5] 5m의 높이의 연직옹벽 뒷면은 수평으로 흙이 퇴적되어 있다. 지표면 아래 1.2m 깊이에 지하수위가 있는 경우, 이 옹벽에 작용하는 주동토압의 합력과 작용위치를 구하여라. 단, 흙의 습윤단위중량은 1.81tf/m^3, 수중단위중량 1.06tf/m^3, 내부마찰각은 36°이다.

답) $P_a = 11.69\text{tf/m}$, $y = 1.47\text{m}$

[문 9.6] 높이 3m의 연직옹벽의 뒷면은 수평으로 퇴적되어 있고 지표면에 2.0tf/m^2의 등분포하중이 작용할 때 이 옹벽에 작용하는 주동토압의 합력과 작용위치를 구하여라. 단, 뒤채움 흙은 사질토로서 단위중량 1.6tf/m^3, 내부마찰각 30°이다.

답) $P_a = 4.4\text{tf/m}$, $y = 1.23\text{m}$

[문 9.7] 점착력이 0.4tf/m^2, 내부마찰각 30°, 단위체적중량이 1.6tf/m^3인 흙에서 인장균열이 발생하는 깊이와 한계고를 구하여라.

답) $z_0 = 0.87\text{m}$, $\text{H}_c = 1.74\text{m}$

[문 9.8] 모래지반에 6m의 연직옹벽이 있다. 옹벽의 뒷면의 지표면은 수평이고 지표면 아래 2m까지는 $\gamma_t = 1.6\text{tf/m}^3$, $\phi = 30°$의 모래이고, 그 아래 4m는 $\gamma_t = 1.7\text{tf/m}^3$, $\phi = 25°$인 모래층이다. 옹벽에 작용하는 주동토압의 합력과 작용점 위치를 구하여라.

답) $P_a = 11.79\text{tf/m}$, $y = 1.93\text{m}$

[문 9.9] 마찰각 $\phi = 0^\circ$, 습윤단위중량 $\gamma_t = 1.7\mathrm{tf/m^3}$인 점토층에 0.5m 깊이의 인장 균열이 발생되었다. 이 지반의 점착력을 구하여라.

답) $c = 0.425\mathrm{tf/m^2}$

[문 9.10] 기초폭 2m인 옹벽의 기초면에 연직성분의 합력 10tf이 작용하고 있다. 이 합력의 편심거리가 0.2m일 때 기초지반의 최대응력을 구하여라.

답) $\sigma_{max} = 8\mathrm{tf/m^2}$

[문 9.11] 그림 9-32에 나타낸 벽에 대한 안정성을 Rankine의 토압이론으로 검토하여라. 단, 흙의 단위중량은 $1.8\mathrm{tf/m^3}$, 마찰각 30°, 콘크리트 단위중량 $2.3\mathrm{tf/m^3}$, 흙과 옹벽저판의 부착력 20°, 지반의 허용지지력은 $35\mathrm{tf/m^2}$이다.

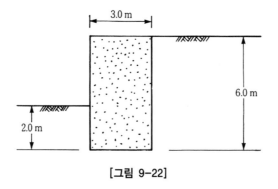

[그림 9-22]

10

·

기 초

SOIL MECHANICS

기 초

일반적으로 구조물의 최하부를 기초(基礎)라 한다. 기초는 지반에 구조물의 하중을 전달시키는 것으로 흙의 특성에 따라 다양한 형태가 적용된다. 그림 10-1은 기초의 가장 일반적인 형태를 보여주고 있다. **확대기초**(擴大基礎, spread footing)는 넓은 지반에 구조물의 하중을 분산시킬 수 있도록 하중지지벽, 또는 기둥을 단순히 확장시킨 것이다. 지지력이 낮은 연약한 지반에 요구되는 확대기초는 지나치게 커져서 비실용적이므로 콘크리트판(concrete pad)위에 구조물 전체를 시공하는 것이 더 경제적이다. 이와 같은 기초의 형태를 **전면기초**(全面基礎, mat foundation)라 한다.

말뚝기초 및 **케이슨** 기초는 하중이 커서 근입깊이가 필요한 무거운 구조물에 대해 적용된다. 말뚝은 나무, 콘크리트, 또는 강 구조물로서 하중을 보다 낮은 지층에 전달하는 것으로, 하중을 전달하는 방법에 따라 **마찰**(摩擦)**말뚝**과 **선단지지**(先端支持)**말뚝**의 두 종류로 분류할 수 있다. 마찰말뚝은 상부하중이 말뚝 주면(周面)을 따라 생기는 마찰력에 의하여 지지되며 선단지지말뚝은 말뚝선단이 견고한 층에 의하여 지지된다. 케이슨 기초는 축(shaft)을 지반에 박은 후 콘크리트로 채운 것이다. 철제 케이슨(metal casson)은 축을 박을 때 사용되며 콘크리트를 타설하는 동안 들어올려 회수한다. 말뚝과 케이슨의 구별은 직경으로 구분하는데, 0.9m 이상을 케이슨으로 분류하는 것이 보통이나 정확한 정의는 아직 못 내리고 있다.

　일반적으로 확대기초와 전면기초는 얕은 기초로 분류된다. 얕은 기초는 기초의 근입깊이 D_f 와 기초의 폭 B 와의 비가 1 이하 ($D_f / B \leq 1$)인 경우를 말한다.

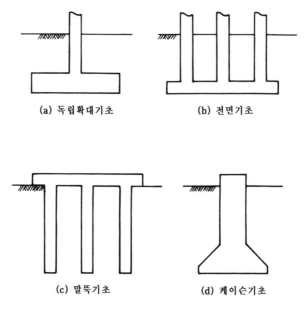

(a) 독립확대기초　　　　　(b) 전면기초

(c) 말뚝기초　　　　　(d) 케이슨기초

[**그림 10-1**] 기초의 일반형태

10.1 지반의 전단파괴

　지반의 극한지지력(極限支持力)과 전단파괴의 형태를 이해하기 위하여 그림 10-2와 같이 조밀한 모래층 위에 폭 B 인 직사각형 기초를 생각하자. 단위면적당 등분포하중 q 가 기초 위에 작용한다면 침하가 발생할 것이다. 만일 등분포하중 q 가 증가한다면 기초의 침하도 점차 증가하게 된다. 그림 10-2(b)에서 $q = q_u$ 가 되면 지반의 파괴가 발생하여 기초는 하중 q 의 증가가 없어도 큰 침하가 발생한다. 이때 기초의 양쪽에 있는 주변의 흙은 부풀어 오르고 파괴면은 지표면까지 확장될 것이다. 하중과 침하의 관계가 그림 10-2(b)의 곡선(1)과 같은 지반의 파괴를 **전반전단파괴**(全般剪斷破壞, general shear failure)라 하며 그림 10-3(a)와 같다.

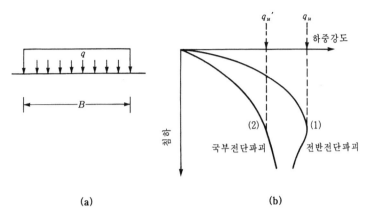

[그림 10-2] 얕은 기초의 극한지지력

하중재하로 기초의 침하가 발생하면 그림 10-3에서 나타나 있는 쐐기형태의 영역 I은 아래로 밀리고, 영역 II와 III을 압축하여 옆과 위로 밀리게 된다. 극한하중 q_u에서 흙은 소성평형상태로 들어가며 파괴는 활동면을 따라 발생할 것이다.

위에서 설명한 모형기초실험을 중간정도의 밀도를 가진 모래에 행한다면 하중−침하 관계는 그림 10-2(b)의 곡선(2)와 같이 나타나게 될 것이다.

$q = q_u{'}$를 넘게 되면 하중−침하관계는 경사가 급한 직선이 되며 $q_u{'}$가 흙의 극한 지지력이다. 이와 같은 파괴형태를 **국부전단파괴**(局部剪斷破壞, local failure of soil)라 한다. 이 경우 기초 아래 쐐기영역 I은 아래로 이동하나 전반 전단파괴와 달리 활동면의 끝이 지반 내에 있으며 지반이 부풀어 오른다.

극한 지지력을 상부 구조물의 중요성이나 지반의 토질에 따라 규정된 안전율로 나눈 것을 **허용지지력**(許容支持力)이라 한다.

허용지지력은 지반강도의 한계를 의미할 뿐만 아니라 지반의 변형이나 침하가 지반 위의 어떤 구조물에 유해한 균열이나 심한 2차 응력 등을 일으키지 않는 한계를 의미하기도 한다. 즉, 구조물의 중요성이나 종류에 따라서 미리 허용되는 침하량을 규정해 두고, 설계하중은 그 침하의 한도를 넘지 못하게 배려한다.

따라서 허용지지력과 허용침하량(許容沈下量)에 따른 지지력을 비교해서 적은 쪽의 지지력을 **허용지내력**(許容地耐力)이라 한다.

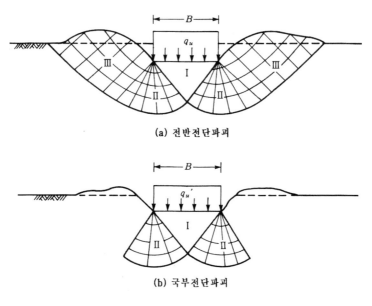

(a) 전반전단파괴

(b) 국부전단파괴

[그림 10-3] 지반의 전단파괴 형태

10.2 얕은 기초

10.2.1 Terzaghi의 극한지지력 공식

1921년에 Prandtl은 어떤 금속이 보다 강도가 약한 물체를 펀칭(punching)하듯 고체의 관입에 관한 그의 연구결과를 발표했다. Terzaghi(1943)는 얕은 줄기초(strip fundation)에 대한 지지력을 계산하기 위해 Prandtl의 소성 파괴이론을 확장시켰다. 실용적인 관점에서 길이와 폭의 비가 5보다 큰 기초를 줄기초라 한다. Terzaghi 이론에 따르면 깊이 D_f가 폭 B보다 같거나 작으면 얕은 기초로 정의된다. 그는 또한 흙의 극한지지력 계산에 있어 기초 위에 흙의 무게 $q = \gamma D_f$를 균일한 상재하중으로 가정하였다.

지표면으로부터 D_f 깊이에 있는 거친 줄기초에 대한 전반전단파괴 시의 극한지지력을 계산하기 위해 Terzaghi는 그림 10-4(a)와 같이 파괴형태를 가정하였다. 흙쐐기ABJ(I영역)은 **탄성영역**이며 AJ와 BJ는 수평선과 ϕ의 각도를 이룬다. II영역(AJE, BJD)는 **방사전단 영역**(radial shear zones)이며, 영역III은 Rankine의 **수동영역**이다. JD와 JE는 대수나선의 원호

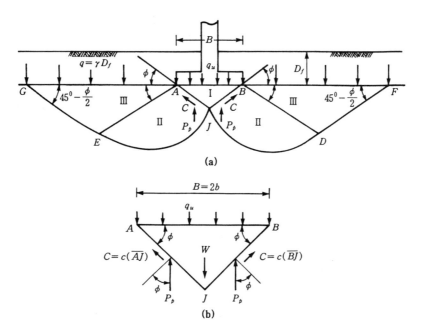

[그림 10-4] Terzaghi 의 지지력 해석도

이며 DF와 EG는 직선이다. AE, BD, EG, DF는 수평선과 $45 - \phi/2$의 각을 이룬다. 대수나선원호 JD와 JE의 식은 다음과 같다.

$$\gamma = \gamma_0 \, e^{\theta \tan \phi} \tag{10.1}$$

만약 단위면적당 하중 q_u 가 기초에 작용한다면 전반전단파괴가 발생하고 수동토압 P_p가 흙쐐기 ABJ의 표면에 작용한다. 이는 AJ 및 BJ가 흙쐐기 $AJEG$와 $BJDF$를 수동파괴시키기 위해 밀어내는 두 벽이라 생각하면 쉽게 이해할 수 있다. 이때 P_p는 벽마찰각 δ만큼 쐐기의 벽, 즉 AJ 및 BJ의 법선방향과 경사지게 작용하며 이 경우 δ는 흙의 마찰각 ϕ와 같아야 한다. AJ와 BJ는 수평선과 ϕ의 각도로 경사지기 때문에 P_p는 수직방향으로 작용한다.

그림 10-4(b)의 흙 쐐기 ABJ에 대한 평형조건에서,

$$q_u \times 2\,b \times 1 = -\,W + 2\,C \sin \phi + 2\,p_p \tag{10.2}$$

여기서, $b = B/2$

$W =$ 쐐기 ABJ의 무게 $= \gamma \, b^2 \tan \phi$

$C = AJ, \ BJ$면에 작용하는 점착력 $= c \cdot (b/\cos \phi)$

따라서,

$$2 \, b \, q_u = 2 \, P_p + 2 \, b_c \tan \phi - \gamma \, b^2 \tan \phi \tag{10.3}$$

식(10.3)에서 수동토압은 흙의 무게 γ, 점착력 c, 그리고 상재하중 q의 총합이다. 쐐기면 BJ에 위의 요소가 작용하는 수동토압을 구하면 다음과 같다.

$$P_p = \frac{1}{2} \, \gamma \, (b \tan \phi)^2 \cdot K_\gamma + c \, (b \tan \phi) \cdot K_c + q \, (b \tan \phi) \cdot K_q \tag{10.4}$$

여기서, $K_\gamma, \ K_c, \ K_q$는 흙의 마찰각 ϕ의 함수인 토압계수들이다.

식(10.3)에 식(10.4)를 대입하면

$$2 \, b \, q_u = 2 \, b \cdot c \, \{\tan \phi \, (K_c + 1)\} + 2 \, b \cdot q \, \{\tan \phi \cdot K_q\}$$
$$b^2 \cdot \gamma \, \{\tan \phi \, (K_\gamma \cdot \tan \phi - 1)\} \tag{10.5}$$

식(10.5)를 q_u에 대하여 정리하면 Terzaghi의 극한지지력은 다음과 같다.

$$q_u = q_c + q_\gamma + q_q = c \, N_c + \frac{1}{2} \, \gamma_1 \, B \, N_r + \gamma_2 \, D_f \, N_q \tag{10.6}$$

여기서, $N_c : \tan \phi \, (K_c + 1)$

$\qquad N_r : \dfrac{1}{2} \, \tan \phi \, (K_\gamma \cdot \tan \phi - 1)$

$\qquad N_q : \tan \phi \cdot K_q$

q_c : 점착력에 의한 지지력

q_r : 흙의 단위중량에 의한 지지력

q_q : 근입깊이, 즉 상재하중에 의한 지지력

γ_1 : 기초저면보다 아래 흙의 단위체적중량

γ_2 : 근입된 부분의 흙 단위체적중량

D_f : 기초의 근입깊이

Terzaghi는 국부전단으로 파괴될 때의 극한지지력을 구하는 방법을 다음과 같이 제안하였다. 즉, 점착력을 2/3만 취하고 전단 저항각은 $\tan \phi$의 2/3만 취한다. 이것을 공식으로 나타내면 다음과 같다.

$$q_u{}' = \frac{2}{3} c N_c + \frac{1}{2} \gamma_1 B N_r{}' + \gamma_2 D_f N_q{}' \tag{10.7}$$

여기서, 전반전단 파괴시의 지지력계수 N_c, N_r, N_q와 국부전단 파괴시의 지지력계수 $N_c{}'$, $N_r{}'$, $N_q{}'$는 표 10-1에 나타나 있다.

만약 점착력 $c = 0$, $D_f = 0$이면 식(10.6)에서

$$q_u = \frac{1}{2} B \gamma N_r \tag{10.8}$$

$\phi = 0$, $D_f = 0$이면 $N_c = 5.7$, $N_r = 0$이므로

$$q_u = 5.7 c \tag{10.9}$$

[표 10-1] Terzaghi의 지지력계수

φ	N_c	N_q	N_r	$N_c{}'$	$N_q{}'$	$N_r{}'$
0	5.7	1.0	0.0	5.7	1.0	0.0
5	7.3	1.6	0.6	6.7	1.4	0.2
10	9.6	2.7	1.2	8.0	1.9	0.6
15	12.9	4.4	2.5	9.7	2.7	0.9
20	17.7	7.4	5.0	11.8	3.9	1.7
25	25.1	12.7	9.7	14.8	5.6	3.2
30	37.2	22.5	19.7	19.0	8.3	5.7
34	52.6	36.5	35.0	23.7	11.7	9.0
35	57.8	41.4	42.4	25.2	12.6	10.1
40	95.7	81.3	100.4	39.4	20.5	18.8
45	172.3	73.3	297.5	51.2	35.1	37.7
48	258.3	287.9	780.1	66.8	50.5	60.4
50	347.5	415.1	1153.2	81.3	65.6	87.1

10.2.2 Terzaghi의 수정공식

앞에서 논한 Terzaghi의 식은 전단파괴 구분이 어렵다. 그렇게 때문에 내부마찰각이 작을 때에는 국부 전단파괴의 곡선을 따르면서 점차로 전반 전단파괴 곡선에 가까워지다가 내부마찰각이 어느 값에 이르면 이것이 거의 일치한다는 점에 착안하여 실용적인 수정식을 제안하였다.

$$q_u = \alpha c N_c + \beta \gamma_1 B N_r + \gamma_2 D_f N_q \tag{10.10}$$

여기서, α, β : 기초의 형상계수(形狀係數 ; shape factor : 표 10-2 참조). 그 외의 각 기호는 식(10.6)과 같다. 이때 N_c, N_r, N_q는 표 10-3과 같은 수정 지지력계수를 사용한다. 식(10.10)에서 제1항은 점착력에 의한 지지력, 제2항은 마찰에 의한 지지력, 제3항은 흙덮개 토압에 의한 지지력을 표시한다.

[표 10-2] 형상계수 α, β

	연속	정사각형	직4각형	원형
α	1.0	1.3	$1 + 0.3\dfrac{B}{L}$	1.3
β	0.5	0.4	$0.5 - 0.1\dfrac{B}{L}$	0.3

단, B : 직4각형의 단변(短邊) 길이

L : 직4각형의 장변(長邊) 길이

[표 10-3] 수정 지지력계수

φ(내부마찰각)(°)	N_c	N_r	N_q	$N_q{}^*$
0	5.3	0	1.0'	3.0
5	5.3	0	1.4	3.4
10	5.3	0	1.9	3.9
15	6.5	1.2	2.7	4.7
20	7.9	2.0	3.9	5.9
25	9.9	3.3	5.6	7.6
28	11.4	4.4	7.1	9.1
32	20.9	10.6	14.1	16.1
36	42.2	30.5	31.6	33.6
40 이상	95.7	114.0	81.2	83.2

10.2.3 지하수위의 영향

앞에서 언급한 지지력 공식은 지하수위가 기초의 폭 B보다 깊은 곳에 존재한다는 가정 하에 유도된 것이다. 그러나 지하수위가 기초에 접근하게 되면 단위체적 중량이 변화하게 되어 지지력에 영향을 미친다.

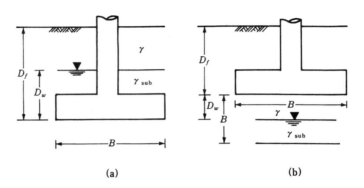

[그림 10-5] 지하수 위치에 따른 지지력의 영향

(1) 지하수위가 기초바닥 위에 있는 경우, 그림 10.5(a)

Terzaghi공식의 2번째 항의 γ_1은 γ_{sub}가 된다. 그러나 근입깊이 내에는 γ_t 와 γ_{sub}의 2종류가 있으므로 3번째 항의 γ_2는 다음과 같은 방법으로 구하여 공식에 적용한다.

$$D_f\,\gamma_2 = \ \gamma_t\,(D_f - D_w) + \gamma_{sub}\,D_w$$

$$\gamma_2 = \ \gamma_t - \frac{D_w}{D_f}\,(\gamma_t - \gamma_{sub}) \tag{10.11}$$

(2) 지하수위가 기초바닥 아래에 있는 경우, 그림 10-5(b)

Terzaghi 공식의 3번째 항의 γ_2는 γ_t 가 된다. 그러나 지하수위가 기초바닥의 위치와 바닥에서 B만큼의 깊이 사이에 존재하므로 2번째 항의 γ_1은 다음과 같은 방법으로 구하여 공식에 적용한다.

$$\gamma_1\,B = \ \gamma_t\,D_w + \gamma_{sub}\,(B - D_w)$$

$$\gamma_1 = \ \frac{\gamma_t\,D_w + \gamma_{sub}\,(B - D_w)}{B} = \ \gamma_{sub} + \frac{D_w}{B}\,(\gamma_t - \gamma_{sub}) \tag{10.12}$$

예제 10-1

기초폭 2m, 근입깊이 1.5m의 연속기초를 설치하려 한다. 지하수위가 지표면 아래로 0.5m와 2.5m 위치에 있을 때 극한 지지력을 수정공식으로 구하여라. 단, 흙의 내부마찰각은 25°, 점착력은 0.2kgf/cm^2, 단위체적중량은 1.8tf/m^3 및 수중 단위체적중량은 0.9tf/m^3이다.

풀이

$\phi = 25°$에 대응하는 지지력계수는 표 10-3에서

$N_c = 9.9$, $N_r = 3.3$, $N_q = 5.6$이며

연속기초일 때 표 10-2에서 $\alpha = 1.0$, $\beta = 0.5$이다.

(1) 지하수위가 지표면 아래 0.5m 위치에 있을 때 식(10.10)에서

$$q_u = \alpha\,c\,N_c + \beta\,\gamma_1\,B\,N_r + \gamma_2\,D_f\,N_q$$

여기서, γ_1은 γ_{sub}이며 γ_2는 식(10.11)에서

$$\gamma_2 = \gamma_t - \frac{D_w}{D_f}(\gamma_t - \gamma_{\text{sub}}) = 1.8 - \frac{1.0}{1.5}(1.8 - 0.9) = 1.20\,\text{tf/m}^3$$

$$\therefore q_u = 1 \times 2.0 \times 9.9 + 0.5 \times 0.9 \times 2 \times 3.3 + 1.20 \times 1.5 \times 5.6$$

$$= 19.8 + 2.97 + 10.08 = 32.85\,\text{tf/m}^2$$

(2) 지하수위가 지표면 아래 2.5m 위치에 있을 때 식(10.12)에서

$$\gamma_1 = \gamma_{\text{sub}} + \frac{D_w}{B}(\gamma_t - \gamma_{\text{sub}}) = 0.9 + \frac{1.0}{2}(1.8 - 0.9) = 1.35\,\text{tf/m}^3$$

$$\gamma_2 = \gamma_t = 1.80\,\text{tf/m}^3$$

$$q_u = \alpha\,c\,N_c + \beta\,\gamma_1\,B\,N_r + \gamma_2\,D_f\,N_q$$

$$= 1 \times 2.0 \times 9.9 + 0.5 \times 1.35 \times 2 \times 3.3 + 1.8 \times 1.5 \times 5.6$$

$$= 19.8 + 4.46 + 15.12 = 39.38\,\text{tf/m}^2$$

10.2.4 Terzaghi의 허용지지력 공식

구조물의 안전성(安全性)을 고려하여, 앞에서 논한 지지력 공식으로 산출된 극한지지력에 대해서 **안전율**(安全率; safety factor)로 나눈 **허용지지력**으로 구조물을 설계하여야 한다.

안전율에 대해서는 예민비나 해석법에 따른 안전율 표가 제시되어 있으나 일반적으로 장기적인 안전책으로 $F = 3$을 채용하는 것이 대체로 안전성이 있다고 알려져 있으며, 구조물이 그다지 중요하지 않다든가 토질정수를 정확히 파악할 수 있을 때에는 $F = 1.5 \sim 2.0$의 값을 적용한다.

식(10.10)을 변형하여 표시하면,

$$q_u - \gamma_2 D_f = \alpha c N_c + \beta \gamma_1 B N_r + \gamma_2 D_f (N_q - 1)$$

과 같이 된다.

좌변의 $q_d - \gamma_2 D_f$는 구조물의 하중을 기초 굴착부분에서 덜어낸 흙의 중량만큼 감소시킨다는 뜻으로 볼 수 있다. 이 식에서 우변에 안전율 3을 적용하여 정리하면

$$q_u - \gamma_2 D_f = \frac{1}{3} \left[\alpha c N_c + \beta \gamma_1 B N_r + \gamma_2 D_f (N_q - 1) \right]$$

$$\therefore q_a = \frac{1}{3} \left[\alpha c N_c + \beta \gamma_1 B N_r + \gamma_2 D_f (N_q + 2) \right]$$

좌변으로 이항된 $\gamma_2 D_f$에 안전율을 고려하지 않는 것은 굴착저면 아래의 지반은 이미 굴착 이전에 $\gamma_2 D_f$만큼의 하중을 받았으므로 중력의 작용에 의해서 주위지반에 최소한의 눌림이 있었다고 생각되기 때문이다.

식(10.13)에서 $N_q + 2 = N_q^*$로 표시하면 허용지지력은 다음과 같이 표시된다.

$$q_a = \frac{1}{3} \left(\alpha c N_c + \beta \gamma_1 B N_r + \gamma_2 D_f N_q^* \right) \tag{10.13}$$

여기서, N_c, N_r, N_q^*의 값은 표 10-3에 나타나 있으며 이들을 도식적으로 표시하면 그림 10-6과 같다. 그림에서 내부마찰각이 40°보다 크면 지지력계수의 값이 일정하게 표시되어 있다. 그 이유는 40° 이상에서는 지지력계수의 값이 크게 나타나서 약간의 오차에도 지지력에 미치는 영향이 크므로 안전 측의 설계를 위하여 값을 제한하게 된 것이다.

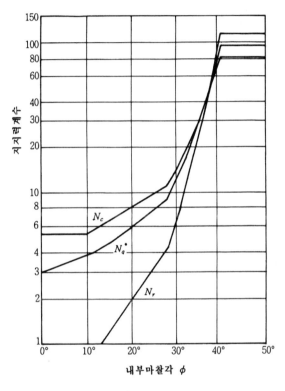

[그림 10-6] 수정 지지력계수

예제 10-2

모래지반에 지표면에서 1m를 굴착하여 2×2m의 정사각형 footing을 설치하였다. 이 footing 에 대한 허용지지력을 구하여라. 단, 모래지반의 점착력 $c = 0$, 내부마찰각 $\phi = 32°$, 흙의 단위체적중량 $\gamma = 1.8\text{tf}/\text{m}^3$이다. 지하수면은 지표면에서 5m 아래에 있다.

풀 이

표 10-2에서 정사각형 footing에 대한 $\alpha = 1.3$, $\beta = 0.4$이다. 또한 표 10-3 및 그림 10-6

에서 $\phi = 32°$일 때 지지력계수는 $N_c = 20.9$, $N_r = 10.6$, $N_q^* = 16.1$ 문제의 조건에서 지하수면은 지표면 아래 5m에 위치하므로 footing 바닥으로부터는 4m에 위치한다.

즉, footing의 폭$(B) =$ 2m< 기초저면으로부터 지하수 위치= 4m

따라서 단위체적중량은 지하수의 영향을 받지 않는다.

$$c = 0, \ D_f = 1\,\mathrm{m}, \ B = 2\mathrm{m}, \ \gamma_1 = \gamma_2 = 1.8\mathrm{tf/m}^3$$

위 값을 식(10.13)에 대입하면

$$q_a = \frac{1}{3}\left(\alpha\, c\, N_c + \beta\, \gamma_1\, B N_r + \gamma_2\, D_f\, N_q^*\right)$$

$$= \frac{1}{3}\left(0 + 0.4 \times 1.8 \times 2 \times 10.6 + 1.8 \times 1.0 \times 16.1\right) = 14.75\mathrm{tf/m}^2$$

$$Q_a = q_a\, A = 14.75 \times 2 \times 2 = 59\mathrm{tf}$$

10.2.5 Meyerhof의 지지력 공식

Terzaghi는 기초바닥 위에 있는 흙을 상재하중으로 간주하고 식을 유도하였지만 Meyerhof는 그림 10-7에 나타낸 바와 같이 β는 ϕ와 $45° + \dfrac{\phi}{2}$ 사이의 어떤 각도를 가지며 GC와 GD는 대수나선이고 DF와 CE는 직선으로 가정하였다. 그는 세장기초에 대한 지지력 공식을 Terzaghi의 공식과 동일한 형태로 유도하였다.

$$q_u = c\, N_c + \frac{1}{2}\gamma\, B N_r + \gamma\, D_f\, N_q \tag{10.14}$$

여기서,

$$N_c = (N_q - 1)\cot\phi$$
$$N_r = (N_q - 1)\tan(1.4\,\phi)$$

$$N_q = e^{\pi \tan \phi} \tan \left(45° + \frac{\phi}{2} \right)$$

Meyerhof의 지지력계수는 표 10-4에 제시되어 있다.

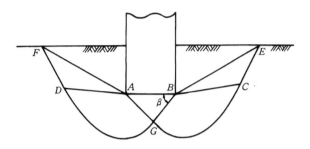

[**그림 10-7**] Meyerhof의 지지력 해석도

이 공식은 세장기초에 대한 것이므로 원형기초나 직사각형 기초에서는 활용할 수 없다. 또한 바닥의 깊이에 대한 영향이나 기초에 하중이 경사져서 작용될 때 이에 대한 고려가 필요하다. Meyerhof는 이와 같은 요소를 고려한 일반적인 지지력 공식을 다음과 같이 제시하였다.

$$q_u = c \, N_c \, S_c \, d_c \, i_c + \frac{1}{2} \, \gamma \, B N_r \, S_r \, d_r \, i_r + q' \, N_q \, S_q \, d_q \, i_q \qquad (10.15)$$

여기서, q' : 기초 바닥 위 흙의 유효하중

$S_c,\ S_r,\ S_q$: 형상계수

$d_c,\ d_r,\ d_q$: 깊이계수

$i_c,\ i_r,\ i_q$: 경사계수

위의 여러 계수들은 경험적인 자료를 근거하여 다음과 같이 제시하고 있다.

• 형상계수

$S_c = 1 + (B/L)\,(N_q/N_c)$

$$S_r = 1 - 0.4(B/L)$$

$$S_q = 1 + (B/L)\tan\phi$$

여기에서 B는 직사각형 기초 단변(短邊)의 길이이고 L은 장변(長邊)의 길이이다.

• 심도계수

$$d_c = 1 + 0.4(D_f/B)$$

$$d_r = 1$$

$$d_q = 1 + 2\tan\phi(1-\sin\phi)^2(D_f/B)$$

[표 10-4] Meyerhof의 지지력계수

ϕ	N_c	N_r	N_q	ϕ	N_c	N_r	N_q
0	5.14	0	1.0	30	30.1	15.7	18.4
5	6.5	0.1	1.6	35	46.1	37.1	33.3
10	8.3	0.4	2.5	40	75.3	93.7	64.2
15	11.0	1.1	3.9	45	133.9	262.7	134.9
20	14.8	2.9	6.4	50	266.9	873.7	319.0
25	20.7	6.8	10.7				

• 경사계수

$$i_c = i_q = \left(1 - \frac{\alpha}{90^o}\right)^2$$

$$i_r = (1 - \alpha/\phi)^2$$

여기서, α : 작용하중의 방향이 연직면과 이루는 각도

예제 10-3

지표면에서 0.8m를 굴착하여 2m×2m의 정사각형 기초를 설치하였다. 이 기초에 대한 허용 지지력을 Meyerhof의 공식을 이용하여 구하여라. 이 지반의 흙에 대한 토질시험 결과 $c = 0$, $\phi = 30°$, $\gamma = 1.8\,\mathrm{tf/m^3}$이었다. 또한 하중은 연직면과 20°의 각도로 기울어서 작용한다.

$c = 0$이므로 식(10.15)의 제1항을 구할 필요가 없다.

$$q_u = \frac{1}{2}\gamma B N_r S_r d_r i_r + q' N_q S_q d_q i_q$$

여기서, $q' = \gamma z = 1.8 \times 0.8 = 1.44 \mathrm{tf/m^2}$

표 10-4에서 $\phi = 30^o$에 대한 지지력계수를 구하면,

$N_r = 15.7$

$N_q = 18.4$

형상계수를 구하면 다음과 같다.

$S_r = 1 - 0.4\,(B/L) = 1 - 0.4\,(2/2) = 0.6$

$S_q = 1 + (B/L)\tan\phi = 1 + (2/2)\tan 30^o = 1.58$

깊이계수를 구하면,

$d_c = 1 + 0.4\,(D_f/B) = 1 + 0.4\,(0.8/2) = 1.16$

$d_r = 1$

$d_q = 1 + 2\tan\phi\,(1 - \sin\phi)^2\,(D_f/B) = 1 + 2\tan 30^o\,(1 - \sin 30^o)^2\,(0.8/2) = 1.12$

경사계수를 구하면,

$$i_q = \left(1 - \frac{\alpha}{90^o}\right)^2 = \left(1 - \frac{20^o}{90^o}\right)^2 = 0.60$$

$$i_r = \left(1 - \frac{\alpha}{\phi}\right)^2 = \left(1 - \frac{20^o}{30^o}\right)^2 = 0.11$$

각 계수를 식(10.15)에 대입하면 다음과 같다.

$$q_u = \frac{1}{2} \times 1.8 \times 2 \times 15.7 \times 0.6 \times 1 \times 0.11 + 1.44 \times 18.4 \times 1.58 \times 1.12 \times 0.60 = 30\,\mathrm{tf/m}^2$$

$$Q_u = q_u\,A = 30.0 \times 2 \times 2 = 120\,\mathrm{tf}$$

$$Q_a = Q_u/F = 120/3 = 40.0\,\mathrm{tf}$$

10.2.6 표준관입시험에 의한 지지력의 결정

표준관입시험에서 구한 N치와 지지력의 관계는 1948년 Terzaghi와 Peck에 의해 도표로 제시되어 널리 이용되어왔다. 그러나 이 값들은 지나치게 안전 측이며 기초의 깊이에 대한 영향이 고려되어 있지 않다. Meyerhof는 1974년에 침하량 25mm를 기준으로 허용지지력을 구할 수 있는 도표를 제시하였다. 이 도표에 의한 값도 현장의 실측된 자료로 분석한 결과 안전 측인 것으로 판명된 바 있다.

Bowls(1882)는 N치로 추정한 Meyerhof의 허용지지력을 수정하여 다음과 같은 공식을 발표하였다.

기초의 폭(B)이 1.2m 이하인 경우($B \leq 1.2\,\mathrm{m}$)

$$q_a\,(\mathrm{tf/m}^2) = N/0.5 \tag{10.16}$$

기초의 폭 (B)이 1.2 m보다 큰 경우($B \leq 1.2$ m)

$$q_a\,(\mathrm{tf/m}^2) = \frac{N}{0.8}\left(\frac{B+0.3}{B}\right) \tag{10.17}$$

기초의 바닥이 지표면 아래에 있다면 깊이계수 K_z를 다음 식으로 구하고 식(10.16), (10.17)로 구한 값에 곱하여 얕은 기초에 대한 허용지지력을 산정한다.

$$K_z = \left(1 + 0.33 \frac{D_r}{B}\right) \tag{10.18}$$

위 공식에서 N치는 기초바닥을 중심에서 위쪽으로 $0.5B$와 아래로 $2B$까지의 값을 평균하여 적용한다. 그림 10-8은 Bowls의 식을 도표화한 것으로 침하량 25 mm를 기준으로 할 때, 기초면에 놓인 기초의 허용지지력을 나타낸 것이다.

사질지반의 경우 침하량의 기준이 25mm가 아닐 때에는 허용지지력은 침하량에 비례한다고 가정하여 다음과 같이 수정한다.

$$q_{ak} = \frac{S_k}{25} q_a \tag{10.19}$$

여기서, S_k : 임의의 기준침하량

　　　　q_{ak} : 임의의 기준침하량에 대한 허용지지력

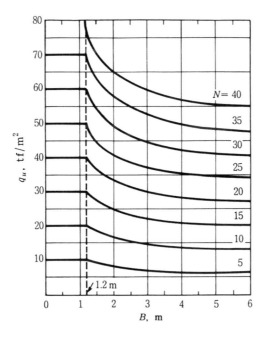

[그림 10-8] Bowls의 허용지지력표

10.2.7 재하시험에 의한 지지력 결정

경우에 따라서는 현장재하시험을 하는 것이 기초의 지지력 결정에 더 바람직하다. 시험장치는 일반적으로 그림 10-9와 같은 방법이 이용된다. 즉, 설계 기초저면까지 굴착하고 여기서 표준규격(30cm×30cm)의 재하판을 놓고 KS F 2310으로 시험을 실시한다. 이 결과를 이용하여 그림 10-2(b)와 같은 하중-침하곡선을 그리고 항복하중강도와 극한 하중강도를 구한다.

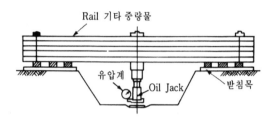

[그림 10-9] 유압식 재하시험 장치

재하 시험의 결과를 이용해서 허용지지력을 구하는 공식은 다음과 같다.

• 장기 허용지지력

$$q_a = q_t + \frac{1}{3} N' \gamma D_f \tag{10.20}$$

• 단기 허용지지력

$$q_a = 2 q_t + \frac{1}{3} N' \gamma D_f \tag{10.21}$$

여기서, q_a : 허용지지력($\mathrm{tf/m^2}$)

$\qquad q_t$: 항복하중강도의 $\frac{1}{2}$ 또는 극한하중강도의 $\frac{1}{3}$ 중 작은 값

$\qquad N'$: 기초의 바닥면 아래에 있는 지반의 토질에 따른 계수

$\qquad\qquad$ 사질지반이 느슨한 경우 $N' = 3$

$\qquad\qquad$ 사질지반이 조밀한 경우 $N' = 9$

$\qquad\qquad$ 점토질 지반 $N' = 3$

$$D_f : 근입깊이$$

재하시험에 사용된 재하판의 크기와 실제 기초의 폭은 다르므로 시험의 결과를 이용하기 위해서는 재하판 크기로 인하여 발생되는 영향(scale effect)을 고려해야 한다. 동일한 점토지반에서 넓은 재하판은 좁은 것에 비하여 침하량이 크게 나타난다. 이러한 현상은 폭이 넓으면 압력이 깊이 전달되어서 탄성침하와 압밀침하량이 크게 발생되기 때문이다.

점토지반에서 침하량은 재하판의 크기에 비례한다.

$$S = S_t \times \frac{B}{b} \tag{10.22}$$

여기서, S : 실제기초의 침하량

$\quad\quad\quad S_t$: 재하시험에 사용된 재하판의 침하량

$\quad\quad\quad B$: 기초의 폭

$\quad\quad\quad b$: 재하판의 폭

Terzaghi는 사질토에 대하여 다음과 같은 실험식을 제시하였다.

$$S = S_t \left(\frac{2B}{B+b} \right)^2 \tag{10.23}$$

재하시험의 결과를 토대로 실제기초의 극한 지지력은 다음과 같이 근사적으로 계산할 수 있다.

• 점토지반

$$q_{u(기초)} = q_{u(재하판)} \tag{10.24}$$

• 사질지반

$$q_{u(기초)} = q_{u(재하판)} \times \frac{B}{b} \tag{10.25}$$

예제 10-4

사질지반에 0.3×0.3m의 재하판으로 재하시험을 한 결과 10tf/m²의 지지력에 10mm의 침하를 보였다. 같은 지반에 2×2m의 정4각형 기초를 설치할 때 기대되는 지지력과 침하량을 추정하여라. 단, 지반은 거의 균일하다고 한다.

풀 이

사질지반에서 지지력은 재하면의 폭에 비례하므로 식(10.25)에서 기초의 극한 지지력을 구하면

$$q_u = 10 \times \frac{2}{0.3} = 67 \mathrm{tf/m}^2$$

침하량은 식(10.23)에서

$$S = S_{30} \left(\frac{2\,B}{B+0.3} \right)^2 = 1.0 \left(\frac{2\times 2}{2+0.3} \right)^2 = 3.0 \mathrm{cm}$$

10.2.8 기초의 즉시침하

기초의 즉시침하 및 탄성침하는 하중재하 후 함수비의 변화 없이 즉시 일어난다. 이와 같은 침하의 크기는 기초의 유연성(flexibility)과 기초의 구성재료에 따라 달라진다. 등분포하중 작용시, 포화점토와 같은 탄성재료에 유연성 기초가 놓일 경우 탄성침하는 그림 10-10처럼 기초면적의 주변을 넘어서까지 확장되며 재하면과 지반과의 접지압은 일정하다. 그러나 강성기초가

(a) 점토   (b) 모래

[그림 10-10] 유연성 기초의 침하량

300 토질역학

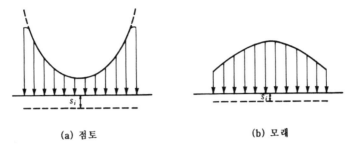

(a) 점토   (b) 모래

[그림 10-11] 강성기초의 접지압

점토지반에 놓이면 균등침하가 일어나며 **접지압**(接地壓, contast pressure)은 그림 10-11(a)와 같이 재분포될 것이다. 유연성기초가 모래지반에 놓일 경우에는 그림 10-10(b)에 나타나 있는 것처럼 침하가 가장자리에서 크게 발생되며 접지압은 일정하다. 강성기초가 모래지반에 놓인 경우의 접지압은 그림 10-11(b)와 같이 중앙부가 크며 침하량은 일정하다.

깊이에 따라 탄성계수가 일정한 점토에 대한 침하와 접지압은 위에서 설명한 것과 실제가 일치한다. 모래의 경우 탄성계수가 깊이에 따라 증가하며 기초 가장자리 지표면에서는 측방구속이 부족하다. 따라서 유연성기초의 가장자리 부근에 있는 모래가 밖으로 밀려나와서 침하곡선이 아래로 오목한 형태가 된다.

탄성재료 위에 놓인 기초의 즉시침하량은 탄성이론의 원리를 적용한 방정식으로 계산한다.

$$S_i = \frac{q\,B}{E}\,(1 - \mu^2)\,I_s \tag{10.26}$$

여기서, S_i : 즉시침하량

q : 등분포하중

B : 기초의 폭

μ : Poisson 비

E : 흙의 탄성계수(Young의 계수)

I_s : 무차원 영향계수

[표 10-5] 기초의 영향계수(I_s)

기초의 형태	기초의 길이(L) / 기초의 폭(B)	유연성기초의 I_s		강성기초의 I_s
		중앙부	모서리	
원형기초		1.00	0.64	0.79
사각형기초	1	1.12	0.56	0.88
	1.5	1.36	0.68	1.07
	2	1.53	0.77	1.21
	3	1.78	0.89	1.42
	5	2.10	1.05	1.70
	10	2.54	1.27	2.10
	20	2.99	1.49	2.46
	50	3.57	1.80	3.00
	100	4.01	2.00	3.43

식(10.26)은 하중이 지표면에 작용한다는 조건하에서 유도한 공식이다. 실제에서 대부분의 기초는 지표면 아래 어느 정도의 깊이에 위치하고 있으며 근입깊이는 기초의 침하를 감소시키는 경향이 있다. 그러므로 식(10.26)으로 침하량을 산정하면 실제보다 더 안정 측으로 계산한 결과가 되며 주로 점토지반에 적용된다.

모래지반에 대한 침하량을 구할 필요가 있는 경우에는 표준관입시험치와 침하량과의 관계를 경험적으로 유도한 De Beer의 식이 있다. 이 식은 실제와 잘 합치된다고 한다.

$$S_i = 0.4 \int \frac{P_1}{N} \log_{10} \frac{P_1 + \Delta P}{P} d\, z \,(\text{cm}) \tag{10.27}$$

여기서, N : 표준관입시험의 N치

       P_1 : 유효 상재압력(kgf/cm^2)

       ΔP : 증가압력 (kgf/cm^2)

모래층의 압축량은 점토층의 압밀량에 비하여 대단히 적은 것이 보통이다. 일반적으로 모래층이 점토층과 같이 존재하는 지반에서는 모래층의 침하를 무시하는 경우가 많다.

$9.6\text{tf}/\text{m}^2$의 균등압력을 받는 1m×2m의 기초가 $E = 1,400\text{tf}/\text{m}^2$, $\mu = 0.4$인 점토지반에 위치하고 있다. 기초가 강성이라는 가정 하에서 탄성침하량을 계산하여라.

식(10.26)에서

$$S_i = \frac{q\,B}{E}\,(1 - \mu^2)\,I_s$$

$$B = 1\text{m}, \quad L = 2\text{m}, \quad L/B = 2$$

표 10-5에서 $L/B = 2$일 때 $I_s = 1.21$(강성기초)

$$S_i = \frac{9.6 \times 1}{1400}\,(1 - 0.4^2) \times 1.21 = 0.00697\text{m} = 6.97\text{mm}$$

10.2.9 허용 지지력표

표 10-6은 일본 건축학회 기초구조 표준에 정해진 허용지지력표이다. 이외에 Uniform Building Code에 의한 표도 있다. 이것은 각 지방에서 공사의 경험을 바탕으로 한 표준의 값을 나타낸 것이다. 이 표는 간단하게 지지력을 정할 수 있다는 이점이 있으나 흙을 분류하는데 불명확한 점이 많으며 동일지반일지라도 사람에 따라 판단에 차가 생긴다. 또 지반의 성층상태, 기초의 크기, 근입깊이 등에 따라 지지력 및 침하량이 다르게 되는데, 이 점이 고려되어 있지 않으므로 표의 값은 대체적인 값이라고 볼 수 있다. 따라서 참고용으로 할 것이며 실제는 재하시험이나 지지력 이론에 의해서 구하는 것이 요망된다.

[표 10-6] 허용지지력표

지반		장기 허용지내력 (tf/m²)	비교	
			N치	일축압축강도 q_u(kgf/cm²)
암석		100	100이상	
자갈층	조밀한 것	60		
	조밀하지 않은 것	30		
모래지반	조밀	30	30~50	
	중간	10~30	10~30	
	느슨	5	5~10	
	대단히 느슨	0	5 이하	
점토질지반	대단히 견고	20	15~30	2.5 이상
	견고	10	8~15	1.0~2.5
	중간	5	4~8	0.5~1.0
	연약	2	2~4	0.25~0.5
	대단히 연약	0	0~2	0.25 이하

10.2.10 기타 지지력 공식

(1) 사질지반의 지지력

Meyerhof는 사질지반의 얕은 기초에 대하여 표준관입시험 및 cone 관입시험 결과를 이용하여 다음과 같은 극한지지력 공식을 발표하였다.

$$q_u = 3\,N\,B\left(1 + \frac{D_f}{B}\right) \tag{10.28}$$

$$q_u = \frac{3}{40}\,q_c\,B\left(1 + \frac{D_f}{B}\right) \tag{10.29}$$

여기서, N : 표준 관입시험의 N치

B : footing의 폭(m)

D_f : 기초의 근입깊이(m)

q_c : cone 관입저항(tf/m²)

q_u : 극한지지력(tf/m²)

(2) 점토지반의 지지력

실제의 지반은 비균질하고 기초의 바닥도 지반에 수평으로 놓이지 못하는 경우가 많다. 따라서 전단강도는 좌측 또는 우측으로 경사진 상태가 되어서 기초가 전도한다.

Tschebotarioff는 이러한 기초의 전단파괴를 생각하여 다음과 같은 지지력 공식을 만들었다.

- 연속기초

$$q_u = 6.28c\left(1 + 0.32\frac{D_f}{B} + 0.16\frac{\gamma D_f}{c}\right) \tag{10.30}$$

- 정사각형 기초

$$q_u = 5.52c\left(1.44 + 0.38\frac{D_f}{B}\right) \tag{10.31}$$

- 직사각형 기초

$$q_u = 5.52c\left(1 + 0.38\frac{D_f}{B} + 0.44\frac{B}{L}\right) \tag{10.32}$$

Wilson은 연속기초와 직사각형 기초에 대하여 아래의 공식으로 지지력을 구하였다.

- 연속기초

$$q_u = 5.52c\left(1 + 0.377\frac{D_f}{B}\right) + \gamma D_f \tag{10.33}$$

- 직사각형 기초

$$q_u = 5.52c\left(1 + 0.38\frac{D_f}{B} + 0.44\frac{B}{L}\right) + \gamma D_f \tag{10.34}$$

10.3 깊은 기초

지반이 연약하여 상부구조물의 하중을 얕은 기초로 지지할 수 없을 때에는 깊은 기초를 사용한다. 깊은 기초는 **말뚝기초**(Pile foundation), **피어기초**(pier foundation), **케이슨 기초**(cassion foundation), **우물통기초**(well foundation) 등이 있다.

말뚝은 여러 가지 목적으로 사용된다. 상부 구조물의 하중을 연약지반을 통해 견고한 지층으로 전달시키는 기능을 가진 말뚝을 **단지지 말뚝**(端支持, end bearing pile)이라 한다. 말뚝의 끝이 견고한 지층까지 도달되지 않을 때에는 말뚝과 흙 사이에 마찰력으로 상부의 하중을 지지한다. 이와 같은 말뚝은 **마찰말뚝**(friction pile)이라 한다. 그러나 실제에서 말뚝은 명확하게 구분되지 않는다. 어떤 말뚝은 위로 올리려는 힘에 저항하는 기능을 가지고 있는 말뚝도 있다. 이러한 말뚝을 **인장말뚝**(tension pile)이라고 한다. 또한 횡방향에서 작용하는 하중을 지지하기 위해 박혀진 말뚝도 있다. 옹벽과 같이 횡하중이 클 때에는 말뚝을 경사지게 박아서 저항하게 한다. 이러한 말뚝을 **경사말뚝** 또는 **사항**(斜杭, batter pile)이라고 한다. 사항은 일반적으로 연직으로 박힌 말뚝과 조합하여 사용된다. 그 밖에는 느슨한 모래와 같은 흙을 다짐할 목적으로 사용되거나 **널말뚝**(sheet pile)과 같이 흙과 물막이를 목적으로 사용되는 경우도 있다.

말뚝의 지지력을 구하는 방법에는 다음의 4가지 방법이 있다.

1) 정역학적 지지력 공식에 의한 방법
2) 동역학적 지지력 공식에 의한 방법
3) 재하시험에 의한 방법
4) 자료에 의한 방법

10.3.1 정역학적 지지력 공식

말뚝에 작용하는 하중은 말뚝 선단에서의 압축력, 즉 단지지(端支持)에 의한 것과 말뚝 표면을 따라 발생되는 전단력, 즉 마찰력(skin friction)에 의해서 저항된다. 따라서 말뚝의 극한지지력은 단지지와 주면마찰의 합으로 구한다.

$$R_u = R_p + R_f$$
$$= q\,A_p + f_s\,A_f \tag{10.35}$$

여기서, R_u : 말뚝의 극한지지력(tf)

R_p : 말뚝의 선단지지력(tf)

R_f : 말뚝의 주면 마찰력(tf)

q : 말뚝의 선단부 지반의 지지력(tf/m²)

A_p : 말뚝의 선단면적(m²)

f_s : 말뚝과 흙과의 마찰력(tf/m²)

A_f : 말뚝의 주면적(周面積) $A_f = UL$

U : 말뚝의 주장(周長)

L : 지반 내에 타입된 말뚝의 길이

(1) Dörr 공식

Dörr의 공식은 마찰말뚝으로 사용할 때 이용되며, 허용지지력을 구할 때 Hellis는 안전율을 1.5~2로 제시하였으나 실용상 3으로 하는 것이 안전하다.

$$R_u = R_p + R_f \tag{10.36}$$

$$R_p = \gamma L A_p \tan^2\left(45^o + \frac{\phi}{2}\right)$$

$$R_f = \frac{1}{2}\gamma L^2 U \mu (1 + \tan^2 \phi) + c' U L$$

여기서, γ : 흙의 단위체적 중량(tf/m³), 지하수 아래에서는 수중단위 중량

μ : 말뚝과 흙 사이의 마찰계수($0.75 \tan \phi \sim \tan \phi$)

c' : 흙과 말뚝과의 부착력

$c < 2.2\,\text{kgf/cm}^2$일 때 $c' = 0.45c$

$c \geq 2.2\,\text{kgf/cm}^2$일 때 $c' = 1.0\,\text{kgf/cm}^2$

(2) Terzaghi의 수정공식

허용지지력 계산 시 장기하중의 경우는 안전율을 3으로 하며 단기하중의 경우에는 1.5로 한다.

$$R_u = q\,A_p + f_s\,U\,L \tag{10.37}$$

$$q = \alpha\,c\,N_c + \beta\,\gamma_1\,B\,N_r + \gamma_2\,L\,N_q$$

여기서 α, β는 말뚝의 형상에 따라 표 10-2에 나타나 있는 값을 사용한다.

[표 10-7] f_s의 값

토질		f_s(tf/m²)	토질		f_s(tf/m²)
세립토	이토	1.25±1	세립토	굳은 사질 점토	4.5±1
	실트	1.5±1		조밀한 점토	6.0±1
	연약점토	2.0±1		굳게 다져진 점토	7.5±2
	실트질 점토	3.0±1	조립토	실트질 모래	3.0±1.0
	사질점토	3.0±1		모래	6.0±2.5
	중(中)점토	3.5±1		모래 및 자갈	10.0±5.0
	사질 실트	4.0±1		자갈	12.5±5.0

(3) Meyerhof의 공식

1) 모래지반에 타입된 말뚝의 극한지지력

$$R_u = 40\,N\,A_p + \frac{\overline{N}\,A_f}{5} \tag{10.38}$$

여기서, N : 말뚝선단의 N치, $N = (N_1 + N_2)/2$

N_1 : 말뚝선단의 지점과 아래로 $2B$ 지점 사이의 평균 N치 중에서 작은값

N_2 : 말뚝선단 위쪽으로 $10B$인 범위의 평균 N치

$\overline{N}$: 말뚝 근입전장에 대한 평균 N치

B : 말뚝의 직경 또는 폭

지반이 물로 포화된 가는 모래이거나 실트질 모래로서 N치가 15보다 클 때에는 N치를 다음과 같이 보정한다.

$$N' = 15 + \frac{1}{2}(N - 15) \tag{10.39}$$

2) 점토지반에 타입된 말뚝의 극한지지력

$$R_u = 9\,c_p\,A_p + c_a\,A_f \tag{10.40}$$

여기서, c_p : 말뚝 선단 지점의 점착력(tf/m²)

        c_a : 말뚝 근입전장에 대한 평균 부착력(tf/m²)

        $c < 3.5\,\mathrm{tf/m^2}$일 때 $c_a = c$

        $c \leq 3.5\,\mathrm{tf/m^2}$일 때 $c_a = 3.5\,\mathrm{tf/m^2}$

3) 점성토 지반을 관통하고 사질지반에 타입된 말뚝의 극한지지력

$$R_u = 40\,N\,A_p + \left(\frac{N_s}{5}\,L_s + c_a\,L_c\right)U \tag{10.41}$$

여기서, N_s : 사질 토층속의 말뚝 주변 지반의 평균 N치

        L_s : 사질 토층속의 말뚝 길이(m)

        c_a : 점성토층속의 말뚝 주변 지반의 평균 부착력(tf/m²)

        L_c : 점성토 지반의 말뚝 길이(m)

        U : 말뚝의 주변장(m)

예제 10-6

지하수위가 지표면 아래 2.5m에 위치하고 있는 중간정도 굳은 점토지반에 지름 30cm의 원심력 철근콘크리트 말뚝을 10m 타입하였다. 이 말뚝의 지지력을 Terzaghi의 수정공식을 이용하여 구하여라. 단, 흙의 마찰각 $\phi = 8^o$, 점착력 $c = 12\mathrm{tf/m^2}$, 습윤밀도 $\gamma = 1.6\,\mathrm{tf/m^3}$, 수중밀도 $\gamma_{\mathrm{sub}} = 1.0$이다.

식(10.37)에서

$$q = \alpha c N_c + \beta \gamma_1 BNr + \gamma_2 L N_q$$

$$= 1.3 c N_c + 0.3 \gamma_1 BN_r + \gamma_2 L N_q$$

$\phi = 8°$일 때 $N_c = 5.3, \ N_r = 0, \ N_q = 1.8$

$$q = 1.3 \times 12.0 \times 5.3 + 0.3 \times 1.0 \times 0.3 \times 0 + (1.6 \times 2.5 + 1.0 \times 7.5) \times 1.8$$

$$= 82.68 + 20.70 = 103.38 \, \mathrm{tf/m^2}$$

식(10.37)에서 말뚝에 대한 극한지지력은

$$R_u = q A_p + f_s UL$$

$$= 103.38 \times \frac{\pi \times 0.3^2}{4} + 3.5 \times \pi \times 0.3 \times 10$$

$$= 7.31 + 33.0 = 40.3 \, \mathrm{tf}$$

$$R_a = R_u / 3$$

$$= 40.3 / 3 = 13.4 \, \mathrm{tf}$$

예제 10-7

예제 5와 동일한 조건에 대하여 허용지지력을 Meyerhof의 공식을 이용하여 구하여라.

풀 이

점토지반에 타입된 말뚝의 극한지지력 공식(식(10.40))

$$R_u = 9 c_p A_p + c_a A_f$$

$c = 12 \, \mathrm{tf/m^2} > 3.5 \, \mathrm{tf/m^2}$이므로 $c_a = 3.5 \, \mathrm{tf/m^2}$이다.

$$R_u = 9 \times 12 \times \frac{\pi \times 0.3^2}{4} + 3.5 \times \pi \times 0.3 \times 10$$

$$= 7.63 + 32.97 = 40.6 \, \text{tf}$$

$$R_a = R_u / 3 = 40.6 / 3 = 13.5 \, \text{tf}$$

10.3.2 동역학적 지지력 공식

말뚝을 해머로 타격하면 가해진 에너지와 말뚝의 저항력 사이에는 어떤 관계가 있다. 이 관계를 규명하여 말뚝의 지지력을 결정하는 방법을 동역학적 지지력 공식(dynamic formula)이라고 한다.

이 방법은 말뚝의 지지력을 정확하게 추정할 수 있는 경우도 있지만 과대한 설계가 되기도 하고 부정확한 값을 나타내기도 한다. 해머로 말뚝을 박을 때 말뚝의 재하(載荷)와 흙의 파괴는 순간적인 반면에 실제 구조물에서는 말뚝을 박고 난 다음 장시간에 걸쳐 하중이 가해진다. 그러므로 전단과 재하속도의 관계가 적은 흙에서 동역학적인 방법이 적합하다. 따라서 건조한 사질토와 상대밀도가 중간 정도이고 입자가 굵은 사질토에서는 이 방법으로 구한 결과가 실제와 잘 부합된다. 그러나 점토나 느슨한 비점성토는 강도가 전단속도에 의존되므로 신뢰성이 매우 낮다.

(1) Hiley의 공식

동역학적인 지지력 공식은 해머의 낙하로 인한 운동 에너지와 말뚝에 행한 일이 같다는 원리를 기본으로 하고 있다. 말뚝에 가해진 에너지는 모두 일로 전환되는 것이 아니다. 해머의 기계적 마찰, 말뚝과 흙의 일시적인 압축 등은 일로 전환되지 못한 에너지의 손실이다.

$$R_u S + \text{손실량} = W_H H \times \text{효율} \tag{10.42}$$

여기서, R_u : 말뚝의 극한지지력(tf)

S : 타격으로 인한 말뚝의 관입량(cm)

W_H : 해머의 중량(tf)

H : 해머의 낙하고(cm)

[표 10-8] 해머의 기계효율 e

해머의 종류		효율(e)
드롭해머	방아쇠 시동장치	1.00
단동식 해	Wire rope, winch	0.75
	Mckiernan-Terry	0.85
	Warrington-Vulcan	0.75
복동식 해머	Mckiernan-Terry	0.85
	National	0.85
	Union	0.85
차동 증기해머		0.75
디이젤 해머		1.00

식(10.42)에서 가장 어려운 문제는 효율과 에너지 손실량을 정하는 것이다. Chellis(1961)에 의하면 기계효율은 해머의 종류에 따라 다르며 표 10-8에 나타나 있는 바와 같이 0.75~1.0까 지의 값을 나타낸다고 한다.

충격 후에 해머로부터 이용할 수 있는 에너지는 충격방법과 운동량으로부터 추정되며 이것 을 반발계수(coefficient of restitution)로 나타낸 값이 표 10-9에 나타나 있다.

[표 10-9] 반발계수 n

말뚝의 종류	두부조건(頭部條件)	단동, 복동, 디젤해머	복동해머
콘크리트	말뚝머리를 패킹하고 플리스틱돌리 또는 Greenheart 돌리를 씌운 헬멧	0.4	0.5
	말뚝머리를 패킹한 목재돌리의 헬멧	0.25	0.4
	패드만 말뚝머리 위에 놓인 헬멧	–	0.5
강(鋼)	콤포지트 플라스틱 또는 Greenheart 돌리를 가진 캡	0.5	0.5
	몰재돌리를 가진 캡	0.3	0.3
	말뚝머리를 직접 타격	–	0.5
	말뚝머리에 직접 타격	0.25	0.4

반발계수 외에 해머의 중량과 말뚝의 자체중량도 효율에 영향을 미친다. 그러므로 전체효율 은 기계효율 e에 다음의 값을 곱한 값이다.

$$e_f = \frac{W_H + n^2 \, W_p}{W_H + \, W_p} \tag{10.43}$$

여기서, e_f : 타격효율

  W_p : 말뚝의 중량(말뚝머리 중량 포함)

  n : 반발계수(표 10-9 참조)

캡, 말뚝 및 지반의 탄성압축에 의한 손실에너지는 다음 식으로 나타낸다.

$$손실에너지 = \frac{R_u \, C_1}{2} + \frac{R_u \, C_2}{2} + \frac{R_u \, C_3}{2} \tag{10.44}$$

여기서, C_1, C_2 및 C_3는 각각 캡, 말뚝 및 흙의 일시적인 탄성변형량이다. 식(10.42)에 위에서 언급한 손실에너지와 효율을 대입하면

$$W_H \, He \left(\frac{W_H + n^2 \, W_p}{W_H + \, W_p} \right) = R_u \, S + R_u \left(\frac{C_1}{2} + \frac{C_2}{2} + \frac{C_3}{2} \right) \tag{10.45}$$

이것을 정리하면

$$R_u = \frac{W_H \, He \, e_f}{S + C/2} \tag{10.46}$$

여기서, $C = C_1 + C_2 + C_3$

  e : 해머 기계의 효율

  e_f : 타격효율

Hiley 공식은 사질토에서 상당히 정확하다고 하며 안전율은 2 또는 2.5를 사용한다.

[표 10-10] 콘크리트 말뚝의 C값(C_m)

구분	타입 용이	중간 정도	타입 곤란	매우 곤란	비고
C_1	0.06	0.13	0.19	0.25	
C_2	0.013 L	0.025 L	0.038 L	0.050 L	L : 말뚝길이
C_3	0.13	0.25~0.50	0.38~0.64	0.13~0.38	

(2) 엔지니어링 뉴스 공식

Hiley의 공식은 적용이 복잡하므로 적절한 상수를 가정하여 간단하게 나타낼 수 있다. $C_1 + C_2 + C_3$의 값을 5.0cm로 가정하고 해머의 기계효율과 타격효율을 1로 잡으면 다음과 같이 표시된다.

$$R_u = \frac{W_H H}{S + 2.5} \tag{10.47}$$

이 식을 엔지니어링 뉴스 공식(Engineering News formula)이라고 한다. 이 공식에서는 상수를 임의로 정하였기 때문에 여기서 생기는 불확실성을 고려하여 허용지지력 계산 시 **안전율 6**을 사용한다. 드롭해머로 모래지반에 나무말뚝을 박는 경우 이 공식은 실제와 잘 부합된다고 한다. 증기해머의 경우에 대해서는 위 공식의 상수 2.5 대신 0.25로 수정하여 사용한다.

$$R_u = \frac{W_H H}{S + 0.25} \tag{10.48}$$

(3) Terzaghi의 공식

$$R_u = \frac{A_p E}{L}\left\{ -S + \sqrt{S^2 + F\left(\frac{W_H + e^2 W_p}{W_H + W_p}\right)\frac{2L}{A_p E}} \right\} \tag{10.49}$$

여기서, A_p : 말뚝의 단면적

E : 말뚝의 Young 계수(tf/cm^2)

L : 말뚝의 길이

F : $W_{H'}H$

안전율은 2.0~2.5를 사용한다.

(4) Sander의 공식

$$R_u = \frac{W_H H}{S} \qquad (10.50)$$

안전율 8을 사용하여 허용지지력을 구한다.

예제 10-8

길이 10m, 외경 40cm, 내경 24cm의 원심력 철근콘크리트 말뚝을 2ton의 드롭해머로 지반에 타입하였다. 해머의 낙하고가 2m일 때 최종 침하량이 1cm였다. 이때의 허용지지력을 구하여라. 단, 철근콘크리트의 단위체적중량 $\gamma_{RC} = 2.6\,\text{tf/m}^3$, Young율 $E = 3.5 \times 10^5\,\text{tf/cm}^2$, 탄성변형량 $C = C_1 + C_2 + C_3 = 1.0$cm, 해머의 타격효율 $e = 0.8$, 반발계수 $n = 0.25$.

풀 이

말뚝의 단면적 $A_p = \pi(0.2^2 - 0.12^2) = 0.08\,\text{m}^2 = 800\,\text{cm}^2$

말뚝의 중량 $W_p = A_p \times L \times \gamma_{RC} = 0.08 \times 10 \times 2.6 = 2.08\,\text{tf}$

(1) Hiley의 공식

식(10.46)에 의하여

$$R_u = \frac{e\,W_H H}{S + C/2} \times \frac{W_H + n^2\,W_p}{W_H + W_p}$$

$$= \frac{0.8 \times 2 \times 200}{1 + 0.5} \times \frac{2 + 0.25^2 \times 2.08}{2 + 2.08} = 100.23\,\text{tf}$$

$$\therefore R_a = \frac{109.23}{2.5} = 43.69\,\text{tf}$$

(2) 엔지니어링 뉴스 공식

식(10.47)에서

$$R_u = \frac{W_H\,H}{S + 2.5} = \frac{2 \times 200}{1 + 2.5} = 114.29\,\text{tf}$$

$$\therefore R_a = \frac{114.29}{6} = 19.05\,\text{tf}$$

(3) Terzaghi의 공식

식(10.49)에서

$$R_u = \frac{A_p\,E}{L}\left\{ -S + \sqrt{S^2 + W_H \cdot H\left(\frac{W_H + e^2\,W_p}{W_H + W_p}\right)\frac{2\,L}{A_p\,E}} \right\}$$

$$= \frac{800 \times 3.5 \times 10^5}{1,000}\left\{ -1 + \sqrt{1^2 + 2 \times 200 \left(\frac{2 + 0.25^2 \times 2.08}{2 + 2.08}\right)\frac{2 \times 1,000}{800 \times 3.5 \times 10^5}} \right\}$$

$$= 208\,\text{tf},\ R_a = \frac{208}{2.5} = 83\,\text{tf}$$

(4) Sander의 공식

식(10.50)에서

$$R_u = \frac{W_H\,H}{S} = \frac{2 \times 200}{1} = 400\,\text{tf}$$

$$\therefore R_a = \frac{400}{8} = 50\,\text{tf}$$

10.3.3 말뚝 재하시험

말뚝의 지지력을 결정할 수 있는 가장 신뢰성이 높은 방법은 말뚝의 재하시험이다. 이러한 방법은 말뚝이 과도한 침하를 일으키지 않고 하중을 지지할 수 있는 능력을 결정하기 위해 행한다.

지중에 타입된 말뚝의 지지력은 상당한 시간이 경과한 후에도 극한상태에 이르지 아니한다. 그러므로 말뚝 타입 후 이러한 시간이 경과한 다음에 지지력이 결정되어야 한다. 투수성이 양호한 모래지반에 관입된 말뚝은 2, 3일만에 능력이 나타나지만 점토지반은 한 달 이상이 되어야 능력을 측정할 수 있다.

말뚝의 재하시험은 그림 10–12와 같이 시험 말뚝 옆에 인장말뚝을 박고 강재의 보로 연결하여 유압잭으로 하중을 가하고 침하량을 측정함으로써 지지력을 결정한다.

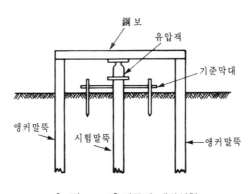

[그림 10–12] 말뚝의 재하실험

하중은 파괴에 이르거나 설계하중의 2배에 도달될 때까지 설계하중의 1/5 또는 1/4씩 증가시킨다. 각 단계의 하중은 일정하게 유지하고 침하속도가 시간당 0.25mm 이하가 될 때까지 적당한 시간간격으로 침하량을 측정한다. 이 시험의 결과로부터 하중–침하곡선, 하중–경과시간 곡선, 침하량–시간곡선을 작성할 수 있으며 이 관계로부터 지지력을 결정한다.

$$R_a = \frac{R_u{}'}{1.5} \tag{10.52}$$

여기서 $R_u{'}$는 하중–소성변형곡선이 급하게 구부러지는 점의 시험하중(tf)이다.

$$R_a = R_u{''} \tag{10.53}$$

여기서 $R_u{''}$는 하중을 제거한 후 비 회복성 침하가 6mm를 넘지 않을 때의 최대 시험하중(tf)이다.

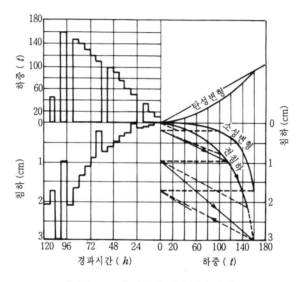

[그림 10-13] 말뚝의 재하실험 결과도

10.3.4 무리말뚝

구조물의 하중을 말뚝기초로 지지하는 경우 대구경의 천공말뚝이 아닌 한 말뚝 하나만으로 지지되는 경우는 거의 없다. 비교적 가벼운 하중을 지지한다고 하더라도 단일말뚝을 사용하면 편심이 발생되기 쉬워서 말뚝의 지지력이 현저히 떨어진다. 이러한 이유 때문에 타입말뚝은 최소 3개 이상을 타입하여 상부하중을 지지하도록 하고 있다.

각 말뚝은 무리로 작용할 수 있도록 캡(cap)으로 묶고 기둥 또는 벽체 하중이 이것을 통해서 말뚝으로 전달되도록 하며 말뚝 캡은 콘크리트 판으로 만들어서 말뚝머리와 기둥이 일체가 되도록 한다.

말뚝의 배열이 다음과 같은 조건일 때 무리말뚝(群杭, Group Pile)으로 취급한다.

$$D_0 = 1.5 \sqrt{r \cdot L} > d \tag{10.54}$$

여기서, D_0 : 무리말뚝의 영향을 고려하지 않는 최소 말뚝 간격(m)

d : 실제의 말뚝 중심간격(m)

r : 말뚝의 반경(m)

L : 지반에 관입된 부분의 말뚝길이(m)

무리말뚝의 지지력은 단일말뚝의 지지력에다 말뚝의 수를 곱한 값과 일치하지는 않는다. 말뚝을 타입하면 흙이 교란되고 그 영향이 인접한 말뚝에 영향이 미치기 때문에 무리말뚝의 지지력은 단일말뚝에 비하여 떨어진다.

Converse − Labarre은 무리말뚝의 효율을 다음과 같이 제시하였다.

$$e = 1 - \frac{\phi}{90} \left\{ \frac{(n-1)m + (m-1)n}{m\,n} \right\} \tag{10.55}$$

여기서, e : 무리말뚝의 효율

ϕ : $\tan^{-1}\left(\dfrac{D}{d} \right)$

d : 말뚝의 중심간격

D : 말뚝의 직경

m : 말뚝의 열수(列數)

n : 1열에 있는 말뚝의 개수

무리말뚝의 허용지지력 R_{ag} 는

$$R_{ag} = e\,N\,R_a \tag{10.56}$$

여기서, e : 무리말뚝의 효율

N : 말뚝의 총 개수

R_a : 단일말뚝의 허용 지지력

예제 10-9

3.0×3.6m인 직사각형 기초의 저면에 0.8m 및 1.0m 간격으로 직경 30cm, 관입깊이 12m인 말뚝을 9개 배치하였다. 말뚝 1개의 허용지지력이 25tf일 때 말뚝기초 전체의 허용지지력을 구하여라.

풀 이

$$D_0 = 1.5 \sqrt{r\,L} = 1.5 \sqrt{0.15 \times 12} = 2.0\,\mathrm{m}$$

$D_0 = 2.0\,\mathrm{m} > d = 0.8\mathrm{m}$ 이므로 무리말뚝으로 취급한다.

식(10.55)에서

$$e = 1 - \frac{\phi}{90} \left\{ \frac{(n-1)\,m + (m-1)\,n}{m\,n} \right\}$$

$$\phi = \tan^{-1} \left(\frac{D}{d} \right) = \tan^{-1} \left(\frac{0.3}{0.8} \right) = 20.56^o$$

$$e = 1 - \frac{20.56^o}{90^o} \left\{ \frac{(3-1)\,3 + (3-1)\,3}{3 \times 3} \right\} = 0.695$$

식(10.56)으로 말뚝기초의 전 허용지지력을 구하면,

$$R_{ag} = e\,N\,R_a$$
$$= 0.695 \times 9 \times 25 = 156\,\mathrm{tf}$$

PHC 말뚝의 허용지지력($\phi500mm$)을 산정하시오. (단, PHC($\phi500mm$)의 사용재료 및 설계기준강도는 다음과 같다.)

1) 콘크리트

    – 설계기준강도 $f_{ck} = 240.0 \mathrm{kgf/cm^2}$

    – 허용휨압축응력 $f_{ca} = 0.40 f_{ck} = 96.0 \mathrm{kgf/cm^2}$

    – 허용전단응력 $\tau_a = 0.25 \sqrt{f_k} = 3.87 \mathrm{kgf/cm^2}$

    – 펀칭전단응력 $\tau_{pa} = 0.50 \sqrt{f_{ck}} = 7.75 \mathrm{kgf/cm^2}$

    – 허용지압응력 $f_{cv} = 0.25 f_{ck} = 60.00 \mathrm{kgf/cm^2}$

2) 철근

    항복응력 $f_y = 4,000.0 \mathrm{kgf/cm^2}$ (SD 40)

    허용응력 $f_{sa} = 0.50 f_y = 2,000.0 \mathrm{kgf/cm^2}$

3) 말뚝의 제원

    PHC : $\phi500$ A종

외경 : 50.0cm	내경 : 34.0cm
A_c : 1,056cm^2	Z : 9,906cm^3
M_{cr} : 11.49tf·m	M_u : 17.60tf·m
R_a : 173.0tf/본(평상시)	$R_a{'}$: 259.5tf/본(지진 시)

풀 이

(1) PHC($\phi500mm$)의 허용지지력 계산

  1) 지반에 의한 연직지지력

$$R_a = \gamma/n(R_u - W_s) + W_s - W \quad \cdots\cdots\cdots\cdots\cdots\cdots\cdots \text{말뚝의 자중이 큰 경우}$$
$$= \gamma/n(R_u) \quad \cdots\cdots\cdots\cdots\cdots\cdots\cdots\cdots\cdots\cdots\cdots\cdots \text{말뚝의 자중이 작은 경우}$$

여기서, R_a : 지반에 의한 말뚝의 허용 연직지지력(tf/본)

γ : 안전율 보정계수(지지력 추정식 : 1.0, 연직재하시험 : 1.2)

n : 말뚝의 안전율 ┬ 지지말뚝 : (평상시 : 3, 풍하중 시 : 2)

└ 마찰말뚝 : (평상시 : 4, 풍하중 시 : 3)

W_s : 말뚝으로 치환되는 부분의 흙의 유효중량(tonf)

W : 말뚝과 말뚝내부 흙의 유효중량(tonf)

∴ 말뚝의 자중이 작은 경우이므로 $R_a = \gamma/n\,(R_u)$ 결정함

평상시 : $R_a = 1/3 \times R_u$, 지진 시 : $R_a = 1/2 \times R_u$

$$R_u = q_d \cdot A + U \cdot \sum L_i \cdot F_i$$

여기서, R_u : 지반에 의한 말뚝의 극한 연직지지력(tf/본)

A : 말뚝선단 면적 = $\pi \times 0.502/4 = 0.196\text{m}^2$

q_d : 말뚝선단의 극한지지력 = $20 \times \text{N} = 20 \times 50 = 1{,}000\text{tf/m}^2$

U : 말뚝의 둘레길이 = $\pi \times \text{D} = 1.570\text{m}$

L_i : 주면마찰력을 고려하는 층의 두께

f_i : 정주면마찰력(tf/m^2)

┌ 타입공법 : 사질토(0.2N < 10), 점성토(C, N < 15)

├ 현장치기 : 사질토(0.5N < 20), 점성토(C, N < 15)

└ 내부굴착 : 사질토(0.1N < 5), 점성토(0.5C, 0.5N < 10)

– 매입공법 : 사질토(0.1N < 5)

fi1 = $(0.1 \times 25 \times 3.45 + 0.1 \times 20 \times 7.80 + 0.1 \times 35 \times 12.00 + 0.1 \times 50 \times 2.55)$

= 78.98tf/m

– 매입공법 : 점성토(0.5N < 10)

fi2 = $(0.5 \times 3 \times 19.2) = 28.80\text{tf/m}$

f_s : 부주면마찰력(tf/m^2)

– 매입공법 : 점성토(1.0N < 15)

$f_s = (1.0 \times 3 \times 19.2) = 57.60\text{tf/m}$

$$R_u = 1,000 \times 0.196 + 1.570 \times (78.98 + 28.80 - 57.60) = 274.78\text{tf}$$

$$R_a = 1.00/3 \times (274.78)$$

$$= 91.59\text{tf/ea (평상시)}$$

$$R_a{}' = 1.00/2 \times (274.78)$$

$$= 137.39\text{tf/ea(풍하중 시, 지진 시)}$$

2) 말뚝재료에 의한 연직지지력

$$R_u = R_a \times (1 - \mu_1 - \mu_2)$$

여기서, R_u : 말뚝재에 의한 극한 연직지지력(tf/본)

$\qquad R_a$: 말뚝재에 의한 허용 연직지지력(tf/본)

$\qquad \mu_1$: 말뚝의 세장비에 의한 저감률

$\qquad\qquad = (L/D_o - 85) / 100 = (45.0/0.50 - 85)/100$

$\qquad\qquad = 0.05$

$\qquad \mu_2$: 말뚝이음에 의한 저감률(μ_0 : 개소당 저감률(5%), n : 이음수)

$\qquad\qquad = \mu_0 \cdot n = 0.05 \times 2 = 0.10$

$\therefore R_a = R_a \times (1 - \mu1 - \mu2)$

$\qquad = 173.0 \times (1 - 0.05 - 0.10) = 147.05\text{tf/본}$

$\quad R_a{}' = 259.5 \times (1 - 0.05 - 0.10) = 220.58\text{tf/본}$

예제 10-11

JSP 말뚝의 허용지지력(ϕ800mm)을 산정하고 말뚝본수를 계산하여라.

(단, 총 말뚝길이 L= 20.0m, 말뚝선단은 풍화암(N=50)층까지 지지하는 것으로 가정한다. 표준관입시험 결과 N=20(평균값)이며, 그러나 주면마찰력은 무시한다.)

풀 이

1) 지반에 의한 연직지지력

$$R_u = q_d \cdot A + U \sum L_i \cdot f_i$$

R_u = 15×50×0.5024 = 376.80tf

R_a = 1.00/3×376.80 = 125.60tf/ea   ∴ 125.0tf/ea

여기서, A : 말뚝선단 면적(m²) = 3.14×0.802/4 = 0.5024m²

q_d : 말뚝선단의 극한지지력

= 15N(< 750tf/m²)

U : 말뚝의 둘레길이(20.0m)

L_i : 주면마찰력을 고려하는 층의 두께(m)

f_i : 주면마찰력 N×0.1(tf/m²)

2) 재질에 의한 연직지지력

여기서, f_{ca} = 0.25f_{ck}

= 0.25×35kgf/cm² = 8.75kgf/cm² = 87.5tf/m²

A_p = 3.14×0.802/4 = 0.5024m²

f_{ck} = 15kgf/cm² ~ 40kgf/cm²

$R_a = f_{ca} \times A_p$ = 87.5tf/m²×0.5024m²

= 43.96tf/ea   ∴ 40.0tf/ea

3) 두 가지 중 최솟값을 결정한다. 말뚝의 허용지지력은

R_a = 40.0tf/ea

4) 건물의 말뚝본수

① 면적(A) : 15.0m×15.0m = 225.0m²

② 건물 총하중은 P = 1,000.0tf

③ 본수 N = P/Pa = 1,000.0tf / 40tf/본 = 25.0본

10.4 부마찰력

기초에서 다루어왔던 주면마찰력은 작용방향이 상향이라는 것을 전제로 하였으나 하향으로 작용하는 경우도 있다. 이러한 경우는 말뚝 주위의 기반이 말뚝보다 더 많이 침하될 때 발생한다. 이와 같이 하향으로 작용하는 마찰력을 **부마찰력**(負摩擦力, negative skin friction downdrag) 이라고 한다. 연약한 지반에 말뚝을 타입한 후 그 위에 성토를 하였다면 이 지반은 성토 하중으로 말미암아 압밀이 일어나므로 말뚝을 끌어내리면서 아래로 내려간다. 따라서 이 지층은 주면 마찰을 유발하는 대신에 하중을 더 보탠 결과가 된다. 또 한 가지 경우는 연약지반을 통해 견고한 지층까지 말뚝을 박았다면 말뚝 타입 시 흙이 교란되어 압축성이 커지고 말뚝 주위에 과잉간극수압이 생기므로 압밀을 유발한다. 따라서 이 지층은 하향으로 내려가므로 부마찰력이 발생한다.

부마찰력은 흙의 종류와 말뚝의 종류에 따라 값이 다를 뿐 아니라 흙 사이의 상대적인 변위속도에 따라서도 차이가 있다. 연약한 점토에서는 상대변위의 속도가 느릴수록 부마찰력이 작다. 부마찰력은 말뚝기초의 파괴를 가져올 만큼 큰 경우도 있으므로 말뚝의 허용지지력을 결정할 때 세심하게 고려하여야 한다. 부마찰력의 발생이 예상되면 말뚝 주변에 역청으로 코팅을 한다. 때로는 케이싱 안에 말뚝을 박아서 말뚝과 지반을 분리하고 케이싱과 말뚝 사이에 점성이 있는 재료를 충진한 다음 케이싱을 빼내는 방법을 사용하기도 한다. 또한, 부마찰력이 작용하는 말뚝의 안전율은 말뚝의 재질강도, 지반의 지지력, 그리고 허용침하량이 동시에 적용되는 소정의 안정성이 유지되어야 한다.

10.5 피어기초

피어기초(drilled pier)는 말뚝이 해머에 의해서 지반에 타입되는 것과는 달리 기초 저면까지 미리 굴토한 후 콘크리트를 채운 기초의 형태를 말한다. 시공방법은 현장치기말뚝과 동일하지만 사람이 들어가서 지층을 확인할 수 있도록 구멍의 최소 직경이 75cm 이상이면 일반적으로 **피어**(pier)라고 한다.

피어기초는 말뚝이 해머에 의해 타입될 때 생기는 지반진동으로 인한 위험과 소음이 존재하지 않을 뿐만 아니라, 하부가 확장될 수 있으므로 양압력 및 횡압력에 대한 저항성이 크다.

피어기초의 지지력은 말뚝기초와 동일한 방법으로 산정할 수 있다. 다만 1개의 피어가 감당하는 하중이 매우 크기 때문에 세밀한 지층조사가 요구된다.

특히 버팀굴착(braced cut)의 경우에는 흙의 유실로 인한 인접구조물에 악영향을 미칠 우려가 있다.

피어와 케이슨은 하천, 강 또는 바다에 놓이는 교량의 교각으로 널리 사용된다. 또한 부두, 안벽, 또는 도크와 같은 해안 구조물의 기초로서도 쓰이고 있다.

10.6 케이슨 기초

케이슨(caisson)은 강, 호수 및 부두 등의 수면 아래 지역에서 사용하는 하부구조물로서 **오픈케이슨**(open caisson), **박스케이슨**(box caisson) 및 **공기케이슨**(pneumatic caisson)의 세 종류로 나누어진다.

오픈케이슨은 물에 잠기는 교각으로 많이 쓰인다. 소하천인 경우에는 물막이를 하여 현장에서 직접 축조하지만 대하천에서는 육상에서는 제작하여 설치장소까지 운반하고 정확한 위치에 가라앉힌다. 케이슨 내부에 있는 흙은 굴착장비를 이용하여 지층에 도달될 때까지 굴착하여 퍼올린다. 케이슨이 제자리에 정착된 다음에는 콘크리트를 넣어서 바닥을 막는다. 오픈케이슨은 수중에서 상당한 깊이까지 설치가 가능하고 경제적이지만 바닥을 밀폐시키는 콘크리트의 질을 보장할 수 없는 단점이 있다.

박스케이슨은 바닥이 막혀지게 제작되므로 이러한 단점이 보완된다. 이것은 설치 전에 미리 지지층까지 굴착하고 땅을 수평으로 고른 다음, 육상에서 제작한 케이슨을 미리 지지층까지 굴착하고 땅을 수평으로 고른 다음, 육상에서 제작한 케이슨을 운반하여 돌, 콘크리트, 모래 등을 넣어 제자리에 가라앉힌다.

수압 때문에 요구되는 지지층까지 케이슨을 앉힐 수 없는 경우에는 공기 케이슨을 사용한다. 공기 케이슨은 바닥이 열려 있고 천장은 밀폐되어 있으며 그 안에는 물이나 흙이 들어오는 것을 방지하기 위하여 압축공기가 채워져 있다. 굴토작업은 이 속에서 수행되며 이것을 작업실이라고 한다. 공기 케이슨 공법은 침하를 조절할 수 있고 장애물을 직접 눈으로 확인하면서 제거할 수 있는 장점이 있다.

케이슨 공법에서 침하깊이는 수압으로 말미암아 제한을 받지만 40m 깊이까지는 가능하다.

10.7 기초의 허용침하량

기초의 침하가 발생하면 상부구조물은 파괴에 이르지 않더라도 미관 또는 기능에 문제를 일으키게 된다. 침하가 일어나면 벽체에 균열이 생기거나 구조물이 기울어 지기도 하고, 상수관이나 하수관이 파손되기도 한다. 그러므로 침하는 설계에 있어서 매우 중요하며 구조물의 기능을 고려하여 허용침하량이 결정되어야 한다.

강성구조물은 지반이 연약할 때 균등침하를 일으키며 부등침하는 벽돌과 같이 비교적 연성인 경우에 발생한다. 부등침하는 균등침하에 비하여 훨씬 큰 피해를 주는데, 최대침하의 50%를 넘지 않는다고 한다. 기초의 크기와 깊이가 극단적으로 다르더라도 최대 침하의 75%를 초과하지 않는 것이 보통이다.

표 10-11은 Wahls(1981)가 제시한 건물형태에 따른 허용침하량을 나타낸 것이다.

[표 10-11] 건물 형태에 따른 평균 허용침하량

건물의 종류	침하량(mm)	건물의 종류	침하량(mm)
벽돌 벽체 L/H≥2.5	80	뼈대 건물	100
L/H≤1.5	100	굴뚝, 사일로, 탑등의	300
철근콘크리트 건물	150	강성보강 콘크리트 기초	

·· 연습문제 ··

[문 10.1] 단위중량 $1.8tf/m^3$, 점착력 $1.0tf/m^2$, 내부마찰력 $15°$인 단단한 점토 지반에 폭 2m, 근입깊이 3m의 연속기초를 설치하였다. 이 기초의 극한지지력을 Terzaghi식으로 구하여라.

답) $q_u = 34.3tf/m^2$

[문 10.2] 연약점토($\phi = 0$)지반상에 놓인 연속 기초에 있어서 극한지지력은 얼마인가? 단, 점토의 점착력 $c = 2tf/m^2$이다.

답) $q_u = 11.4tf/m^2$

[문 10.3] 기초폭 2m 근입깊이 1m의 연속기초가 사질지반에 놓여 있을 경우, Meyerhof에 의한 극한 지지력을 계산하여라. 단, 사질지반의 평균 N치는 10이다.

답) $q_u = 90tf/m^2$

[문 10.4] 폭 4m의 연속기초를 지표면 아래 2m 위치에 설치한다. 흙의 점착력을 $1.2tf/m^2$, 단위중량을 $1.8tf/m^3$로 보았을 때 극한지지력을 Tschebotarioff의 공식으로 구하여라.

답) $q_u = 12.36tf/m^2$

[문 10.5] 어떤 기초 저면에 중심간격 1.8m, 직경 30cm, 길이 12m인 마찰말뚝을 박았다. 마찰말뚝의 배치는 가로 4개 세로로 6개를 타입시켰으며 말뚝 1개의 허용지지력은 외말뚝으로 보았을 때 16tf이다. 이 말뚝기초의 허용지지력을 구하여라.

답) $R_{ag} = 320.64\,\mathrm{tf}$

[문 10.6] 외경 30cm, 두께 6cm, 길이 10m인 원심력 철근콘크리트말뚝을 무게 2tf인 drop hammer로 박는다. hammer의 낙하고를 3m로 하여 박을 때 1회 타격당 최종 침하량이 2cm였다면 이 말뚝의 허용지지력을 에지니어링 뉴스 공식으로 구하여라.

답) $R_a = 20\,\mathrm{tf}$

11

·

사면의 안정

SOIL MECHANICS

사면의 안정

자연사면이나 굴착사면, 그리고 도로제방이나 흙댐과 같은 성토사면은 중력의 작용을 받아 아래로 이동하여 무너지려고 하는 경향이 있다. 이러한 사면운동으로 인한 피해는 넓은 지역을 황폐화시키며 인접한 구조물을 위협할 뿐만 아니라 인명 손실을 초래하기도 한다. 따라서 사면의 안정을 유지시키는 것은 매우 중요한 문제이다. 사면의 불안정한 원인은 경사면의 변화와 수위강하 등 여러 가지가 있지만 우리나라에서는 강우가 원인이 되는 경우가 많다.

사면은 인공사면과 자연사면으로 분류할 수 있다. 전자는 선택된 재료로 사면을 축조하므로 공학적 성질이 분명하여 안정해석이 비교적 용이하다. 그러나 후자는 자연적으로 이루어져 있으므로 흙과 암석이 불규칙하게 섞여서 층을 이루기도 하며 암석이 풍화되거나 단층, 절리 등이 발달되어 있어서 균질한 경우가 거의 없다. 따라서 자연사면의 안정문제 해결에는 토질공학적인 접근과 더불어 지질, 지형 및 암반의 풍화상태, 그리고 지하수 등에 대한 경험적인 판단이 요구된다.

사면은 분류하는 목적에 따라 여러 가지로 나눌 수 있는데 안정해석을 위해서는 사면의 높이에 대한 활동면의 상대깊이에 따라 무한사면과 유한사면으로 분류된다.

무한사면 해석법은 그 방법이 단순 명료하여 사용이 간편한 반면에 경사면에 평행한 활동면을 가정하는 등 그 적용 범위의 한계성을 내포하고 있다. 일반적으로 **무한사면은 활동면의 깊이가 사면의 높이에 비하여 작은 사면**이라고 정의되는데 무한 사면 해석을 적용할 수 있는 사면은 높이가 대략 활동면 깊이의 10배 이상이 되어야 한다.

유한사면의 안정해석방법으로는 극한 평형법, 극한 해석법, 수치해석법 그리고 모형실험 등이 있다. 비교적 단순한 지형의 사면 안정해석에서는 극한 평형법이 가장 간편하고 능률적인 방법으로 알려져 있다. 이 방법은 활동력과 저항력 사이의 극한 평형상태에 대한 안전율을 구하여 사면의 안정성을 판단한다. 그러나 사면 내에 있는 토체에서의 응력 변위를 무시하는 등, 이론적 합리성이 다소 결여되어 있다. 소성이론을 바탕으로 한 극한해석법은 이론적으로는 완벽하나 복잡한 사면에서는 해석이 난해한 결점이 있다.

수치해석 방법으로는 유한요소법이 가장 많이 이용되고 있는데, 전산기술의 발달로 인하여 이 방법의 활용이 점차 증대되고 있는 실정이다.

이상에서 설명한 바와 같이 사면안정 해석에는 여러 가지 방법이 있으나 사용이 간편하고 신뢰성이 비교적 높은 극한평형법에 대하여 설명하고자 한다.

11.1 사면의 종류와 임계원

사면의 종류에는 유한사면(有限斜面), 무한사면(無限斜面)으로 나누어지며 유한사면에는 **직립사면**(直立斜面)과 **단순사면**(單純斜面)이 있다.

직립사면은 그림 11-1(a)와 같이 연직으로 된 사면이며 암반이나 점토질 흙에서만 존재한다. 무한사면은 그림 11-1(b)와 같이 일정한 경사의 사면이 무한히 계속되는 것으로서 경사지의 산

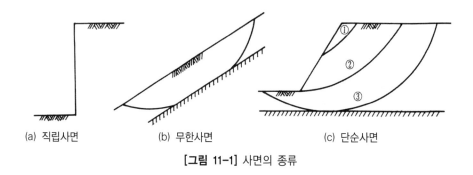

(a) 직립사면   (b) 무한사면   (c) 단순사면

[그림 11-1] 사면의 종류

등에서 볼 수 있다. 활동면은 깊이에 비하여 길이가 큰 것이 특징이다. 단순사면은 사면의 길이가 한정되어 있으며 사면의 정상부와 선단이 평면을 이루고 있다. 사면의 활동형태는 사면의 높이, 구배, 토질 등에 따라서 다르며, 활동면의 위치에 따라 **사면내파괴**(斜面內破壞 ①), **사면선단파괴**(斜面先端破壞 ②), **저부파괴**(低部破壞 ③)로 나눈다.

활동면의 형태는 대수나선형(logarithmic spiral), 패선(cycloid)에 가까우나 일반적으로 계산의 편의상 원호나 원호와 평면을 복합한 활동면으로 해석한다.

사면의 안정성을 검토할 때에는 사면 내에 여러 개의 가상활동면을 그리고 안전율 F를 계산한다. 가상활동면이 원호일 경우 계산된 안전율을 원의 중심에 표시하고 여러 개의 다른 가상활동면에 대하여 동일한 과정으로 표시하면 그림 11-2에서 보는 바와 같이 F의 값이 동일한 **등치선**(等値線)이 나타난다. 여러 개의 등치선에서 수렴된 최소치 F는 가장 불안정한 활동면에 대한 안전율이며 이때 그려진 가상활동면을 **임계활동면**(臨界活動面)이라고 한다.

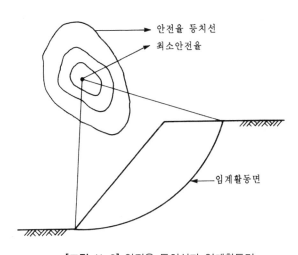

[**그림 11-2**] 안전율 등치선과 임계활동면

11.2 안전율

사면의 안정성을 판단하기 위해서는 주어진 사면의 가상 활동면상에 발휘되는 전단응력과 활동면이 가지고 있는 최대 저항력, 즉 전단강도를 비교한다. 이때 전단강도가 발생된 전단응력보다 크면 사면이 안정될 것으로 판단하지만 안정의 정도를 나타내는 척도가 필요하다. 이것은 주어진 가상활동면에 발생한 전단응력에 대한 전단강도의 비로 나타내며 이를 **안전율**(factor of safety, F)이라고 부른다.

$$F = \frac{\tau_f}{\tau_m} = \frac{c + \sigma \tan \phi}{c_m + \sigma \tan \phi_m} \tag{11.1}$$

여기서, τ_m : 활동면에 발생한 전단응력

τ_f : 주어진 활동면의 전단강도

C_m, ϕ_m : 가상 활동면을 따라서 동원된 점착력 및 마찰각

σ : 가상 활동면에 대한 평균 법선응력

활동면이 원호일 때는 다음과 같이 정의된다.

$$F = \frac{M_f}{M_m} \tag{11.2}$$

여기서, M_m : 활동을 일으키려는 힘의 활동원 중심에 대한 모멘트

M_f : 활동에 저항하려는 힘의 활동원 중심에 대한 모멘트

안전율을 또 다른 관점에서 보면 점착력에 관계되는 안전율 F_c와 마찰력에 관계되는 안전율 F_ϕ로 구분할 수 있으므로 아래와 같이 정의할 수 있다.

$$F_c = \frac{C}{C_m} \tag{11.3}$$

$$F_\phi = \frac{\tan \phi}{\tan \phi_m} \tag{11.4}$$

점착력과 마찰력에 의하여 구한 F_c, F_ϕ는 동일한 사면에서 같은 값을 나타내어야 한다. 즉,

$$F = \frac{C}{C_m} = \frac{\tan \phi}{\tan \phi_m} \qquad (11.5)$$

따라서,

$$F = F_c = F_\phi$$

F가 1과 같을 때 사면은 활동 직전의 상태에 있다고 할 수 있다. 일반적으로 사면의 설계 시 강도에 관계되는 안전율은 1.5 이상으로 하는 것이 바람직하다.

11.3 직립사면의 안정

평면활동면으로 해석한 Coulomb은 한계고 H_c를 다음 식으로 나타내었다.

$$H_c = 2 z_o = \frac{4 c}{\gamma} \tan \left(45^o + \frac{\phi}{2} \right) = \frac{2 q_u}{\gamma} \qquad (11.6)$$

여기서, z_o : 점착고

q_u : 흙의 일축압축강도

Fellenius는 활동면을 곡면으로 생각하여 한계고를 다음과 같이 정의하였다.

$$H_c = \frac{1.93 \, q_u}{\gamma} \qquad (11.7)$$

Terzaghi는 지표면 부근의 인장균열을 고려하여 아래와 같은 식을 제시하였다.

$$H_c{}' = \frac{2}{3} H_c \qquad (11.8)$$

11.4 무한사면의 안정

무한사면의 안정해석방법은 흙의 종류에 따라 구분된다. 사질토와 같이 점착력이 없는 경우에는 사면 내에 있는 흙의 내부 마찰각에 의해 안정성이 결정되며 점착력이 있는 흙은 토층의 두께에 따라서 달라진다. 또한 사면의 안정은 기울기 이외에도 지하수의 영향을 크게 받는다.

(1) 사질토에서 침투수가 지표면과 일치할 경우

그림 11-3에서 한 요소의 폭 b를 단위폭($b=1$)이라 하면 흙의 유효중량은 아래와 같다.

$$W' = \gamma_{sub} H \cos i \tag{11.9}$$

그러므로 요소의 바닥면에 연직으로 작용하는 유효법선응력과 전단응력을 구하면

$$\begin{aligned} N' &= W' \cos i \\ &= \gamma_{sub} H \cos^2 i \end{aligned} \tag{11.10}$$

$$\begin{aligned} \tau &= W \sin i \\ &= \gamma_{sat} H \sin i \cos i \end{aligned} \tag{11.11}$$

여기서, i : 사면의 경사각

$\quad\quad\quad W$: 한 요소에 대한 흙의 총 중량($W = \gamma_{sat} H \cos i$)

무한사면의 요소 바닥에 발휘되는 전단응력은 식(11.2)에 나타나 있는 전단강도보다 작거나 같아야 무한사면이 안정을 유지한다.

$$\begin{aligned} S &= N' \tan \phi \\ &= \gamma_{sub} H \cos^2 i \tan \phi \end{aligned} \tag{11.12}$$

무한사면에서 안정조건은 $\tau \leq S$이므로 식(11.11)과 식(11.12)로부터 관계식을 구하면 다음과 같다.

$$\gamma_{sat} \, H \sin i \cos i \leq \gamma$$

$$\tan i \leq \frac{\gamma_{sub}}{\gamma \tan \phi_{sat}} \tag{11.13}$$

위의 식을 간단하게 나타내기 위하여 $\gamma_{sub} / \gamma_{sat} = 1/2$로 놓고 식(11.13)을 정리하면

$$\tan i \leq \frac{1}{2} \tan \phi \tag{11.14}$$

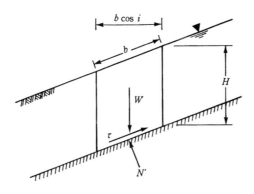

[그림 11-3] 한 요소의 자유물체도

(2) 사질토에서 침투수가 없는 경우

무한사면의 한 요소 바닥면에 작용하는 유효법선응력과 전단응력은 다음과 같다.

$$N' = \gamma H \cos^2 i \tag{11.15}$$

$$\tau = \gamma H \sin i \cos i \tag{11.16}$$

요소 바닥에 작용하는 전단강도를 구하면

$$S = N' \tan \phi$$
$$= \gamma H \cos^2 i \tan \phi \qquad (11.17)$$

무한 사면의 안정조건으로부터 관계식을 구하면 식(11.18)로 표시된다.

$$\gamma H \sin i \cos i \leq \gamma H \cos^2 i \tan \phi$$

$$\tan i \leq \tan \phi$$

따라서, $i \leq \phi \qquad (11-18)$

(3) 점성토에서 침투수가 지표면과 일치할 경우

무한사면의 한 요소 바닥면에 작용하는 유효법선응력과 전단응력은 흙 무게로 인하여 발생된 것이므로 식(11.10), 식(11.11)과 동일하다.

요소 바닥에 작용하는 전단강도를 구하면

$$S = c + N' \tan \phi$$
$$= c + \gamma_{sub} H \cos^2 i \tan \phi \qquad (11.19)$$

요소의 바닥에 발휘되는 전단응력(τ)은 전단강도(S)보다 작거나 같아야 사면의 안정을 유지하므로 식(11.11)과 식(11.19)를 안정조건에 적용하면 다음과 같은 관계식이 성립된다.

$$\gamma_{sat} H \sin i \cos i \leq c + \gamma_{sub} H \cos^2 i \tan \phi$$

$$\frac{c}{\gamma_{sat} H} = \cos^2 i \left(\tan i - \frac{\gamma_{sub}}{\gamma_{sat}} \tan \phi \right) \qquad (11.20)$$

식(11.20)에서 한계깊이 H_c를 구하면

$$H_c = \frac{c}{\gamma_{\text{sat}}} \cdot \frac{\sec^2 i}{\tan i - \dfrac{\gamma_{\text{sub}}}{\gamma_{\text{sat}}} \tan \phi} \tag{11.21}$$

(4) 점성토에서 침투수가 없는 경우

무한사면의 바닥면에 작용하는 유효법선응력과 전단응력은 식(11.15), (11.6)과 같다. 요소 바닥면에 작용하는 전단강도를 구하면 아래와 같은 식으로 나타난다.

$$
\begin{aligned}
S &= c + N' \tan \phi \\
&= c + \gamma H \cos^2 i \tan \phi
\end{aligned}
\tag{11.22}
$$

무한사면의 안정조건 $\tau \leq s$ 로부터 관계식을 구하면

$$\gamma H \sin i \cos i \leq c + \gamma H \cos^2 i \tan \phi$$

$$\frac{c}{\gamma H} = \cos^2 i \, (\tan i - \tan \phi) \tag{11.23}$$

식(11.23)으로부터 한계깊이를 구하면 다음과 같다.

$$H_c = \frac{c}{\gamma} \cdot \frac{\sec^2 i}{\tan i - \tan \phi} \tag{11.24}$$

예제 11-1

퇴적층의 두께가 3m이며 지표면이 30°로 경사진 무한사면의 안정성을 검토하여라. 단, 흙의 내부마찰은 20°, 습윤단위중량 1.6tf/m³, 포화단위중량 1.8tf/m³, 점착력 1.0tf/m²인 점성토로 퇴적토층이 이루어져 있다.

(1) 점성토에서 침투수가 지표면과 일치할 경우
(2) 점성토에서 침투수가 없는 경우

(3) 내부마찰각 35°, 간극률 40%, 비중이 2.6인 사질토에서 침투수가 지표면과 일치하는 경우

(4) (3)의 조건과 같고 침투수가 없는 경우

풀 이

(1) 식(11.21)에서

$$H_c = \frac{c}{\gamma_{sat}} \cdot \frac{\sec^2 i}{\tan i - \dfrac{\gamma_{sub}}{\gamma_{sat}} \tan \phi}$$

$$= \frac{1.0}{1.8} \cdot \frac{\sec^2 30^o}{\tan 30^o - \dfrac{0.8}{1.8} \tan 20^o} = 1.78 \, \text{m}$$

$H = 3\text{m} > H_c = 1.78$ 이므로 불안정

(2) 식(11.24)에서

$$H_c = \frac{c}{\gamma} \cdot \frac{\sec^2 i}{\tan i - \tan \phi}$$

$$= \frac{1.0}{1.6} \cdot \frac{\sec^2 30^o}{\tan 30^o - \tan 20^o} = 3.91 \, \text{m}$$

$H = 3\text{m} < H_c = 3.91\text{m}$ 이므로 안정

(3) $e = \dfrac{n}{100 - n} = \dfrac{40}{100 - 40} = 0.667$

$$\gamma_{sat} = \frac{G_s + e}{1 + e} \, \gamma_\omega = \frac{2.60 + 0.667}{1 + 0.667} \times 1 = 1.96 \, \text{tf/m}^3$$

$$\gamma_{\mathrm{sub}} = \gamma_{\mathrm{sat}} - \gamma_{\omega} = 1.96 - 1 = 0.96\mathrm{t\,f/m^3}$$

식(11.14)에서

$$\tan i \leq \frac{\gamma_{\mathrm{sub}}}{\gamma_{\mathrm{sat}}} \tan \phi \text{이므로 안정}$$

$$\tan i = \tan 30^o = 0.577$$

$$\frac{\gamma_{\mathrm{sub}}}{\gamma_{\mathrm{sat}}} \tan \phi = \frac{0.96}{1.96} \tan 35^o = 0.343 \text{이므로 불안정}$$

(4) 식(11.18)에서

$$i = 30^o < \phi = 35^o \text{이므로 안정}$$

11.5 도표에 의한 안정해석

단순사면의 안정해석에 있어서 임계원과 안전율은 원칙적으로 시산법(試算法)에 의하여 구하고 있으나, 이 방법은 많은 수고와 시간이 소요되므로 간편하게 구할 수 있는 안정도표를 Taylor가 제시하였다. 이 방법은 간극수압이 작용하지 않는 균질한 흙에 이용되며 주로 사면의 예비설계 등에 활용한다.

안정도표는 그림 11-4와 같이 사면의 경사각 i, 안정계수 N_s, 심도계수 n_d 및 내부마찰각 ϕ 의 값으로 표시되어 있다. 여기서 안정계수(安定係數, stability factor, N_s)는 다음 식으로 표시된다.

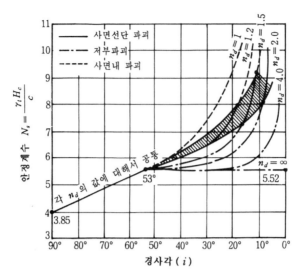

[그림 11-4] $\phi = 0$인 흙에 대한 Taylor의 안정도표

$$N_s = \frac{\gamma H_c}{c} = 4 \tan \left(45^o + \frac{\phi}{2} \right) \tag{11.25}$$

안정계수의 역수를 안정수(stability number, $1/N_s$)라 하며, 심도계수 n_d는 사면에서 단단한 기층까지의 깊이(H_1)와 사면의 높이(H)와의 비이다.

$$n_d = \frac{H_1}{H} \tag{11.26}$$

그림 11-14에서 안정계수가 구해지면 식(11.25)로부터 사면의 한계높이(H_c)를 구할 수 있다.

내부마찰각 $\phi = 0$이 아닌 흙인 경우에는 내부마찰각 ϕ에 따라서 N_s 값이 다르게 나타난다. 이 경우 N_s, i, ϕ의 관계는 그림 11-5에 나타나 있다.

그림 11-5의 도표는 전응력 해석이 근거가 되어 있으므로 여기에 쓰이는 강도는 비배수 시험으로 구한 값을 사용해야 한다. 그러므로 이것은 간극수압을 고려하지 않는 시공 직후의 안정해석에 적용한다.

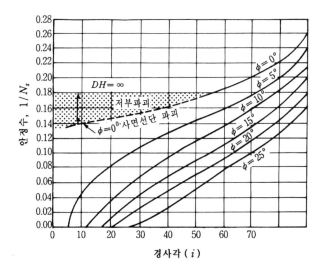

[그림 11-5] $\phi > 0$인 흙에 대한 Taylor의 안정도표

예제 11-2

균질한 지반을 10m 깊이까지 45°의 경사로 굴착하려고 한다. 이 흙은 $\phi = 0^o$, $C_u = 5.0\text{tf/m}^2$, $\gamma_t = 1.75\text{tf/m}^3$이다. 암반층은 지표면에서 20m의 깊이에 있다. 안전율을 구하여라.

풀 이

$$n_d = \frac{H_1}{H} = \frac{20}{10} = 2$$

$i = 45^o$, $n_d = 2$에 대하여 그림 11-4로부터 N_s를 구하면 $N_s = 5.5$ 식(11.25)로부터,

$$H_c = \frac{c N_s}{\gamma} = \frac{5.0 \times 5.5}{1.75} = 15.71 \text{ m}$$

안전율을 구하면

$$F = \frac{H_c}{H} = \frac{15.71}{10} = 1.57$$

10m 높이의 사면이 있다. 이 사면의 경사각은 45°이고 비배수 전단시험 결과 흙의 점착력은 2.4tf/m² 이고 마찰각은 15° 였다. 또한 단위중량이 1.75tf/m³ 이다. 이 사면의 안전율을 구하여라.

풀 이

$i = 45^o$, $\phi_u = 15^o$ 에 대하여 그림 11-5로부터 안정수를 구하면,

$$\frac{1}{N_s} = 0.078, \quad \therefore \ N_s = 12.82$$

한계고는 식(11.25)로부터

$$H_c = \frac{c\,N_s}{\gamma}$$

안전율은

$$F = \frac{H_c}{H} = \frac{c\,N_s}{\gamma\,H} = \frac{2.4 \times 12.82}{1.75 \times 10} = 1.76$$

예제 11-4

10m 높이의 비탈을 만들려고 한다. 이 지반의 토질정수는 $\gamma = 1.75$ tf/m³, $C_u = 2.4$tf/m², $\phi_u = 15^o$ 이다. 안전율을 1.5로 하려면 비탈면의 경사각을 얼마로 해야 하는가?

풀 이

식 (11.25)로부터

$$N_s = \frac{\gamma H_c}{c_u}$$

$F = \dfrac{H_c}{H}$, 여기서 $H_c = FH$이므로 이것을 식(11.25)에 대입하면,

$$N_s = \frac{\gamma FH}{c_u} = \frac{1.75 \times 1.5 \times 10}{2.4} = 10.94$$

$$1/N_s = 0.091$$

$$\phi_d = \tan^{-1}\left(\tan 15^o / 1.5\right) = 10^o$$

$\phi_d = 10^o$, $1/N_s = 0.091$에 대한 i값을 그림 11-5로부터 구하면 $i = 38^\circ$를 얻는다.

11.6 유한사면의 안정해석

극한 평형법을 이용한 단순사면의 안정해석은 크게 두 가지로 나눌 수 있는데, 하나는 토체 전체를 하나의 자유물체로 보는 방법이고 다른 하나는 토체를 여러 개로 나누어서 개개의 절편에 대한 응력평형조건으로 부터 안전율을 구하는 방법이다. 전자를 **마찰원법**(摩擦圓法, friction circle method)이라 하며 후자를 **분할법**(分割法, slice method)라고 한다.

11.6.1 마찰원법

이 방법은 Taylor가 발전시킨 방법으로 가상 원호활동면상에서 작용하는 반력이 마찰원이라고 불리고 있는 원(ϕ cycle)에 접한다는 원리에 의하여 해석된 것이다.

안전율을 결정하는 순서를 단계별로 설명하면 다음과 같다.

① F_ϕ를 가정하여 동원된 마찰각 ϕ_m을 구한다.

$$\phi_m = \tan^{-1} \frac{\tan \phi}{F_\phi} \qquad (11.27)$$

② 임의로 가정한 활동원 중심에서 반경이 $r \sin \phi_m$ 되는 마찰원을 그린다. 여기에서 r은 가상활동원의 반경이다.

③ 가상 활동원 내의 흙무게와 방향을 결정한다. 흙의 무게는 활동원 내의 단면적에 흙의 단위중량을 곱하여 구한다. 활동면에 간극수압이 존재하지 않을 때에는 흙 무게(W)의 방향은 연직이지만, 간극수압이 존재하면 흙의 무게는 간극수압을 고려하여 구해지므로 그 크기와 방향이 달라진다.

④ 호(弧) $A\,B$에 따르는 점착성분은 현에 평행한 성분과 수직한 성분으로 나눌 수 있다. 그러면 현에 수직한 성분의 합력은 영(零)이 되고 평행한 성분은 다음과 같이 나타낼 수 있다.

$$C_m = \frac{CL_c}{F_c} \qquad (11.28)$$

여기서, L_c는 현(弦)의 길이이다.

C_m의 작용위치는 다음과 같이 구한다.

$$r\,c\,L_a = r_c\,c\,L_c$$
$$r_c = r\frac{L_a}{L_c} \qquad (11.29)$$

여기서, L_a : 호의 길이

$\qquad$ r_c : 원의 중심에서 C_m의 작용선까지의 거리

⑤ WC_m의 교점에서 마찰원에 접하는 선을 긋는다. 이것이 활동원에 대한 반력 F 작용 방향이 된다. W는 그 크기와 방향을 알고 있으며 C_m과 F는 작용방향을 알고 있으므로, 적절한 축척으로 힘의 다각형을 작도하면 C_m의 값을 구할 수 있다.

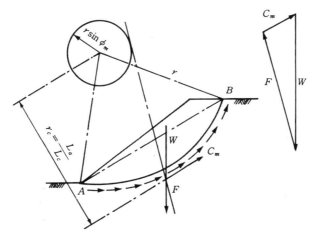

[그림 11-6] 마찰원법

⑥ 점착력에 관한 안전율은 다음 식으로 구한다.

$$F_c = \frac{c\,L_c}{C_m} \tag{11.30}$$

⑦ 이상의 과정으로 구한 F_ϕ과 F_c는 일반적으로 일치하지 않으므로 F_ϕ를 다시 가정하고 ①
에서 ⑥의 과정을 반복하여 F_c를 다시 구한다. 이와 같은 과정을 3회 이상 반복하면 그림
11-7(c)에 보인 바와 같이 F_c와 F_ϕ의 관계곡선을 작성할 수 있다. 좌표 원점에서 45°로
직선을 그으면 곡선과 만나게 되는데 이 교점에서 얻어진 값은 식(11.3)과 식(11.4)를 모두
만족시키는 $F = F_c = F_\phi$인 안전율이다.

예제 11-5

그림 11-7에 나타나 있는 사면의 안전율을 구하여라. 이 사면의 강도정수와 전체 단위중량은
다음과 같다.

$$c = 1.5 \mathrm{tf/m^2}, \ \phi = 15^o, \ \gamma_t = 1.9 \mathrm{tf/m^3}$$

활동원호 $ABCD$ 내에 있는 면적은 71m²이고 중심은 D점을 통하는 수직선에서 왼쪽으로 0.70m되는 위치에 있다. 원호의 반경(r)은 11.10m이고 호 AC의 길이(L_a)는 19.00m, 현의 길이(L_c)는 16.80m였다.

활동원호 $abcd$ 내에 있는 토체의 무게

$$W = 71 \times 1.9 = 134.9\,\mathrm{tf/m}$$

원의 중심으로부터 C_m의 작용선까지 거리를 구하면

$$r_c = \frac{L_a}{L_{c\,r}}$$

$$= \frac{19.00}{16.80} \times 11.10 = 12.55\mathrm{m}$$

F_ϕ을 가정하고 식(11.27)으로 ϕ_m을 구한다.

$$\phi_m = \tan^{-1}\!\left(\frac{\tan 15^o}{F_\phi}\right)$$

$F_\phi = 1.30$으로 가정하면 $\phi_m = 11° 39'$을 얻는다. 다음에 원의 중심 O에서 반경이 $r \sin \phi_m = 11.10 \times \sin 11^o 39' = 2.24\mathrm{m}$ 되는 원을 축척으로 작도한다. C_m의 작용선은 현 AC에 평행하고 원점 O에서 $r_c = 12.55\mathrm{m}$가 되도록 그린다. 그러면 W와 C_m의 작용선으로 부터 교점 E를 구할 수 있고, 이 점에서 마찰원에 접하는 선을 그으면 이것이 반력 F의 방향이 된다.

W의 크기와 방향은 알고 있고 C_m과 F는 작용방향이 결정되었으므로 힘의 다각형을 그리면 C_m의 크기가 구해진다.

그림 11-7(b)에서 $F_\phi = 1.30$으로 가정했을 때 $C_m = 15.2\mathrm{tf/m}^2$

$$F_c = \frac{c\,L_c}{C_m} = \frac{1.5 \times 16.80}{15.2} = 1.66$$

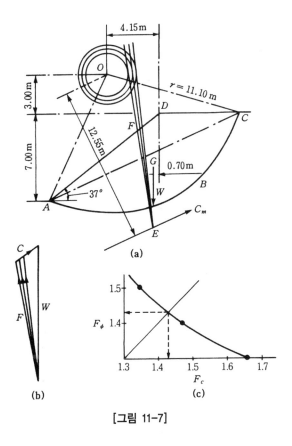

[그림 11-7]

동일한 방법으로 $F_\phi = 1.40$, $F_\phi = 1.50$에 대해 F_c값을 구하면 다음 표와 같이 된다. 이와 같이 구한 값을 그림 11-7(c)와 같이 작도하여 가상활동면에 대한 안전율을 구한다.

$$F = F_c = F_\phi = 1.43$$

F_ϕ	ϕ_m	$r \sin \phi_m$ (m)	C_m (tf/m)	$F_c = \dfrac{c L_c}{C_m}$
1.30	11° 39'	2.24	15.2	1.66
1.40	10° 50'	2.09	17.1	1.47
1.50	10° 8'	1.95	18.8	1.34

11.6.2 분할법

분할법(分割法, slice method)은 일명 **스웨덴법**이라고도 불리우며 사면의 안정해석에 널리 이용되고 있다. 마찰원법은 활동원 내의 토체 전체를 자유물체로 보고 해석하기 때문에 흙이 균질하지 않으면 적용에 어려움이 있다. 그러나 분할법은 활동면상의 토체를 6~10개 정도의 세편(細片)으로 분할하여 해석하므로 복잡한 지형에도 적용이 용이하다.

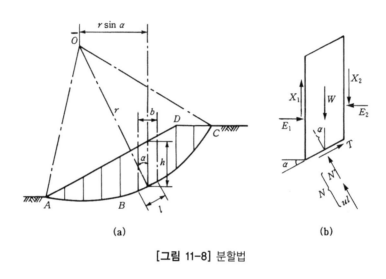

[그림 11-8] 분할법

이 방법에서는 예상파괴활동면이 중심 O와 반경 r인 원호라고 가정하며, 원호 안에 있는 토괴를 그림 11-8에 나타낸 바와 같이 여러 개의 분할편으로 나누고 각 분할편의 바닥은 직선으로 가정한다. 분할편에 작용하는 힘은 다음과 같다.

분할편의 중량(W)
분할편 저면에 작용하는 수직력(N)
저면에 따라 작용하는 전단력(T)
분할편 경계면을 따라 작용하는 수직내력(E_1, E_2)
경계면의 전단내력(X_1, X_2)

이 값들에서 작용점의 위치 및 안전율이 미지수이므로 평형방정식의 수(4종)보다 미지수(8

개)가 더 많아서 정역학적으로 해석하기 위에서는 부정정차수만큼 가정을 설정하여야 한다.

(1) Fellenius 방법

이 방법에서는 분할편 경계면에 작용하는 내력의 합력을 영(零)으로 가정한다.

$$X_1 - X_2 = 0, \ E_1 - E_2 = 0 \tag{11.31}$$

그러면 내력의 작용위치까지도 고려할 필요가 없게 되어 해석이 가능하다. 안전율은 활동원의 중심에 대한 모멘트 평형을 고려하여 다음과 같이 정의한다.

$$F = \frac{M_r}{M_d} \tag{11.32}$$

분할편의 무게는 W이고 모멘트 팔이 $r \sin \alpha$이며, 분할편 양측에 작용하는 내력이 상쇄된다고 가정하면 활동을 발생시키려는 모멘트는 다음과 같이 정리된다.

$$M_d = \sum W r \sin \alpha \tag{11.33}$$

여기서, r : 활동원의 반경

α : 분할편의 저면이 수평과 이루는 각

한편, 저항모멘트는

$$M_r = r \sum (c' l + N' \tan \phi') \tag{11.34}$$

저변에 수직한 방향의 합력만을 고려하여 N'를 구하면

$$N' = W \cos \alpha - u l \tag{11.35}$$

식(11.35)를 식(11.34)에 대입하여 정리하면

$$M_r = r \sum c' l + r \tan \phi' \sum (W \cos \alpha - u l) \tag{11.36}$$

식(11.33), 식(11.36)을 식(11.32)에 대입하여 안전율(安全率)을 구하면 다음과 같이 표시된다.

$$F = \frac{\sum c' l + \tan \phi' \sum (W \cos \alpha - u l)}{\sum W \sin \alpha} \tag{11.37}$$

이 방법으로 구한 안전율은 공식유도과정에서 전제가 된 가정 때문에 오차가 내포되어 있다. 이 오차의 범위는 가정하지 않고 해석한 정해(正解)에 비해 5~20 % 정도라고 하며 안전 측의 결과를 나타내므로 현재까지 널리 사용되어왔다.

(2) Bishop의 간편법

Bishop은 분할편 경계면에 작용하는 내력 E의 작용방향을 경계면에 연직으로 가정하고 경계면을 따라 작용하는 내력의 합력을 영(零, $X_1 - X_2 = 0$)으로 가정하였다.

각 분할편 저면에 작용하는 전단응력(T)은 전단강도를 나눈 값이므로

$$T = \frac{1}{F} (c' l + N' \tan \phi') \tag{11.38}$$

연직방향의 합력은

$$\begin{aligned}
W &= N' \cos \alpha + u l \cos \alpha + T \sin \alpha \\
&= N' \cos \alpha + u l \cos \alpha + \frac{1}{F} (c' l + N' \tan \phi') \sin \alpha
\end{aligned} \tag{11.39}$$

위의 식에서 N'를 구하면

$$N' = \frac{W - c'\, l \sin \alpha \,/\, F - u\, l \cos \alpha}{\cos \alpha + \tan \phi' \sin \alpha \,/\, F} \tag{11.40}$$

계산을 간편하게 하기 위하여 식 $l = b \sec \alpha$ 를 (11.40)에 대입하고 안전율을 구하면 다음과 같다.

$$F = \frac{\sum c'\, l + \tan \phi' \sum N'}{\sum W \sin \alpha}$$

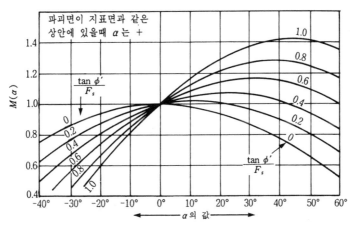

[그림 11-9] $M_{(a)}$ 를 구하는 도표

$$= \frac{1}{\sum W \sin \alpha} \sum \left[c'\, b + (W - ub) \tan \phi \right] \frac{1}{M_{(\alpha)}} \tag{11.41}$$

여기서,

$$M_{(\alpha)} = \cos \alpha \, (1 + \tan \alpha \, \tan \phi \,/\, F) \tag{11.42}$$

그림 11-10에 나타나 있는 사면의 활동면에 대한 안전율을 fellenius와 Bishop의 방법을 사용하여 구하여라. 분할편 저면에 작용하는 간극수압은 그림에 표시되어 있고 토질정수 $\gamma_t = 1.85\,\mathrm{tf/m^3}$, $c' = 1.1\,\mathrm{tf/m^2}$, $\phi = 30°$이다.

풀 이

각 분할편의 폭을 1.5m로 나누고 계산과정을 표로 나타내면 다음과 같다.

(1) Fellenius

切片	W(ton)	α(度)	sinα	W sinα(ton)	cosα	W cosα(ton)	u(tf/m²)	ℓ(m)	U(ton)
1	3.00	−11.70	−0.20	−0.60	0.98	2.94	0.5	1.55	0.78
2	6.00	−1.53	−0.02	−0.12	1.00	6.00	1.1	1.50	1.65
3	8.00	8.00	0.14	1.12	0.99	7.92	1.5	1.55	2.33
4	10.00	17.50	0.30	3.06	0.95	9.69	1.8	1.59	2.86
5	11.50	25.00	0.43	4.94	0.90	10.35	1.8	1.65	2.97
6	11.50	37.50	0.61	7.02	0.79	9.08	1.5	1.92	2.88
7	9.00	50.00	0.76	6.84	0.64	5.76	0	2.32	0
8	2.50	64.00	0.90	1.89	0.44	1.10	0	2.29	0
Σ				24.15		52.84		14.36	13.47

$$F_s = \frac{1.1 \times 14.36 + (52.84 - 13.47)\tan 30°}{24.15} = \frac{15.80 + 22.73}{24.15} = 1.60$$

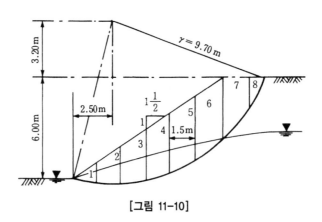

[그림 11-10]

(2) Bishop

(1) 切片	(2) b (m)	(3) cb (ton)	(4) ub (ton)	(5) W-ub (ton)	(6) (5)×tanφ (ton)	(7) (3)+6 (ton)	(8) M(α) F=1.70	(8) M(α) F=1.82	(9) (7)÷(8) F=1.70	(9) (7)÷(8) F=1.82
1	1.50	1.65	0.75	2.25	1.30	2.95	0.92	0.82	3.20	3.22
2	1.50	1.65	1.65	4.35	2.51	4.16	0.99	0.99	4.20	4.20
3	1.50	1.65	2.25	5.75	3.32	4.97	1.03	1.03	4.83	4.83
4	1.50	1.65	2.70	7.30	4.21	5.86	1.05	1.05	5.63	5.52
5	1.50	1.65	2.70	8.80	5.08	6.73	1.04	1.04	6.41	6.47
6	1.50	1.65	2.25	9.25	5.34	6.99	0.99	0.99	7.06	7.09
7	1.50	1.65	0	9.00	5.20	6.85	0.89	0.89	7.61	7.70
8	1.00	1.1	0	2.50	1.44	2.44	0.72	0.72	4.88	3.49
Σ									43.82	42.52

$$F = 1.70 \text{으로 가정하였을 때 } \quad F = \frac{43.82}{24.15} = 1.81$$

$$F = 1.82 \text{으로 가정하였을 때 } \quad F = \frac{42.52}{24.15} = 1.76$$

$$F = 1.79 \text{으로 가정하여 계산을 되풀이하면 } F = 1.79$$

11.7 흙 댐의 시공시간에 따른 안전율 변화

흙 댐의 시공시간 중에는 흙 하중이 계속해서 증가하므로 가상 활동면 내의 전단응력과 간극 수압도 증가한다. 댐이 완공된 후에는 흙 하중으로 인하여 발생되었던 과잉간극수압이 소실되기 시작하며 완공 후 물을 채우기 시작하면 수압 때문에 간극수압은 또 다시 증가한다. 이때 상류측 제체는 부력의 작용으로 말미암아 전단응력이 감소하지만 하류측은 거의 일정하거나 약간 증가한다.

댐이 만수가 된 후에는 정상침투 상태가 된다. 그러나 만수 때 수위를 갑자기 강하시키면 흙 중량의 증가로 인하여 전단응력이 커져서 안전율이 낮게 변화된다.

이와 같이 댐의 상류측이 가장 위험한 경우는 시공 직후와 수위급강하(水位急降下) 때이고 하류측이 가장 위험하게 되는 경우는 시공 직후와 만수 때의 정상침투 때이다.

·· 연습문제 ··

[문 11.1] 어떤 점토지반에서 흙의 단위중량이 1.8tf/m^3, 점착력이 0.18kgf/cm^2, 내부마찰각이 $10°$일 때 이 토층을 연직으로 절취할 수 있는 깊이는 얼마인가?

답) $H_c = 4.77\text{m}$

[문 11.2] 어떤 점토지반에서 흙의 단위중량이 1.6tf/m^3, 압축강도가 4tf/m^2일 때 인장균열을 고려한 한계고를 구하여라.

답) $H_c = 5\text{m}$

[문 11.3] 사면선단에서 기반까지의 연직높이가 10m, 사면높이 6m일 때 이 사면의 심도계수는 얼마인가?

답) $n_d = 1.67$

[문 11.4] 단위중량이 1.8tf/m^3, 점착력 2.0tf/m^2, 안정계수 8.0인 토층을 경사각 $30°$로 굴착하여 연직높이 5m의 사면을 만들었다. 이 사면의 안전율은 얼마인가?

답) $F = 1.8$

[문 11.5] 내부마찰각(Φ): 32°, 간극률(n): 35% , 비중(G_s): 2.65 의 균질한 모래층이 있다. 이 모래층이 완전 침수되어도 붕괴를 일으키지 않는 최대 경사각은 몇 도인가?

$$답) \ i = \ 17° \ 54'$$

[문 11.6] $\gamma_t = 1.8\,\mathrm{tf/m^3}$ 의 점토지반을 경사각 $i = 60^o$로 굴착하였더니 연직깊이 6m에 달하여 사면이 붕괴되었다. 점토의 내부마찰각을 0°로 하였을 때 이 지반흙의 점착력을 구하여라.

$$답) \ c = \ 2.1\,\mathrm{tf/m^2}$$

[문 11.7] 단위중량 $1.6\mathrm{tf/m^3}$, 점착력(c): $1.0\mathrm{tf/m^2}$, 내부마찰각(Φ): 0°인 지층을 깊이 6m로 절취하려고 한다. 이때 사면의 경사각 i를 몇 도로 하면 좋은가?(단, 심도계수 $n_d = 1$이다).

$$답) \ i = \ 19^o$$

12

연약지반 처리 및 폐기물 매립 특성

SOIL MECHANICS

제12장

연약지반 처리 및 폐기물 매립 특성

연약지반이라 함은 강도가 약하고 압축되기 쉬운 흙으로 이루어진 지반, 즉 도로, 제방, 건축구조물과 같은 인공적인 하중을 자연상태로는 충분히 지지할 수 없는 지반을 말한다. 여기에서 중요한 것은 연약의 정도에 대한 문제인데 이것은 지반에 가해지는 하중에 의해 결정된다고 할 수 있다. 자연지반에 놓인 하중이 가벼우면 지반의 강도가 작다고 하더라도 지지할 수 있지만 하중이 무겁다면 지반의 강도가 어느 정도 커도 이것을 지지할 수 없는 경우도 있다. 그러므로 지반의 연약성에 대한 평가는 연약지반에 축조되는 구조물의 규모 또는 하중강도에 따라 변화하는 상대적인 의미로 해석하고 평가하는 것이 바람직하다.

일반적으로 연약지반은 점토나 실트와 같은 미세한 입자가 많고 부드러운 흙, 간극이 큰 유기질토, Peat 및 느슨한 모래 등으로 구성된 토층이며, 이들은 하천의 범람지역, 하구의 충적평야, 해안지방에 존재한다. 우리나라에서는 인천지방, 군산지방, 김해평야 등에 연약지반이 비교적 넓게 분포되어 있다.

[표 12-1] 한국도로공사 연약지반 판정기준

구분	연약층두께(m)	N치	q_c(kgf/cm^2)	q_u(kgf/cm^2)
점성토 및	$D \leq 10$	4 이하	8 이하	0.6 이하
유기질토	$D \leq 10$	6 이하	12 이하	1.0 이하
사질토		10 이하	40 이하	–

[표 12-2] 토질특성에 따른 연약지반 판정기준

지반 구분	토층 및 토질 구분			토질정수			
				W_n(%)	e_o	q_u(kgf/cm^2)	N치
이탄질 지반	고 유기질토 (P_t)	Peat	섬유질 고압축토	300 이상	7.5 이상	< 0.4	< 1
흑니		분해가 진척된 고 유기질토	300-200	7.5-5.0			
점토질 지반	세립토	유기질토	소성도 A선 이하의 유기질토	200-100	5.0-2.5	< 1.0	< 4
		화산회질 점토	소성도 A선 이상, 화산회질 2차 퇴적 점성토				
		Silt	소성도 A선 이하 Dilatancy대	100-50	2.5-1.25		
		Clay	소성도 A선위 그 부근 Dilatancy대				
사질 지반	사질토	SM, SC	#200번체 통과량 15-50%	50-30	1.25-0.8	≒ 0	< 10
		SP-SC SW-SM	#200번체 통과량 15 이하	< 30	< 0.8		

일본토질공학회 도로설계 실무편람

[표 12-3] 구조물의 종류에 따른 개략적인 연약지반 판정기준

구조물의 종류	지반상태						판정
	토질	두께	N 치	q_u(tf/m²)	q_c(tf/m²)	함수비(%)	
도로	–		2 이하	2.5 이하	12.5 이하	–	초연약
			2–4	2.5–5	12.5–25	–	연약
			4–8	5–10	25–50	–	보통
고속도로	이탄층	–	4 이하	5 이하	–	–	연약지반
	점성토	–	4 이하	5 이하	–	–	
	사질토	–	10 이하	–	–	–	
철도	–	2m 이하	0		–	100 이상	연약지반
		5m 이하	2 이하		–	50 이상	
		10m 이상	4 이하		–	30 이상	
		30m 이상 (하부에	30 이상 연약층이	없을 때)	–	–	지지층
건축	–		10 이하	–	–	–	연약지반
필댐	–		20 이하	–	–	–	연약지반

일본토질공학회 도로설계 실무편람

12.1 선행압축에 의한 지반개량

12.1.1 프리로딩 공법

압축성이 큰 정규압밀 점토층이 빌딩, 도로, 제방 또는 흙댐 등의 건설로 큰 압밀침하가 예상될 때에는 공사를 시공하기 전 임시로 하중을 가해두면 장차 영구적으로 놓이는 구조물의 침하를 미리 발생시키고 그 지반의 강도를 증가 시킬 수 있다. 이것을 **프리로딩**(Preloading)공법이라고 한다.

하중을 지반에 가하는 방법으로 가장 널리 사용되는 방법은 흙을 쌓아두는 것이다. 이 외에도 탱크에 물을 담아두거나, 지하수위를 낮추는 방법 등이 있다.

프리로딩 작업을 진행하기 위해서는 다음과 두 가지 문제점에 직면하게 된다. 첫째는 영구하중에서 예상되는 최종침하가 공사 착공시간 이전에 완료될 수 있도록 과재하중의 크기를 결정하는 것이고 둘째는 주어진 과재하중으로 예상침하량에 도달되는 시간을 구하는 것이다.

그림 12-1에 나타낸 바와 같이 단위면적당 구조물의 예상 하중이 $\Delta p_{(p)}$ 이고 점토층의 두께

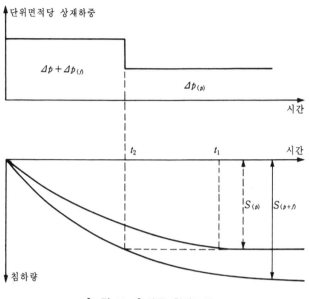

[그림 12-1] 하중-침하곡선

가 H라고 하면 구조물의 하중으로 인해 발생되는 1차 압밀 침하량 (S_p)은 다음과 같이 나타낼 수 있다.

$$S_p = \frac{C_c H}{1 + e_o} \log \frac{p_o + \Delta p_{(p)}}{p_o} \tag{12.1}$$

여기서, S_p : 구조물로 인해 발생된 1차 압밀침하량

H : 점토층의 두께

e_o : 간극비

C_c : 압축지수

p_o : 구조물이 지표면에 작용하기 전의 유효수직응력

$\Delta p_{(p)}$: 단위면적당 구조물의 하중(영구하중)

만일 구조물의 하중보다 $\Delta p_{(f)}$만큼 큰 하중을 추가시켰다면 압밀침하량은 다음과 같다.

$$S_{(p+f)} = \frac{C_c H}{1 + e_o} \log \frac{p_o + \Delta p_{(p)} + \Delta p_{(f)}}{p_o} \tag{12.2}$$

여기서, $\Delta p_{(f)}$: 추가시킨 하중

$\Delta p_{(p)} + \Delta p_{(f)}$: 과재하중

만일 $\Delta p_{(p)} + \Delta p_{(f)}$ 를 $\Delta p_{(p)}$ 에 의한 최종침하량이 발생한 시간(t_2)까지 재하한 후 $\Delta p_{(f)}$ 를 제거했다고 하면 구조물에 의한 침하(영구하중에 의한 침하)는 더 이상 발생되지 않을 것이다. 따라서 $\Delta p_{(p)} + \Delta p_{(f)}$ 의 과재하중이 작용할 때 시간 t_2 에서의 압밀도는 다음과 같이 나타낼 수 있다.

$$U = \frac{S_{(p)}}{S_{(p+f)}} \tag{12.3}$$

여기서, $S_{(p)}$: 구조물에 의한 침하량

$S_{(p+f)}$: 과재하중에 의한 침하량

식(12.1)과 식(12.2)를 식(12.3)에 대입하면 다음과 같다.

$$U = \frac{\log \left(\dfrac{p_o + \Delta p_{(p)}}{p_o} \right)}{\log \left(\dfrac{p_o + \Delta p_{(p)} + \Delta p_{(f)}}{p_o} \right)} \tag{12.4}$$

식(12.4)로 계산한 압밀도는 그림 12.1에 나타낸 바와 같이 t_2 에서의 평균 압밀도이다. 그러나 t_2 를 결정하는 데 평균압밀도를 사용하면 불합리한 점이 있다. 그림 12.3을 살펴보면 연약토층 중앙부에서는 평균압밀도보다 작게 압밀되었고 바깥쪽은 평균보다 더 많이 압밀되었다. 만일 평균압밀도를 과재하중 제거시기로 잡는다면 중앙부는 과잉간극수압이 남아 있으므로 구조물 하중으로 인해 계속해서 침하가 발생될 것이고 바깥쪽은 과압밀되었으므로 과재하중 제거와 동시

에 팽창하려고 할 것이다. 이와 같은 상반된 거동 때문에 침하량은 다소 상쇄되겠지만 압축이 팽창보다 커서 침하가 발생될 것이다. 그러나 이와 같은 문제점은 안전측으로 해결할 수 있다.

즉, 식(12.4)에서 구한 U를 점토중간층의 압밀도를 가정하면 된다. 그림 12-2는 식(12.4)를 근거로 하여 압밀도를 쉽게 구할 수 있도록 만들어진 도표이다.

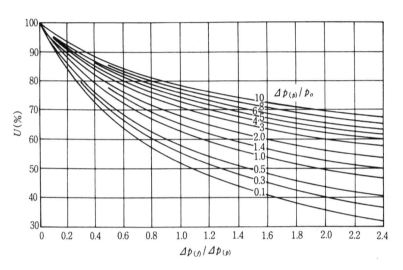

[그림 12-2] 하중비와 압밀도

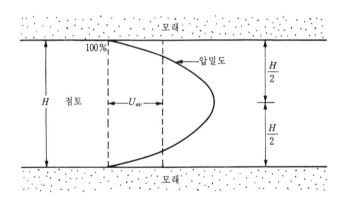

[그림 12-3] 점토층의 압밀도

현장에서 프리로딩 설계를 할 경우 다음 과정을 익혀두면 문제를 쉽게 해결할 수 있다.

① 하중 $\Delta p_{(f)}$가 주어지고 t_2값을 구해야 하는 경우 p_o, $\Delta p_{(p)}$를 구하고, 식(12.4) 또는 그림 12-2를 이용하여 압밀도(U)를 구한 후 그림 7-2에서 $z/H = 1$일 때 T_v를 구한다. 그리고 다음 식을 이용하여 과재하중 제거시간 t_2를 구한다.

$$t_2 = \frac{T H^2}{C_v}$$

② 과재하중 제거시간 t_2의 값이 주어지고 $\Delta p_{(f)}$를 구해야 할 경우 : T_v를 계산한 후 그림 7-2에서 $z/H = 1$일 때 U를 구한다. 계산한 U값과 그림 12-3을 이용하여 $\Delta p_{(f)}$를 구하는 데 필요한 $\Delta p_{(f)} / \Delta p_{(p)}$를 구한다.

예제 12-1

불투수층 위에 놓인 6m 두께의 점토층 표면에 단위중량이 $1.8\,\text{tf/m}^3$인 모래가 1m 두께로 영구적으로 놓이게 된다. 1년 동안에 영구하중에 의한 일차압밀량 전체를 선행압밀로 처리하고자 할 때 필요한 과재하중을 구하여라. 단, 점토의 $\gamma_{sat} = 1.5\,\text{tf/m}^3$, $e_o = 1.25$, $C_c = 0.3$, $C_v = 4 \times 10^{-2}\,\text{m}^2/\text{day}$, 그리고 이 점토는 정규압밀점토이며 지하수위는 점토층 표면에 위치한다.

풀 이

$$C_v = 4 \times 10^{-2}\,\text{m}^2/\text{day} = 1.2\,\text{m}^2/\text{month}$$

$$T_v = \frac{1.2 \times 12}{6^2} = 0.4$$

그림 7-2에서 $\dfrac{z}{H} = 1$, $T_v = 0.4$일 때 U값은 53 %이다.

$$p_o = 3 \times 0.5 = 1.5\,\text{tf/m}^2$$

$$\Delta p_{(p)} = 1.8 \times 1 = 1.8\,\text{tf/m}^2$$

따라서,

$$\Delta p_{(p)}/p_o = 1.8/1.5 = 1.2$$

그림 12-2에서 $U = 53\%$와 $\Delta p_{(p)}/p_o = 1.2$에 대해 $\Delta p_{(f)}/\Delta p_{(p)}$를 구하면 1.75 이다.

$$\Delta p_{(f)} = \Delta p_{(p)} \times 1.75 = 1.8 \times 1.75 = 3.15\,\text{tf/m}^2$$
$$\text{과재하중} = \Delta p_{(p)} + \Delta p_{(f)} = 1.8 + 3.15 = 4.95\,\text{tf/m}^2$$

과재하중을 모래의 단위중량으로 나누면 포설두께가 산출된다.
과재하중 포설두께$= 4.95 \div 1.8 = 2.75\,\text{m}$
그러므로 1년 후에는 1.75m의 모래를 제거하면 된다.

예제 12-2

불투수층 위에 놓인 6m 두께의 점토층 표면에 단위중량이 1.8tf/m^3인 모래로 2.75m 높이의 프리로딩을 하려고 한다. 또한 점토지반 위에 1.8tf/m^2의 성토하중은 영구적으로 놓이게 된다. 이 점토의 $\gamma_{sat} = 1.5\,\text{tf/m}^3$, $e_o = 1.25$, $C_c = 0.3$ $C_v = 4 \times 10^{-2}\,\text{m}^2/\text{day}$, 그리고 지하수위는 점토지반의 지표면 위에 있다. 프리로딩을 제거하는 시기를 결정하여라.

풀 이

$$p_o = 3 \times 0.5 = 1.5\,\text{tf/m}^2$$
$$p_{(p)} = 1.8\,\text{tf/m}^2$$

프리로딩 : $\Delta p_{(p)} + \Delta p_{(f)} = 2.75 \times 1.8 = 4.95\,\text{tf/m}^2$
$$\Delta p_{(f)} = 4.95 - 1.8 = 3.15\,\text{tf/m}^2$$
$$\Delta p_{(p)}/p_o = 1.8/1.5 = 1.2$$

$$\Delta p_{(f)} / \Delta p_{(p)} = 3.15 / 1.8 = 1.75$$

그림 12-2에서 U를 구하면 53%

그림 7-2에서 $z / H = 1$이고 $U = 0.53$일 때 $T = 0.40$

프리로딩을 제거하는 시간 t_2를 구하면

$$C_v = 4 \times 10^{-2} \mathrm{m^2/day} = 1.2\,\mathrm{m^2/month}$$

$$t_v = \frac{T H^2}{C_v} = \frac{0.40 \times 6^2}{1.2} = 12개월$$

12.1.2 샌드 드레인 공법

연약지반 위에 성토를 하는 경우 압밀소요시간은 배수길이의 제곱에 비례하므로 배수길이를 감소시키면 압밀시간은 단축될 것이다. 점토층의 배수는 일반적으로 상하 또는 한쪽의 배수층을 통해 이루어지나, 연직방향으로 모래말뚝을 촘촘히 박고 그 위에 하중을 얹으면 과잉간극수가 방사선 방향으로 흘러서 모래기둥을 통하여 배수가 신속히 이루어진다. 이와 같이 연약지반의 압밀을 촉진하고, 지반의 역학적 강도를 증가시키기 위하여 모래말뚝을 타설하는 방법을 **샌드 드레인**(Sand drain)공법이라고 한다.

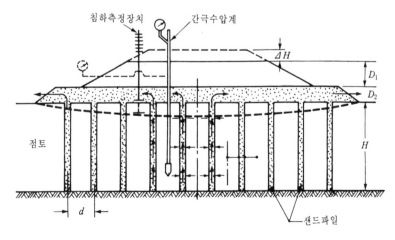

[**그림 12-4**] 샌드 드레인의 단면도

이 방법은 Terzaghi의 압밀이론을 기본으로 해서 Barron이 1848년에 제안하였으며 기본 압밀방정식은 다음과 같다.

$$\frac{\partial u_e}{\partial t} = C_v \frac{\partial^2 u_e}{\partial z^2} + C_h \left(\frac{\partial^2 u_e}{\partial r^2} + \frac{1}{r} \cdot \frac{\partial u_e}{\partial r} \right) \tag{12.5}$$

여기서, u_e : 과잉간극수압

z : 깊이

r : 반경

C_v : 연직방향의 압밀계수$\left(C_v = \dfrac{T_v H^2}{t} \right)$

T_v : 연직방향의 시간계수

C_h : 방사선방향의 압밀계수$\left(C_h = \dfrac{T_h d_e^2}{t} \right)$

T_h : 방사선방향의 시간계수

d_w : 모래말뚝의 직경

모래말뚝은 일반적으로 삼각형 또는 사각형으로 배치하며 방사선 방향의 압밀 영향범위를 유효원(有效圓)이라 한다. 이 원의 직경(d_e)과 모래말뚝의 간격(d)과의 관계는 다음과 같다.

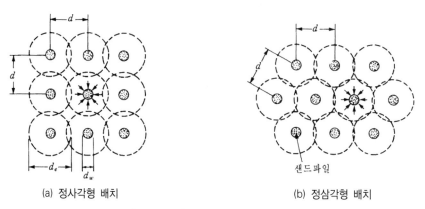

(a) 정사각형 배치   (b) 정삼각형 배치

[그림 12-5] 샌드 드레인의 배치

정삼각형 배치에서는

$$d_e = 1.050\,d \tag{12.6}$$

정사각형 배치에서는

$$d_e = 1.128\,d \tag{12.7}$$

초기조건과 경계조건을 식(12.5)에 적용하여 압밀도와 시간계수를 구하고 그 관계를 도시한 결과가 그림 12-6에 나타나 있다.

지금 모래말뚝의 영향원과 모래말뚝의 직경(d_ω)의 비를 n이라 하면

$$n = \frac{d_e}{d_\omega} \tag{12.8}$$

샌드 드레인에서 사용되고 있는 말뚝의 직경은 일반적으로 30~50cm이며 말뚝간격은 공사기간을 고려하여 결정한다.

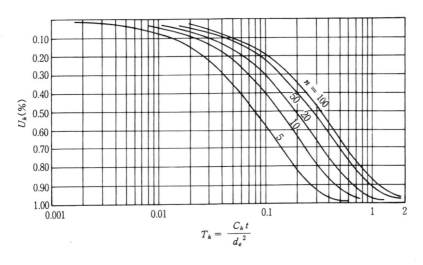

[그림 12-6] n, T_h, U_h 의 관계

연직방향의 압밀도(U_v)와 방사선 방향의 압밀도(U_h)를 동시에 고려한 압밀도(U_{vh})는 다음 식으로 구한다.

$$U_{vh} = 1 - (1 - U_h)(1 - U_v) \tag{12.9}$$

예제 12-3

아래에 불투수층이 있는 8m 두께의 점토지반 위에 도로제방을 축조하려고 한다. 도로제방 축조로 인하여 점토층 중간지점에는 $11.8\text{tf}/\text{m}^2$의 연직유효응력이 증가하였다. 이 도로의 시공기간은 4개월이고 공사 시작 1년 후에는 포장을 하려고 한다. 모래말뚝의 직경을 40cm로 하였을 때 모래말뚝의 간격을 결정하여라. 단, 이 도로의 허용 침하량은 25mm이며 이 점토의 $C_v = C_h = 7 \times 10^{-4} \text{cm}^2/\text{sec}$, $m_v = 2.3 \times 10^{-3} \text{m}^2/\text{tf}$ 이다.

(1) 수직방향의 배수를 무시한 경우
(2) 수직, 수평 양방향의 배수를 고려한 경우

풀 이

(1)의 경우

압밀 최종침하량 ; $\Delta H = m_v \, \Delta pH = 2.3 \times 10^{-3} \times 11.8 \times 8 \times 100 = 21.7\text{cm}$

4개월의 시공기간 동안 하중이 점차적으로 증가되어 $11.8\text{t}/\text{m}^2$의 하중이 되었으므로, 이 기간에 발생한 침하량은 집중하중 $11.8\text{t}/\text{m}^2$이 2개월 동안 발생한 것과 동일하다고 가정하자. 그러면 10개월 동안 다음과 같은 침하가 완료될 수 있도록 설계해야 할 것이다.

10개월 후의 침하량 ; 21.7-2.5=19.2cm

$U_{vh} = \dfrac{19.2}{21.7} = 0.88$, 수직방향의 배수를 무시했으므로 $U_h = 0.88$

$n = \dfrac{d_e}{d_w}$, $d_e = n \, d_w = 0.4n$

$$C_h = C_v = 7 \times 10^{-4}\,\mathrm{cm^2/sec} = 0.181\,\mathrm{m^2/month}$$

$$T_h = \frac{C_h\,t}{d_e{}^2} = \frac{0.181 \times 10}{(0.4\,n)^2} = \frac{11.31}{n^2}$$

$$n = \sqrt{\frac{11.31}{T_h}}$$

n의 값을 얻기 위해서는 시행착오법이 필요하다. 그림 12-6의 곡선에서 $U_h = 0.88$에 대한 n의 값으로부터 상응하는 T_h 값을 구한 후, 각각의 n에 대한 $\sqrt{11.31 / T_h}$ 의 값을 아래와 같이 계산한다.

n	T_h	$11.31/T_h$	$\sqrt{11.31/T_h}$
5	0.26	43.5	6.6
10	0.43	26.3	5.1
20	0.61	18.5	4.3

이 결과치를 도시하면 그림 12-7과 같다. 그림 12-7에서 횡축에 대하여 45°되는 직선을 긋고 곡선(1)과의 교점에 대응하는 n의 값을 구하면 $n = 6.0$이다.

따라서,

$$d_e = n\,d_w = 6.0 \times 40 = 240\,\mathrm{cm}$$

타입간격을 식(12.6), 식(12.7)로 구하면
정삼각형 배치 $d = 240 \div 1.05 = 228\,\mathrm{cm}$
정사각형 배치 $d = 240 \div 1.128 = 212\,\mathrm{cm}$

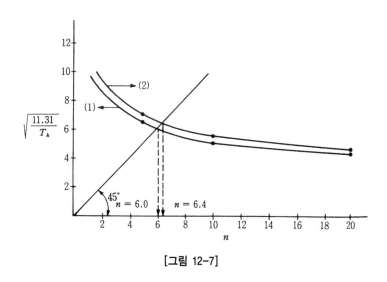

[그림 12-7]

(2)의 경우

$$T_v = \frac{C_v\,t}{H^2} = \frac{0.181 \times 10}{8^2} = 0.028$$

그림 7-3의 곡선 (1)로부터 연직방향의 압밀도를 구하면 $U_v = 0.19$ 식(12.9)로부터 U_h를 구하면

$$U_{vh} = 1 - (1 - U_v)(1 - U_h)$$

$$U_h = 1 - \frac{1 - U_{vh}}{1 - U_v} = 1 - \frac{1 - 0.88}{1 - 0.19} = 0.85$$

그림 12-6의 곡선에서 $U_h = 0.85$에 대한 n의 값으로부터 상응하는 T_h 값을 구한 후 그림 12-7로부터 n의 값을 결정한다.

n	T_h	$11.31/T_n$	$\sqrt{11.31/T_h}$
5	0.23	49.2	7.0
10	0.37	30.6	5.5
20	0.55	20.6	4.5

그림 12-7의 곡선(2)로부터 n를 구하면 $n = 6.4$이다.

따라서 $d_e = n\,d_w = 6.4 \times 40 = 256\text{m}$

정삼각형 배치 $d = 256 \div 1.05 = 243\,\text{cm}$

정사각형 배치 $d = 256 \div 1.128 = 226\,\text{cm}$

12.1.3 페이퍼 드레인 공법

투수성이 큰 종이를 이용하여 샌드 드레인과 같은 목적으로 압밀을 촉진시키는 것을 **페이퍼 드레인**(paper drain)이라 한다. 이 공법은 처음에 Kjellman에 의하여 1948년에 시도된 이후 필터는 화학섬유를 사용하고 있으며 심지는 프라스틱 제품이 개발되었다.

페이퍼 드레인의 치수는 보통 폭이 10cm이고 두께가 4cm 정도인 띠로 되어 있으며 지오텍스타일 외측에 투수성이 크고 얇은 필터로 둘러싸여 있다. 간극수는 필터와 심지의 채널을 통해서 외부로 배출된다.

페이퍼 드레인의 띠를 원으로 환산한다면 그 원리는 앞서 설명한 샌드 드레인의 원리와 동일하다.

12.2 표층처리 공법

준설한 점토를 매립하여 지반을 형성한 경우 높은 함수비에서는 전단력이 극도로 작아서 사람이 보행조차 할 수 없는 연약지반으로 되어 있다. 물론 이와 같은 지반의 이용에 있어서는 지반개량이 불가피하지만 지반개량을 실시하기 위하여 성토를 하거나 장비를 투입을 가능하게 하는 방법이 **표층처리 공법**이다. 이 공법에는 다음과 같은 종류가 있다.

(1) **샌드매트공법**; 연약지반상에 1m 전후 두께의 모래를 깔아 놓아서 불도저 등의 장비 투입을 가능하게 하며, 표층부의 압밀을 촉진시키는 방법이다.

(2) **시트네트공법**; 연약지반의 성토시공에 앞서 지표면에 화학섬유시트 또는 합성수지 넷트, 철망 등을 부설하고 그 위에 여러층으로 나누어 성토를 시공하는 것이다. 이와 같은 방법

을 사용하면 성토한 흙이 연약지반으로 깊이 들어가는 것을 시트나 네트의 인장력으로 저항하게 할 수 있고 네트의 강성으로 하중을 분산시켜서 장비투입을 가능하게 한다.

(3) **표층 혼합처리 공법**; 흙에 석회, 시멘트 등의 첨가제를 혼합하는 것으로 땅속의 물 또는 점토광물과의 반응에 의하여 고결되도록 하여 표층의 강도를 높이는 방법이다. 이 공법은 공사비가 많이 소요되나 개량효과가 확실하므로 최근 많이 이용되고 있다. 시멘트계 슬러리에 의한 시공방법은 주입파이프에서 시멘트 슬러리를 분사하면서 파이프 선단의 교반날개로 연약한 점성토를 교반 혼합해서 고화시키는 것이 일반적이다.

12.3 치환공법

연약지반에 구조물을 건설할 경우에 연약토층의 일부 또는 전체를 굴착하여 제거하고 양질의 흙으로 바꿔서 구조물 축조에 필요한 지반의 강도를 확보하고 동시에 침하를 감소시키는 공법이다. 이 공법은 도로, 철도나 제방 등 성토의 기초 등에 이용되며 연약지반 처리방법으로는 가장 확실성이 있으나 굴착한 흙의 처분이나 양질토의 반입이 용이한지의 여부를 충분히 검토하여야 한다. 치환공법에는 굴착치환 공법과 강제치환 공법이 있다.

(1) 굴착치환 공법

이 공법은 연약토층의 지반개량이 필요하지 않는 깊이까지도 굴착해서 양질토로 메우는 공법이다. 연약토층의 두께가 3m 정도 이하로 얇은 경우에는 지반 개량을 요하는 시간이 짧으므로 확실한 효과를 거둘 수 있다.

굴착작업을 실시할 때, 시공기계가 연약지반을 반복해서 주행하는 것은 곤란하며 양질토를 투입해서 완성시킨 치환지반 위에 시공장비가 올라가서 작업을 추진하는 것이 바람직하다.

(2) 강제치환 공법

이 방법은 연약토를 굴착하지 않고 성토의 자중 ,폭파 또는 다지기 모래말뚝에 의해서 연약토를 배제하는 것이다. 성토와 자중에 의한 공법은 연약토층의 지지력보다 큰 양질토를 쌓아서 연약토가 측방향으로 배제되도록 시공하는 것이다. 이와 같은 시공은 지극히 단순하지만 측방향으로 유동하기 때문에 성토의 진행방향으로 압출된 연약토의 부풀어 오름이 생겨서 불규칙한 단면을 이루는 경향이 있다.

폭파치환 공법은 폭파에너지를 이용하여 연약층을 배출하는 것으로 주변에 미치는 영향이 크기 때문에 신중히 채택할 필요가 있다. 다지기 모래말뚝에 의한 치환방법은 샌드콤팩션 파일을 일정한 간격으로 시공하는 것으로써 다진 모래말뚝과 연약토의 복합지반이 형성되기 때문에 시공 후에는 지지력의 증가, 활동파괴의 방지 등에 효과가 있다.

12.4 샌드콤팩션 파일 공법

연약지반에 진동 또는 충격하중을 주어서 모래를 압입하여 다져진 모래말뚝을 조성하는 지반개량 공법이다. 시공은 바이브로 햄머로 케이싱 테이프를 지중에 관입하고 이곳을 통하여 모래를 투입한다. 이 방법은 느슨한 점성토 지반에서 뿐만 아니라 사질지반에도 이용된다. 사질지반에 이 공법을 이용하면 지지력의 증가, 침하의 감소, 액상화의 방지 및 수평저항력의 증가 등의 효과가 있으며 점성토 및 유기질토 지반에서는 모래말뚝과 점토로 이루어진 복합지반을 형성하므로 단기적으로는 지지력을 증대시키고 장기적으로는 모래말뚝의 드레인 효과에 압밀시간을 단축시킨다.

12.5 바이브로 플로테이션 공법

느슨한 사질지반에 바이브로 플로트라고 부르는 물 분사 노즐을 가진 진동체를 지반 속에 타입하고 그 측면에서 모래, 자갈, 쇄석 등의 뒷채움 물질을 공급하면서 진동체를 뽑아내어 기둥을 만드는 공법이다. 바이브로 플로테이션(Vibroflotation)공법은 느슨한 사질의 두꺼운 토층을 다지기 위해서 1930년대에 독일에서 최초로 실시되었고 미국에서는 1940년대에 시도되었다. 1940년대 후반 이후 바이브로 플로트는 30마력 정도의 전동기가 사용되고 있으며 1970년대에는 100마력의 장치를 사용한 경우도 있다.

다짐 영역은 바이브로 플로트의 성능에 따라 달라진다. 30마력 장치에서 원통형 다짐영역은 반경 2m이며 100마력 장치에서는 3m 정도이다. 다짐의 성과는 여러 요인에 따라 달라지는데,

그 중 가장 중요한 것은 개량하고자 하는 원지반 흙의 입도분포와 진동기를 빼내는 동안 구멍을 채우는 데 사용하는 재료의 특성이다. 원지반이 과도한 양의 가는 모래 또는 실트로 형성되어 있으면 다짐이 매우 어려우며 상당량의 자갈분이 포함되어 있어도 탐침관입 속도가 느려서 이 공법으로 다짐하는 것은 비경제적이다. 뒷채움 재료의 등급을 정하는 적합치(S_n)를 Brown은 1977년에 다음과 같이 정의하였다.

$$S_n = 1.7 \sqrt{\frac{3}{(D_{50})^2} + \frac{1}{(D_{20})^2} \frac{1}{(D_{10})^2}} \tag{12.10}$$

여기에서 D_{50}, D_{20}, D_{10}은 입도분포곡선에서 중량통과 백분율 50%, 20%, 10%인 입경 이다.

[표 12-4] 채움재의 등급

S_n의 범위	0~10	10~20	20~30	30~50	50 이상
등급	우수	양호	적당	빈약	부적합

이 공법은 지진 시 액상화의 방지, 침하량의 저감, 응력분산 등의 효과가 있으며 특히 진동과 물 다짐으로 인하여 입도가 개선되어서 지지력이 증대된다.

12.6 웰포인트 공법

지하수면 아래에 구조물을 축조할 경우 지하수의 수면을 낮추어서 공사의 안전과 경제성을 확보함이 필요하다. 웰포인트(Well point) 공법은 지하수 저하공법의 하나로써 지름 5~8cm 길이 1m 정도 되는 웰포인트라고 부르는 기구를 직경 3~4cm, 길이 5~7m의 강관에 부착하여 지반 속에 관입하고 여기에 진공을 작용시켜서 물을 흡입하여 지하수의 저하를 꾀하는 방법이다.

이 방법에 의한 수위저하는 펌프의 위치에서 5~6m 정도이다. 타설간격은 일반적으로 90~ 180cm 정도이지만 지반의 투수성에 따라 결정되어야 한다. 투수성이 작은 지반에서는 웰포인트 간격이 작게 설계되어야 하겠지만 반대의 경우에 간격을 너무 크게 하면 유입유량을 배수하지 못하므로 웰포인트 영향 범위를 신중하게 결정하여 설계에 반영하여야 한다. 웰포인트 공법이 효과적인 지반은 투수계수가 $10^{-1} \sim 10^{-4}$ cm/sec의 지반이다.

굴착공사에서 웰포인트 공법을 사용하면 지하수면이 저하되므로 비탈면의 안정을 꾀할 수 있고 중기계에 의한 작업이 가능해지는 등, 능률적이며 확실한 시공을 실시할 수 있다. 더욱이 넓은 장소에서는 흙막이 공법을 사용하지 않고 오픈컷트 공법으로 굴착할 수 있는 장점이 있다.

12.7 생석회 말뚝공법

생석회 말뚝공법은 생석회를 연약지반 속에 말뚝 형태로 타설하는 것으로서 지반 속에서 지하수를 급속히 탈수시키는 것으로 말뚝 자체의 체적이 2배로 팽창되어 지반을 강제로 압밀시키는 특징이 있다.

지반개량공사는 도시 근교의 해안지역에서 시행되는 경우가 빈번하기 때문에 시공에 따른 공해문제도 중요한 설계조건이 되고 있다. 생석회 말뚝공법은 이과 같은 여건에 적합한 공법으로 최근에는 케이싱 오거방식이 채택되고 있다. 이 방식은 케이싱을 회전하여 관입하고 생석회계를 투입한 후 케이싱을 뽑아내기 때문에 저진동, 저소음상태에서 시공이 가능하며 흙의 교란도 최소화할 수 있는 장점이 있다. 특징으로는 지하수의 탈수와 생석회계의 자체 팽창으로 재하성토 없이 압밀이 강화되며 지지력이 급격히 증가한다. 또한 일정기간이 지난 후에는 침하가 감소하고 활동파괴에 대한 저항성이 커진다.

연약지반에서 수화한 생석회말뚝은 규산염 등의 작용과 발열반응에 의한 고온고압 양생효과 때문에 대단히 치밀하고 큰 강도를 가지게 되므로 말뚝으로서의 역할도 발휘한다.

12.8 주입공법

주입공법(injection and grouting)은 가는 주입관을 통하여 응결제(凝結劑)를 지반 내에 주입하여 지반을 고결시킴으로써 간극, 공동, 균열 등을 메워서 차수성(遮水性)이나 강도를 증진시키는 공법이다. 응결제로는 시멘트를 원료로 한 현탁액(懸濁液)과 약액(藥液) 등이 있다. 현탁액 주입제에서 주로 사용되는 것은 시멘트 풀이지만 흙 시멘트(soil cement)가 사용되기도 한다. 시멘트 풀의 배합시 물시멘트 비가 낮으면 재료분리가 적고 높은 강도를 얻을 수 있으나 주입에 어려움이 있다. 약액은 점성이 낮아서 현탁액 주입제보다 작은 간극까지 주입할 수 있는 장점이 있으나 주입기술이 복잡하며 고가이다. 약액에는 규산염(물유리)계, 수지(樹脂)계, 리그린(lignin)계 및 아크릴라마이드(acrylamides)계 등이 있다. 그러나 지하수 오염 등에 영향을 주지 않는 규산염계가 주로 사용되고 있다.

주입방법에는 침투주입법과 강제주입법 및 치환 주입법 등이 있다. 침투 주입법은 약액을 토립자의 간극에 침투시켜서 지반을 고결하는 방법이다. 이 형식은 원지반의 변위가 거의 없으며 주로 사질지반과 같이 투수성이 큰 지반에 이용된다. 강제 주입법은 비교적 높은 압력으로 시멘트계 혼합물을 강제로 투입하는 것으로 부등침하가 발생되고 있는 지하구조물이나 건조물의 기초지반에 이용된다. 치환 주입법은 흙을 고압분사 등의 방법으로 배출시키고 그 자리에 주입재를 충진시키는 방법이다.

주입공법은 시공이 신속 간편하며, 주입재의 내구성이 크게 향상되고 있기 때문에 활용이 점차 확대될 것으로 기대된다.

12.9 동 다짐 공법

지반속에 느슨한 토층이 깊게 존재할 경우에는 대규모의 중추(重錘)를 크레인 또는 특별한 장치에 높게 매달고 이것을 지표면에 반복 낙하시키면 충격력과 지반진동으로 인하여 다짐이 된다. 이것을 **동 다짐**(dynamic compaction)이라고 한다.

이 공법은 1960년대 후반기에 Menard에 의해서 개발되었다. 당초에는 Heavy Tamping이라 불렀고 건설폐제(콘크리트, 벽돌)나 모래 등의 조립토 지반에 주로 시행되었다. 그 후 시공방법의 발달로 다양한 토층을 대상으로 적용하고 있으나 포화된 비점성토에서는 액화현상(液化現象)이 유발될 수 있으며 점성토에서는 충격으로 인한 과잉간극수압이 크게 발생되고 미세한 갈라짐 현상으로 배수통로가 형성된다.

중추는 콘크리트 블록이나 강판상자 속에 콘크리트 또는 모래를 채워 만들며 모양은 원형과 사각형이다. 동 다짐 시공을 할 때에는 개량할 지반을 격자(格子)로 나누어 각 격자마다 중추를 5~10회 낙하시키고 과잉간극수압의 속도에 따라 시간간격을 두고 2~3차 다짐을 반복한다. 충격지점은 분화구 모양의 웅덩이가 생기므로 반복다짐 후에는 지반을 골라야 하며 마지막 충격 후에는 다짐장비 또는 가벼운 햄머를 이용하여 끝손질을 해야 한다.

동 다짐에 의한 타격에너지는 심도의 증가에 따라 감소된다. Leonard는 타격에너지와 영향 심도에 관한 시험을 실시하여 다음과 같은 식을 제안하였다.

$$D = \alpha \sqrt{WH} \tag{12.11}$$

여기에서, D : 영향심도(m)

$\quad\quad\quad\quad W$: 중추의 무게(tf)

$\quad\quad\quad\quad H$: 중추의 낙하높이(m)

$\quad\quad\quad\quad \alpha$: 영향계수(사질토:0.4~0.6)

타격으로 인하여 생기는 구멍은 그 깊이가 1.5~2.0m 정도가 되므로 지하수위가 높은 경우에는 타격 시 수면을 치게 되어 에너지가 지중에 충분히 전달되지 못한다. 이와 같은 경우에는 조립토를 타격지점에 깔아서 효율을 높일 필요가 있다.

이 방법의 특징은 쇄석, 모래, 폐기물 등 넓은 범위의 토질에 적용할 수 있으며 특별한 재료나 원료가 필요하지 않다. 또한 지반조사에서도 파악하기 어려운 복잡한 지반에서도 실시할 수 있으며 탱크기초, 건물기초, 택지조성, 도로, 철도의 기초지반 및 성토, 공항 활주로 등에 널리 이용된다.

12.10 동결공법

지반 속의 간극수를 동결(凍結)시켜서 공사 중 일시적으로 지반을 불투수층으로 만들거나 저항력이 큰 내력벽 역할을 할 수 있도록 한 공법이다.

이 공법은 1862년 영국의 광산용 수직갱 건설에서 붕괴 방지 대책으로 처음 시도되었다. 가까운 일본에서는 1962년 오사카의 하저횡단 수도시설 공사에 이용되었고 최근에는 도시터널의 건설공사가 대형화함에 따라 지하수의 높은 압력을 공사기간 동안 차단할 목적으로 활용되기도 한다.

동결에 의한 지반개량 방법은 동결된 흙의 강도가 자연상태에 비하여 100배 가까이 증가하기 때문에 수압이나 토압에 충분히 견딜 수 있으며, 강재나 콘크리트 등과의 접합력도 커서 다른 부재와 연속된 차수벽 또는 내력벽으로 이용할 수 있다. 이 밖의 장점으로는 지반개량에서 화공약품이 사용되지 않기 때문에 공사 중에는 물론 완공 후에도 환경오염이 없다는 것이다.

동결시키는 방법은 지반개량 대상지반 속에 매설한 10cm 정도의 강관 속에 빙점이하의 저온액을 계속 공급하면 관 주변의 지반이 냉각되어 동심원형의 동토(凍土)기둥이 형성된다. 이와 같은 강관을 적당한 간격(약 80cm)으로 배치하면 이웃하는 동토의 기둥이 합체되어 동토벽을 형성하게 된다. 설계 시 중요한 점은 얼음의 성장 속도를 계산하여 동토의 두께와 동토벽의 형성에 소요되는 기간을 계산하는 것이다. 동결에 따른 체적의 팽창도 충분히 검토되어야 한다. 지하 매설물이나 근처 구조물의 허용 변위량과 팽창량을 충분히 고려하여 과대변위가 예측되는 경우에는 이에 대한 대책을 강구하여야 한다.

공사가 완료된 후에는 동결된 토층을 해동시켜야 하는데 이 방식에는 자연 해동법과 강제 해동법이 있다. 자연 해동의 경우 40일간 냉각시킨 동토는 하루 1cm 정도씩 해동된다고 한다. 그러므로 신속하게 원지반 상태로 만들기 위해서는 강제 해동이 필요하게 된다. 강제 해동은 동결관을 온수관으로 전용하면 되므로 동결진행과 반대의 경우로 생각하면 된다. 동토 두께 1.8m의 동토벽은 강제 해동으로 70일이 소요된다고 하며 자연해동은 3배 이상의 기간이 소요된다고 한다.

12.11 쓰레기 매립 특성

흙은 흙입자와 간극으로 이루어져 있으며 간극은 액체인 물과 기체인 공기로 채워져 있다. 그러나 폐기물은 간극이 일반 흙보다 크므로 매립 시 안정이 필요하다.

쓰레기 매립지반의 압축침하는 매립물질에 포함된 유기물질이 다량 함유됨으로써 흙에 비해 매우 크고, 장기간에 걸쳐 발생하므로 매립지 관리 및 재활용에 있어서 문제를 야기시킬 뿐만 아니라 매립지 설계, 건설 과정, 건설 이후 안정화 과정, 매립용지 재활용 시 필수적으로 고려해야 하는 중요한 요소이다.

매립지의 사후 활용방안을 검토하고자 할 경우에는 대상 쓰레기 매립지의 장기침하량에 대한 비교적 정확한 예측이 이루어져야 한다. 이를 위해서 많은 침하모델이 지반공학적인 근거를 토대로 제안되었다.

12.11.1 폐기물의 물리적 성질

최근 폐기물 매립지 등에서 안정계산에 사용되는 폐기물의 단위중량은 침하계산이나 비탈면 안정해석 시 사용되는 입력 지반정수이며 폐기물의 종류가 복합적으로 구성될 수 있으므로 폐기물의 단위중량을 예측할 수 있어야 매립지의 침하량 계산에 유용하다. 특히, 폐기물은 그 성상에 따라 다짐되지 않고 매립되거나 다짐된 매립의 경우가 있으므로 폐기물의 지반정수를 결정할 때에는 주의해야 한다. 더구나 폐기물의 매립된 이력을 충분히 검토하여야 하며 현장에서 직접 구할 수 있다. 그 방법으로는 시험굴착을 하거나 폐기물이 매립된 지역의 시험구간을 운영하여 정할 수 있고 폐기물이 매립지로 반입되는 기록을 오랫동안 관찰할 수 있으며 매립지에서 시료를 채취하거나 대구경 오거로 직접 시추를 할 수 있다.

표 12-2, 12-3은 폐기물의 단위중량의 범위를 외국자료를 토대로 나타내고 있다. 표에서 보는 바와 같이 함수비는 폐기물의 종류에 따라 값이 다르며 지역별로 또는 강우량이 많은 지역에 따라 달라질 수 있으며 폐기물 자체의 매립 시 함수비 외에도 폐기물 매립지의 침출수 발생과도 관련이 있다.

[표 12-5] 폐기물 종류별 다짐 시, 비다짐 시 단위중량 범위

폐기물종류	비다짐 시 단위중량(kN/m^3)	함수비(%)	비다짐 시와 다짐 시의 비	
			보통다짐	양호한 다짐
음식물류	1.3~4.7	50~80	2.9	3.0
종이류	0.3~1.3	4~10	4.5	6.2
플라스틱	0.3~1.3	1~4	6.7	10.0
섬유류	0.9~0.9	6~15	5.6	6.7
고무 및 가죽류	0.9~2.5	1~12	3.3	3.3
초류	0.6~2.2	30~80	4.0	5.0
목재류	1.3~3.1	15~40	3.3	3.3
유리	1.6~4.7	1~4	1.7	2.5
금속	0.5~11.0	2~6	4.3	5.3
연소재, 벽돌, 진흙류(dirt)	3.1~9.4	6~12	1.2	1.2

(Tchobanoglous et al., 1977)

[표 12-6] 다짐상태에 따른 폐기물의 단위중량

다짐상태	단위중량(kN/m^3)
단위중량의 일반적 범위	7.0 ~ 14.0
불량한 다짐	3.0 ~ 9.0
중간 정도 다짐	5.0 ~ 8.0
양호한 다짐	9.0 ~ 10.5
초기 불량한 다짐후 매립고 10m 이상	초기 다짐이 양호한 경우와 유사

(Fassett et al., 1993: Mitchell et al., 1995)

12.11.2 매립 쓰레기 침하량 산정기법

(1) 압축침하 메커니즘

매립지에서 압축침하를 일으키는 메커니즘에는 단계적으로 매립되는 쓰레기 하중에 의한 다짐과 압밀로 인한 간극비의 감소로부터 발생하는 역학적 침하과정, 매립 쓰레기의 생분해 부패 등 물리화학적 작용에 의한 2차 압축침하 과정으로 나눌 수 있다.

폐기물매립지의 침하 메커니즘은 아래와 같이 기계적 원리, 재배열, 물리화학적 변화, 생화학적 분해 및 상호작용으로 구분된다.

역학적 침하는 흙입자 기반에 하중이 가해졌을 때 즉시침하와 일차압축으로 발생되며, 토질역학 측면에서 볼 때 즉시침하 및 압밀침하이론이 적용된다. 생물학적 압축침하는 매립 쓰레기 자체의 분해 및 부패로 인하여 고형물이 침출수나 가스화되어 시간에 따른 간극비가 늘어나므로 발생하게 된다. 폐기물 매립장의 일반적인 압축침하양상은 쓰레기 내에 유기물 함유량이 많을수록 압축침하가 크나 초기에는 폐기물 매립 운용과정에서 부패 외에는 다짐과 압축비에 의한 압축침하가 계속 진행되는 현상이 나타난다.

초기 다짐 정도, 쓰레기 성분, 그리고 환경적인 조건, 예를 들어 고온 다습한 환경에서의 압축침하량 증가 등에 따라 달라지게 된다. 초기의 큰 압축침하는 쓰레기 매립후 1개월에서 5년 사이에 주로 일어나며, 그 후 부패와 Creep에 의한 2차 압축은 시간에 따라 점차 감소되어 간다. 대부분의 2차 압축은 매립 후 50년이 경과하면 완료되는 것으로 알려져 있다.

Grisolia와 Napoleoni는 쓰레기의 분해 및 역학적인 압축 특성을 고려한 이론적인 압축 곡선의 형태를 그림 12-1과 같이 제안하였다. 이들을 쓰레기 매립지의 침하 메커니즘을 그림에서 보는 바와 같이 (Ⅰ)초기 침하 단계, (Ⅱ)초기 잔존 침하 단계, (Ⅲ)분해와 Creep에 의한 이차 침하 단계, (Ⅳ)분해 완료 단계, (Ⅴ)최종 잔존 침하 단계와 같이 다섯 단계로 구분하였다.

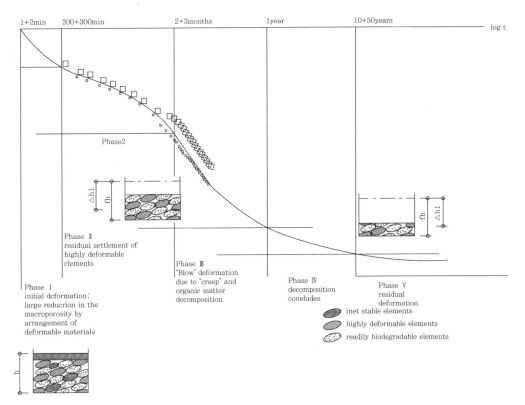

[그림 12-8] 도시형 폐기물 압축곡선(Grisolia and Napoleoni, 1996)

(2) 압축침하 예측기법

현장관측을 통한 폐기물 매립지반위 압축침하량을 산정하는 기법은 점성토 압밀이론에 근거한 Sower의 방법이 제시된 이래 Yen and Scanlon, Gibson and Lo, Power Creep 모델, 쌍곡선 모델 등이 제안되었다.

Sowers는 위생매립지반에서 침하량의 log시간의 관계는 다소 선형적으로 나타나며, 이것은 흙의 이차압축과 유사하다는 것을 제시하였으며, 식(12.12)와 같다.

$$S = \frac{c_\alpha \cdot H}{1 + e_o} \log\left(\frac{t_1}{t_2}\right) \tag{12.12}$$

여기서, S = 시간 t_1과 t_2 사이에 발생하는 침하량

c_α = 이차압축지수

급속분해의 경우 $c_\alpha = 0.09e_o$

완속분해의 경우 $c_\alpha = 0.03e_o$

H = 간극비 e_o 상태에서의 매립두께

이차압축지수 C_a는 간극비의 함수이고 생화학적 부패에 의한 잠재력과 관계가 있다.

쌍곡선 모델은 주로 연약지반 성토시 침하량 산정에 주로 사용되어온 예측방법으로서 Hoe 등이 쓰레기 매립지의 장기침하 예측에 처음 사용하였으며, 다음과 같은 식으로 나타낼 수 있다.

$$S = \frac{t}{\dfrac{1}{\rho_o} + \dfrac{t}{S_{ult}}} \tag{12.13}$$

$$\frac{t}{S} = \frac{1}{\rho_o} + \frac{t}{S_{ult}} \tag{12.14}$$

여기서, S = t시간 동안의 침하량 (m)

t = 측정 시작시점부터 예측 목표시점까지 시간

S_{ult} = $t(=\infty)$에서 절대 최종 침하량(m)

ρ_o = 침하율(m/day)

식(2)를 t/s와 t와의 관계로 나타내면 식(12.14)와 같으며, 계측된 침하자료를 식(12.14)와 같이 t/s와 t와의 관계로 나타낸 후, 선형회귀 분석을 통하여 구해진 기울기값과 절편값으로부터 모델변수 값들을 구할 수 있다.

Gibson과 Lo 모델은 주로 재료의 이차압축 거동을 모델하기 위해 제안되었으며, 이토(peat) 등의 유기물을 많이 함유한 지반의 침하량을 예측하는 데 보다 적합한 것으로 알려져 있다.

$$S(t) = H\varepsilon(t)$$
$$= H \cdot \Delta\sigma \left[a + b \left[1 - e \times p \left\{ -(\lambda/b) \cdot t \right\} \right] \right] \tag{12.15}$$

여기서, H = 폐기물 쓰레기 초기 높이 ε = 변형률(Strain, S/H)

       $\Delta\sigma$ = 작용하중 a = 일차압축계수

       b = 이차압축계수 λ/b = 이차압축률

       t = 경과시간

식(12.15)에 대수침하율 $\log(d\varepsilon/dt)$와 경과시간 t의 식으로 정리하면 다음과 같다.

$$\log\left(\frac{d\varepsilon}{dt}\right) = -0.434\left(\frac{\lambda}{b}\right)t + \log(\Delta\sigma\cdot\lambda) \tag{12.16}$$

Power creep 모델은 일정한 하중 하에서 나타나는 시간 의존적인 거동을 나타내는 가장 간단한 모델이며, 많은 공학적인 재료의 크리프 거동을 나타내기 위하여 사용되었다. 시간에 따른 침하량 $S(t)$는 다음과 같이 표현된다.

$$S(t) = H\cdot\varepsilon(t) = H\ \Delta\sigma\cdot m\,(t/t_r)^n \tag{12.17}$$

여기서, m = 기준 압축성 n = 압축률

       t_r = 기준시간(reference time, t_r = 1 day in this study)

       $\Delta\sigma$ = 작용하중 H = 쓰레기 지반의 초기 높이

       ε = 변형률(Strain, S/H)

식(12.17)의 양변에 지수 로그를 취하여 정리하면,

$$\log\varepsilon = n\ \log(t/t_r) + \log\Delta\sigma + \log m \tag{12.18}$$

일본, 싱가폴 등 외국에서는 육상 폐기물매립지 외에도 해상매립지도 건설되어 운영되고 있다. 향후 도시발달과 더불어 국가적으로 폐기물매립 제로화를 목표로 하고 있으며 이를 위하여 매립지반 처리 기술, 침출수(매립과정 전후), 지반의 물리·화학·생물학 특징 등이 개발되어 태양광, 조력, 풍력, 바이오매스, 양수발전 등과 같이 앞으로 국가기술의 발전이 기대된다.

••참고문헌••

Barron, R. A.(1948). Consolidation of Fine Grained Soils by Drain Wells, Transactions, ASCE, Vol. 113.

Bell, J. M.(1968). Genernal Slope stability Analysis Jounral of the Soil Mechanics and Foundation, Div., ASCE, Vol. 94, No. 6.

Bishop, A. W, and Morgenstern, N.R.(1960). Stability Coefficients for Earth Slope, Geotechnique, Vol. 10, No.4, pp.129~147.

Bishop, A. W.(1955). The Use of the slio Circle in the Stability Analysis of Slopes, Geotechnique, Vol. 5, No.1.

Bjarngard A., and Edgers, L. (1990). "Settlement of Municipal Solid Waste Landfills," The thirteenth Annual Madison Waste Conference, September, pp.192~205.

Bowels, J. E.(1970). Engineering Properties of Soils and Their Measurement, McGraw-Hill Co, New York.

Cas, B. M.(1983), Advanced Soil Mechanics, McGraw-Hill, ch.5~6.

Cas, B. M.(1985), Principles of Geotechnical Engineering, PWS, Boston, ch, 7.

Casagrande, A.(1948). Classification and Identification of Soils, Transactions ASCE Vol. 113, p.910.

Cedergen, H. R., (1967). Seepage, Drainage and Flow Nets, John Willey and Sons, New York., ch, 1~ch, 4.

Craig, R. F.(1983), Soil Mechanics, 3rd. ed., VNR Co. Ltd, ch, 3~ ch, 5.

De Beer, E. E.(1970). Experimental Dertermination of the Shape Factors and the Bearing Capacity Factors of Sand, Geotechnique, Vol. 20, No. 4, pp.378~411.

Edil, T.B., Ranguette, V.J., and Wuellner, W.W. (1990). "Settlement of Municipal Refuse," Geotechnics of Waste Fills Theory and Practice: ASEM STP 1070 ASTM, Philadelphia, pp.225~239.

Gibson, R.e., and Lo, K. Y.(1961), "A Theory of Consolidation for Soils Exhibiting Secondary Compression" ACTA Polytechnic Sczndianavica.

Grisolia M. and Napoleoni Q.(1995). "Deformability of Waste and Settlements of Sanitary Landfills," ISWA '95 World Congress on Waste Management Wien October.

Harr, M. E.(1966). Fundamentals of Theoretical Soil Mechanics, McGraw-Hill, New York.

Hoe I. L., Leshchinsky D., Mohri Y., and Kawabata T.(1998). "Estimation of Municipal Solid Waste Landfill Settlement," J. of Geotechnical and Geoenvironmental Edgrg. Vol. 124, No.1, January, pp.21~28.

Holtz, R. D. and Kovacs W. D. (1981), An Introduction to Geotechnical Engineering, Prentice-Hall, Inc., ch. 8.

Huang, Y. H. and Craig, M.A.(1976). Stability of Slopes By Logarithnic Spiral Method, Journal of

Geotechnical Engineering, ASCE, Vol. 102, No. 1.

Janbu, N. (1968). Slope Stability computations, Soil Mechanics and Foundation Engineering Report, The Technical University of Norway, Trondheim.

Lambe, T. W. and Whitman R. V.(1986). Soil Mechanics, John Wiley and Sons.

Lambe, T. W.(1962). Foundation Engineering, Edited by Leonards, G., McGraw-Hill, New York.

Leonards, G. A. and Frost, J. D.(1988). Settlement of Shallow Foundations on Granular Soils, Journal of Geotechnical Engineering, ASCE, Vol. 114, No.7.

Mecatyhy, D. F.(1982), Essentials for soil Mechanics and Foundations 2nd ed., Reston Publishing Company. Inc., Reston, Virginia.

Meyerhof, G. G.(1959). Compaction of Sands and Bearing Capacity of Piles, Journal of SMFD, ASCE, Vol. 85, No. SM 6.

Meyerhof, G. G.(1976). Bearing Capacity and Settlement of Pile Foundations, Jounral, Geotechnical Engineering, ASCE, Vol 102, No 3, pp.195~228.

Morgenstern, N. and Price, V. E.(1965). The Analysis of the Stability of Genernal Slip Surface, Geotechnique, Vol. 13, No. 2, pp.79~93.

NAVFAC(1971). Soil Mechanics, Foundations, and Earth Structures, NAVFAC Design Manual DM-7, Washington D.C.

Newmark, N. M.(1942). Influence Charts for Computation of Stress in Elastic Foundations, Univ. of Illinois Engineering, Exp. Sta. Bull. 338.

Peck, R. B., Hanson, W. E. and Thornburn, T. H.(1974), Foundation Engineering, John Wiley and Sons, New York.

Perloff, W. H. and Baron W.(1976). Soil Mechanics, Principle and Application, The Ronald Press Company, New York, ch. 7.

Rao, S.K., Moulton, L.K., and Seals, R.K.(1977), "Settlement of refus landfills", Proc. Speciality Conf. of Geotech. Eng. Practice for disposal of Solid Waste Material, Ann Arbor, Michigan, pp.574~598.

Schmertmann, J. H. and Osterberg, J. O.(1960). An Experimental Study of the Development of Cohesion and Friction with Axial Strain in Saturated Cohesive Soils, Proceedings of ASCE Research Conference on Shear Strength of Cohesive Soils, p.643.

Seed, H. B. and Sultan, H. B. and Sultan, H. A.(1967). Stability Analysis for a Solping Core Embankment, Journal of SMFE, ASCE, Vol. 93 No, SM 4, pp.74~84.

Singh, A, (1981). Soil Engineering in Theory and Practice, APT Books Inc., New Yorkm ch. 17.

Skempton, A. W. and Bjerrum, L. (1975). A Contribution to the Settlement Analysis of Foundation on

Clay, Geotechnique, Vol. 7. No. 4, pp.168~178.

Skempton, A. W.(1948), The $\phi=0$ Analysis for Stability and its Theoretical Basis, Proc, 2nd inter. Conf. SMFE(Rotter Dam), Vol.1

Skempton, A. W.(1951), The Bearing Capacity of Clays, Proceedings Buildings Research Congressm Vol.1

Skempton, A. W.(1961). Effective Stress in Soils, Concrete and Rocks, Proc. of Conf. on Pore Pressure and Suction in Soils, Buttersorths, London.

Sowers, G.F(1973). "Settlement of Waste Disposal Fills," Proceedings, The Eighth International Conference of Soil Mechanics and Foundation Engineering, Moscow, 1973, pp.207~210.

Tayor, D. W.(1948). Fundamental of Soil Mechnics, John Wiley and Sons, New York.

Terzaghi, K. and Peck, R. B.(1967). Soil Mechanics in Engineering Practice. John Wiley and Sons, New York.

Terzaghi, K.(1954). Theoretical Soil Mechanics, 7th Printing, John Wiley & Sons, New York.

Tschebotarioff. G. P.(1949). Design of Flexible Anchored Sheet Pile Bulkheads, 12th Int. Navigation Congressm London.

Whitaker, T. and Cooke, R. W.(1966). An Investigation of the Shaft and Base Resistance of Large Bored Piles in London Clays, Proceedings, Cong. on Large Bored Piles, Institution of Civil Engineers, London, pp.7~49.

Whitman, R. V. and Bailey, W. A. (1967). Use of Computers for Slope Stability Analysis, Journal of SMFE, ASCE Vol. 93, No. SM 4, pp.485~498.

Whitman. R. V.(1970). Hydraulic Fills to Support Structural Loads, Journal. American Society of Civil Engineering, Vol. 96. No. SM 1, pp.23~47.

Wu. T. H.(1982). Soil Mechanics, 2nd ed., Allyn and Bacon, Inc., ch3, ch5.

Yen B.C. and Scanlon, B.(1975), "Sanitary Landfill Settlement Rates", Journal of Geotechnical Engineering, ASCE, Vol. 105, No. GT5, pp.475~487.

김상규(1993), 『토직역학』, 청문각.

장연수, 이광열, 『지반환경공학』, 구미서관, pp.78~85.

전성기(1998), 『연약지반 설계 실무편람』, 과학기술.

정인준, 김명모(1993), 『토질역학』, 문운당.

진병익, 천병식(1982), 『연약지반 처리공법』, 건설연구사.

한국지반공학회(2004), 『지반환경(폐기물 매립및 토양환경)』, 지반공학시리즈 13, pp.101~123.

·· 찾아보기 ··

저자소개

- **김규문(金奎文)**

  충남대학교 대학원(공학석사)

  충남대학교 대학원(공학박사)

  전주비전대학교 명예교수

- **양태선(梁泰善)**

  서울시립대학교 토목공학과(공학사)

  서울대학교 대학원(공학석사)

  서울시립대학교 대학원(공학박사)

  사단법인 한국지반공학회 학회지 편집위원장, 준설매립기술위원장 역임

  사단법인 대한토목학회 학회지 편집간사장 역임

  현 사단법인 한국지반공학회 이사, 지반연구소장

  현 김포대학교 건설토목과 교수

- **전성곤(全成坤)**

  단국대학교 대학원(공학박사)

  (주) 새길 엔지니어링 기술연구소 책임연구원

  미국 University of Illinois at Urbana–Champaign 대학원 토목공학과 교환교수

  현 여주대학교 토목공학과 교수

- **정진교(鄭鎭敎)**

  부경대학교 토목공학과(공학사)

  동아대학교 대학원(공학석사)

  동아대학교 대학원(공학박사)

  현 CTT Group 캐나다 SAGEOS 책임 연구위원

  현 국토해양부 중앙설계심의위원

  현 부산광역시청 건설기술심의위원

  현 부산교통공사 설계자문위원

  현 부산과학기술대학교 토목과 교수

토질역학_기초 및 적용 (제2판)

초판발행 1999년 2월 6일(도서출판 새론)
초판 9쇄 2011년 2월 23일
2 판 1쇄 2014년 2월 24일(도서출판 씨아이알)
2 판 2쇄 2016년 10월 18일

저   자 김규문, 양태선, 전성곤, 정진교
펴 낸 이 김성배
펴 낸 곳 도서출판 씨아이알

책임편집 박영지, 최장미
디 자 인 김나리, 윤미경
제작책임 이헌상

등록번호 제2-3285호
등 록 일 2001년 3월 19일
주   소 (04626) 서울특별시 중구 필동로8길 43(예장동 1-151)
전화번호 02-2275-8603(대표)
팩스번호 02-2275-8604
홈페이지 www.circom.co.kr

I S B N 979-11-5610-018-8 93530
정   가 24,000원